U0180856
2020 年

西安明城志——中国历史城市文化基因系列丛书

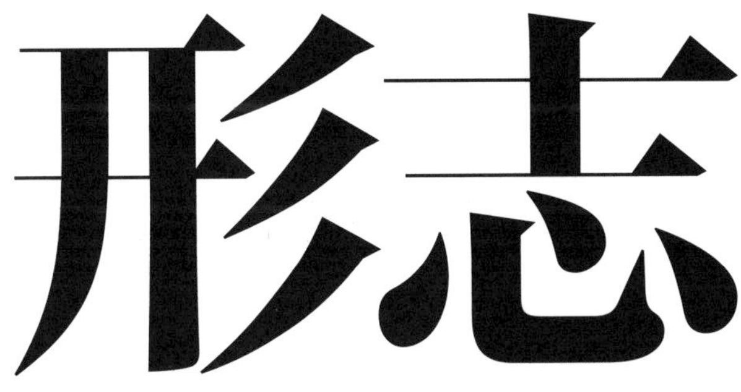

场所精神下的西安明城形态

李昊　贾杨　吴珊珊　编著

中国城市出版社　中国建筑工业出版社

审图号：陕S（2020）044号
图书在版编目（CIP）数据

形志：场所精神下的西安明城形态 / 李昊，贾杨，吴珊珊编著. — 北京：中国城市出版社，2020.12
（西安明城志：中国历史城市文化基因系列丛书）
ISBN 978-7-5074-3315-9

Ⅰ. ①形… Ⅱ. ①李… ②贾… ③吴… Ⅲ. ①城市空间－空间形态－城市史－西安 Ⅳ. ①TU984.11

中国版本图书馆CIP数据核字（2020）第242752号

《西安明城志——中国历史城市文化基因系列丛书》的第四辑《形志　场所精神下的西安明城形态》，站在人类学的角度，审视西安明城城市形态，从显性的器物造型、城市空间到隐性的社会生活、文化传统，由表及里、由物质到精神、由现象到本质，全面梳理历史城市文化基因的形态谱系和发展脉络。

责任编辑：陈　桦　王　惠
文字编辑：柏铭泽
责任校对：李美娜

西安明城志——中国历史城市文化基因系列丛书
形志　场所精神下的西安明城形态
李昊　贾杨　吴珊珊　编著
*
中国城市出版社、中国建筑工业出版社出版、发行（北京海淀三里河路9号）
各地新华书店、建筑书店经销
北京雅昌艺术印刷有限公司印刷
*
开本：880毫米×1230毫米　1/16　印张：24¼　字数：751千字
2020年12月第一版　2020年12月第一次印刷
定价：168.00元
ISBN 978－7－5074－3315－9
(904305)

丛书总序

发现历史空间的谱系 呈现在地日常的丰饶

旧石器时代早期，蓝田猿人开始在蓝田县公王岭一带狩猎采集，距今约100万年。

新石器时代晚期，母系氏族聚落出现于浐河东岸半坡，距今约6500年。

公元前11世纪末，周文王在沣河西岸营建丰京，至今3000余年。

公元前202年，刘邦借秦二宫，营建汉长安城，至今2220年。

公元618年，唐王朝建都长安，续建隋大兴城，至今1400年。

公元904年，佑国军节度使韩建以唐皇城为基础改建长安城，至今1114年。

公元1378年，明洪武十一年西安府城扩城定型，至今640年。

公元1649年，清顺治六年拆毁明秦王府，修筑满城，至今369年。

公元1912年，陕西都督拆除满城西、南两面城墙，至今106年。

公元1952年，修建西安火车站广场拆除解放门城墙，首开豁口。

公元2004年，三个大跨度的拱桥式城门连接原解放门豁口，明城墙终于合拢。

经过漫长的生命进化，人类脱颖于动物世界，以主体自觉重新审视自然客体，开启“观乎天文，以察时变；观乎人文，以化成天下”的文化进程。从“逐水草而居”的渔猎游牧到“日出而作、日落而息”的农耕定居，从氏族部落到国家政权，人类文明的帷幕在生产力的推动下拉开。城市的出现是文明发展的重要标志，不仅成就了地球上最为独特的人类景观，更是人类文化基因的物质载体和深层结构。

关中平原地处北纬33°~34°，夹峙于陕北高原和秦岭山脉之间，山环河绕、地域宽阔、原隰相间、土地肥沃，优良的自然环境条件为聚落文明的萌发提供了厚实的土壤与养分，并直接作用于聚落的营建观念和空间形态。从原始社会的氏族村落、农业社会的大国都城、近现代的西北重镇到今天的国家中心城市，西安在世界聚落营建史上留下浓墨重彩，是研究中国城市历史发展的典型样本。西周、秦、西汉、新、绿林、赤眉、东汉献帝、西晋愍帝、前赵、前秦、后秦、西魏、北周、隋、唐、黄巢的大齐、李自成的大顺，先后有六个统一王朝、五个分裂时期政权、两位末代皇帝以及四个农民起义政权在此建都，代表中国古代文明标志性节点的周、秦、汉、唐位列其中。层积的历史与风土共同形成了独特的地域文化图谱，在中华文明的宏大谱系中华光夺目。

西安明城区源于隋唐长安城皇城，明洪武年扩城形成了目前的格局，是保存至今最为完整的、规模最大的中国古代城垣。它真实记录了千年来的空间变迁和社会历程，历史与文化价值突出。本丛书以文化人类学为站点，分析明城区物质空间的特征、形态和发展；空间营建的理念和制度；社会生活的风土、性格和精神。思考传统与当下、空间与社会、设计与制度的内在关联与价值扬弃，探索当代中国城市品质提升和文化复兴的基点、路径和方向。

第一，探究文化基因的生成本底与演进机制——空间进程+社会演变

首先，本丛书是对历史城市文化基因生成本底的整理与记述。以西安历史核心区——明城区为研究对象，分别从四大空间要素“墙”“屋”“街”“形”入手，记述西安明城区的历史发展进程、空间形态演变和社会生活特征，由古及今、由表及里、由物及人、由形及场，进行历时性与共时性的全景文化展示。本丛书希望打破此类图书相对单一的空间与历史视角，在文化考察的基础上，融贯人类学视野和社会学方法，结合团队长期以来的基础性研究，呈现西安城市空间的文化形态与社会变迁，记录生活其中的人的样态，探究中国历史城市的演进机制。

第二，挖掘文化基因的精神内核和构成体系——文化精髓＋营城智慧

其次，本丛书是对中国历史城市文化基因内在精神的探索与挖掘。通过对西安明城区历史进程和社会人文的深度解析，探索中华优秀传统文化和营城智慧，发现城市空间特质与文化内核。城市与人的活动相互关联，不同历史阶段的价值标准、审美风范与生活习惯映射在城市空间上，经过时间的浸润与沉淀，焕发出优雅的文化之光和地域风韵。本丛书探讨西安城市营建历程所映射的人地关系，不同历史时期的价值观念、生活方式与空间图式的深层关联，挖掘内在的人文属性和价值取向，探讨中国历史城市的场所精神。

第三，辨识文化基因的形态谱系和空间特质——语汇提取＋价值回归

最后，本丛书是对中国历史城市文化基因形态图示的提取与彰显。进入城市化后半程以来，城市发展方式已经由向外扩张转为存量提升，城市空间不只是社会活动的背景，直接参与生产与消费的全过程，文化建设与品质提升成为城市的核心诉求。在全球化的网络体系中，城市的核心竞争力在于自身的独特性与不可替代性，城市发展首先来自对自身资源的评估与判断。对历史城市而言，其文化价值的挖掘与呈现必然是应对未来发展的核心和关键。本丛书探讨在继承优秀传统文化和营建经验的基础上，如何逐步改变和适应，构建当代城市的文化精神和价值内核。

丛书包括四册，分别从历史、地域、生活、场所四个维度展开。

第一辑：《墙志 历史进程中的西安明城城墙》，以城墙为线索，梳理西安城市发展的演进历程，记述明城城墙的前世今生与兴衰荣辱。

第二辑：《屋志 地域视野下的西安明城建筑》，从关中地区的聚落营建开始，整理西安明城各时期代表性建筑，辨析地域空间的生成机制与影响因素。

第三辑：《街志 生活维度中的西安明城街道》，以市井生活为主脉，研究西安明城街道空间，探讨街道场所的空间属性和生活价值。

第四辑：《形志 场所精神下的西安明城形态》，从人类学的整体关切入手，提取西安明城文化基因，明确历史城市的层积特质和活态属性。

本书序

形态在场所基因中的序列与印迹

在地球生命的进化历程中，人被赋予了“观乎天文，以察时变；观乎人文，以化成天下”的认知与实践能力，通过制造工具、发明文字、营建聚落等一系列创造性活动，逐渐脱颖于自然世界，开启文化之旅。早期人类出现在地球北纬20°~40°之间，利用特定的自然环境栖居繁衍，或游牧渔猎，或定居耕种，与自然惺惺相惜。城市出现结束了漫长的蛮荒时代，拉开人类文明的序幕。人们在改造自然、探索未知、营建家园的过程中，逐渐形成相对稳定的地方习俗和生活方式，由器物、制度和观念共同构成的文化系统固化为特定的图谱序列，在世代之间传承续写。

城市作为最具代表性的创造物，几乎承载了人类文明和社会生活的全部内容，经历上千年的生息发展，生命机体的特征显著。如同人的出生成长、青年壮年、疾病衰老等生命性状和发展阶段一样，城市也在经历兴衰荣辱、用进废退、更新增长等历史过程；人类族群的血统、体态、肤色各有不同，世界各地的聚落同样千差万别，反映了特定自然、文化背景以及社会发展阶段的文化差异；人通过带有遗传信息的DNA序列——基因传递个体的生物性状，保持生命的延续，城市通过带有场所精神的形态图谱——文化基因传递城市的文化性状，保持文明的传递。

由于社会生产力水平的差异，不同发展阶段的经济、社会、文化、空间结构构成了城市在特定时期的形态特征。城市形态处于持续的生长变化中，这种变化是城市有机体内外矛盾的结果，反映了城市文化基因的生长与变异。城市形态的动态性与表征性说明城市形态既可反映出城市总体的形式特征，同时也代表了不同历史阶段城市的社会活动特征和文化价值取向。

因此，从人类学视角审视城市形态，包括显性的城市空间、器物造型，隐性的社会生活、文化传统等四个层次。首先是空间层面，形态作为城市物质空间的视觉表征，指文化遗址地、历史建筑遗存、城市空间格局、广场街道房屋等；其次是器物层面，形态作为生活生产用品的视觉形象，指日常生活用具、生产加工工具、商品贸易票证等；再次是社会层面，形态作为社会生活的视觉样态，指衣、食、住、行、游、购、娱等具体社会活动内容；最后是文化层面，形态作为意识形态的视觉媒介，指观念、政策、制度、艺术等。这四个层面的内容由表及里、由现象到本质、由物质到精神，构成了文化基因的基本形态谱系。

西安从悠远的历史中一路走来，经历早期先民的渔耕牧歌、周礼王城的鼎立天下，大秦帝国的一统伟业，汉城宫阙的壮丽重威，大唐可汗的无上荣光，成为中国古代历史进程最为重要的文化见证地之一。浩瀚的典籍、诗篇、传说给久远的历史留下无尽的想象，丰厚的遗物、遗存、遗迹让我们能够获得真实的感知，虽然只是宏大过往的凤毛麟角，难以窥其全貌、解其声息，却也能够辨析文化的发展轨迹和基因序列。从韩建新城到洪武明城，无论是宋京兆府，还是元安西路、奉元路，褪尽帝都繁华的长安依然延续着城市的生命节律，明代又以“天下第一藩封”的名号扩城筑墙，成为驻守西北军事重镇。近代以来，西安如同进入暮年的老者，背负着厚重的历史文化，面对风云变幻、日新月异的现代社会，有点执拗，有点倔强，还有点失落。城市经过不同时期的空间营造形成了历史层的累积和融合，“厚度”是历史城市文化基因的典型特征，表现为历史层叠加衍生的复合结果。

从神的宫殿到英雄的舞台，受制于社会经济发展和认知水平的局限，城市作为“人人家园”的意义始终被资源垄断者的宏大光环遮蔽。知识时代以来，城市终于回归聚落空间的基本内涵，人的日常生活得到真实的关切。历史城市保护的目标不是重现历史的辉煌，而是关照文化的持续生命力，生活作为建成遗产的基本内容更是历史城市保护的前提，而不应遭致屏蔽与驱逐。城市正是在衣、食、住、行、游、购、娱的日常生活中展开，延续着历史的传说，述说着当下的历史。

编者

2020 年 10 月

西　　安　　明　　城　　志

目 录

位于明城内西五路北新街七贤庄1号的八路军西安办事处纪念馆正式对外开放。

壹 宏大——帝都的想象

秦始皇兵马俑

及至始皇，奋六世之余烈，振长策而御宇内，吞二周而亡诸侯，履至尊而制六合，执敲扑而鞭笞天下，威振四海。南取百越之地，以为桂林、象郡；百越之君，俯首系颈，委命下吏。乃使蒙恬北筑长城而守藩篱，却匈奴七百余里；胡人不敢南下而牧马，士不敢弯弓而报怨。

——[汉] 贾谊《过秦论》

B.C. 1050

商帝辛二十六年，周文王崩，姬发继位，号武王。重用太公望、周公旦等人治理国家，周国日益强盛。

西安市高陵区杨官寨遗址鸟瞰图

“以玉作六器，以礼天地四方，以苍璧礼天，以黄琮礼地，以青圭礼东方，以赤璋礼南方，以白琥礼西方，以玄璜礼北方。”

——［西周］《周礼》

1.1 初创：从聚落到王城 B.C.4700—B.C.221 年

新石器时期，人类逐渐摆脱依赖自然的采集渔猎经济，开始进入改造自然的畜牧耕作经济，聚落文明的序幕就此拉开。中华地理版图以 400 毫米等降水量线为界，孕育了农耕文明和草原文明。关中地区位于农耕区与游牧区的交汇地带，土地富饶、气候温润、水源充沛、物群丰富，既能满足早期人类的采集与游牧需求，又适宜农业耕作，为人们提供稳定的食物来源。良好的自然环境基底为聚落文明繁衍兴盛奠定基础，使之成为中华早期聚落文明产生的重要区域之一。加上其西控陇坻，东据潼关，四塞屏障的地理形势，军事防御优势明显。自 3 000 年前周文王建都沣水河畔，便开启了其都城营建的煌煌历史。

A.D. 1952

01 03

西安解放百货合作社，简称解放市场（今开元商城，前身西安市解放百货商场），在开元寺旧址建成开业。

2005 01 04
西安市三环路工程正式开工建设。总长 89.7 千米，连接 7 个区，将成为西安快速交通的重要通道。

1.1.1 打石为用：从猿到人的标志

陶球
西安市高陵区杨官寨遗址出土

地处北纬 20°~40° 之间的关中地区同其他早期文明一样，经历了人类社会进化发展的全部过程。石器的制作和使用是古猿进化到人的重要标志，从学会制作石器工具开始，人类不断改进石器制作工艺满足生产与生活需要。在旧石器时代主要使用打制工具，用于砍砸和切割等用途。新石器时代普遍使用磨制石器，工具形制趋于合理准确，用途更为专一便利，种类也大为增加。生产工具的改进增强了人们利用自然、改造自然的能力，社会生产和生活的天地变得日益广阔。

后晋开运二年，史学家赵莹编修《唐书》问世，是真实记述唐代历史的重要资料，后改称《旧唐书》。

大尖状器
西安市蓝田县锡水洞遗址出土

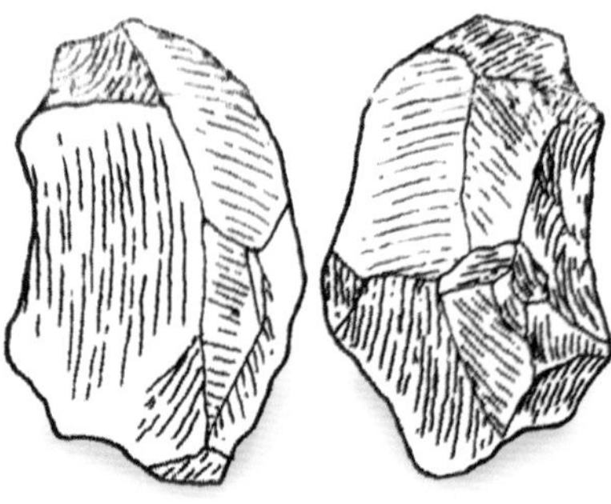

凹刃刮削器
西安市蓝田县锡水洞遗址出土

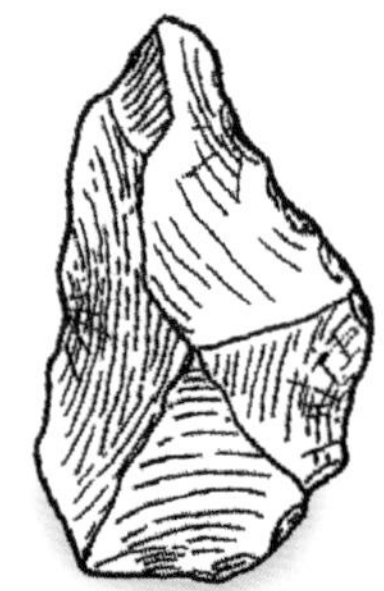

多边刮削器
西安市蓝田县锡水洞遗址出土

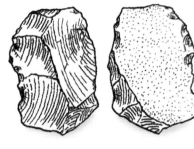

多边刮削器
西安市蓝田县锡水洞遗址出土

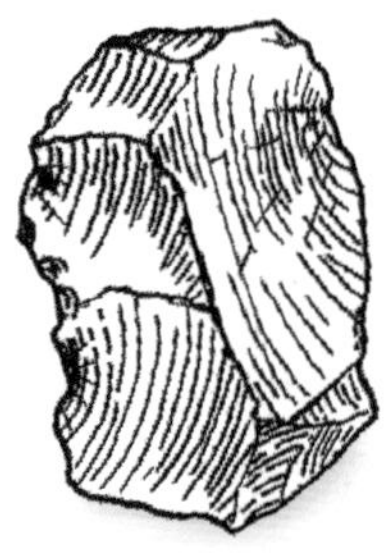

大尖状器
西安市蓝田县锡水洞遗址出土

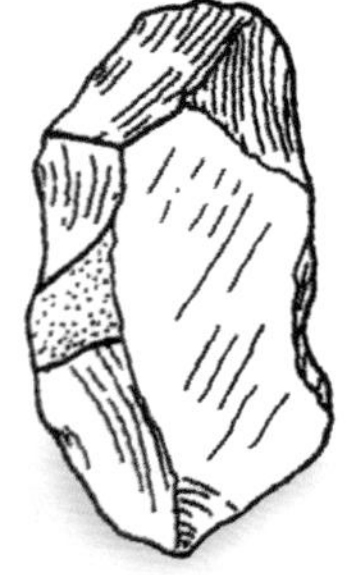

单边砍砸器
西安市蓝田县锡水洞遗址出土

石磨盘
延安市宜川县壶口镇龙王辿遗址出土

磨制石铲
延安市宜川县壶口镇龙王辿遗址出土

下孟村石铲
咸阳市长武县亭口镇下孟村遗址出土

下孟村石镰
商洛市洛南县城关镇东河村花石浪遗址出土

细石核
延安市宜川县壶口镇龙王辿遗址出土

下孟村石镰
咸阳市长武县亭口镇下孟村遗址出土

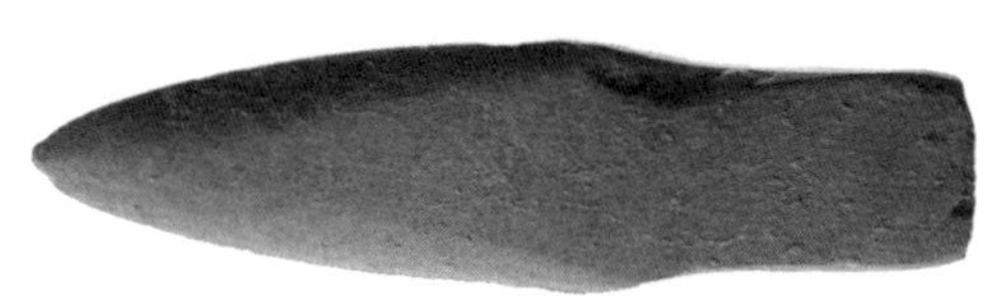

下孟村石镰
咸阳市长武县亭口镇下孟村遗址出土

国务院正式批复陕西设立西咸新区，该区以创新城市发展方式为主题，是中国的第七个国家级新区。

1.1.2 浴火成陶：新石器时代的标志

陶器组合
西安市高陵区杨官寨遗址出土

陶器的发明，是人类文明发展的重要标志，是人类第一次利用化学变化改变天然物创造出来的一种全新物品。主要器类包括瓶（尖底和平底）、罐、盆、钵、釜、灶、瓮、杯、盂、器座、鼓形器、器盖、漏斗、刀、环、纺轮等。陶器的使用揭开了人类利用自然、改造自然的新篇章，是人类社会进入新石器时代的标志之一，极大地改善了人类的生活条件。

A.D. 264

魏咸熙元年，政治家、军事家和学者杜预（今陕西西安人）参与第一部儒家化的法典《晋律》的制定。

人面网纹盆
西安市半坡遗址出土

鹿纹彩陶盆
西安市半坡遗址出土

鱼纹彩陶盆
西安市半坡遗址出土

鱼纹彩陶盆
西安市半坡遗址出土

兽形陶塑
西安市半坡遗址出土

三角纹彩陶盆
西安市半坡遗址出土

锥刺纹罐
西安市半坡遗址出土

指甲纹罐
西安市半坡遗址出土

天狗吠月
西安市高陵区杨官寨遗址出土

蜥蜴纹
西安市高陵区杨官寨遗址出土

镂空人面深腹盆
西安市高陵区杨官寨遗址出土

镂空人面陶豆
西安市高陵区杨官寨遗址出土

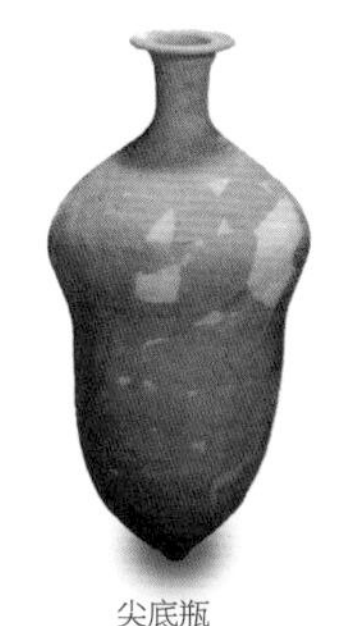
尖底瓶
西安市高陵区杨官寨遗址出土

尖底瓶
西安市高陵区杨官寨遗址出土

尖底瓶
西安市高陵区杨官寨遗址出土

尖底瓶
西安市高陵区杨官寨遗址出土

人面鱼纹盆
西安市临潼区姜寨遗址出土

蛙纹彩陶盆
西安市临潼区姜寨遗址出土

彩陶人面纹细颈瓶
西安市临潼区姜寨遗址出土

虎首人面彩陶葫芦瓶
西安市临潼区姜寨遗址出土

尖底瓶
西安市临潼区姜寨遗址出土

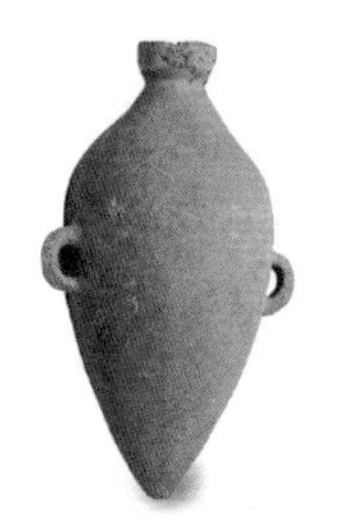
尖底瓶
西安市临潼区姜寨遗址出土

尖底瓶
西安市临潼区姜寨遗址出土

尖底瓶
西安市临潼区城北姜寨遗址出土

1.1.3 定而聚之：关中地区早期聚落遗址

半坡

半坡遗址

有6 000~6 700多年历史的新石器时代半坡文化聚落遗址，位于陕西省西安市浐河东岸。它的发掘推动了中国新石器时代考古学的研究与发展，大面积揭露出半坡史前聚落的局部面貌。

杨官寨

杨官寨遗址

有6 000多年历史的新石器时代仰韶文化聚落遗址，位于西安市高陵区姬家街道杨官寨村四组东侧泾河左岸。发现了距今6 000~6 500年左右的一处大型环壕聚落，这是所知庙底沟时期唯一一个发现有完整环壕的聚落遗址。

姜寨

姜寨遗址

有6 400~6 600多年历史的新石器时代仰韶文化聚落遗址，位于陕西省临潼区城北临河东岸，是迄今发掘的中国新石器时代面积最大的一个遗址，出土文物极其丰富，对研究该时期历史文化提供了充分的资料。

己亥年西安市政府提出『西安年·最中国』的口号并举办了系列活动，引起海内外的广泛关注。

柱洞遗址

连通灶遗址

方形半地穴房子遗址

祭祀地周边墓葬遗址

祭祀遗址全景

杨官寨南区遗址

杨官寨西门遗址航片

姜寨遗址发掘现场

姜寨遗址

姜寨聚落局部

姜寨聚落模型

民国十六年，国民联军驻陕总部根据于右任的提议，将重建的西安『皇城』改名为『红城』，以示革命。

1.1.4 拟像为符：商周文字的演进

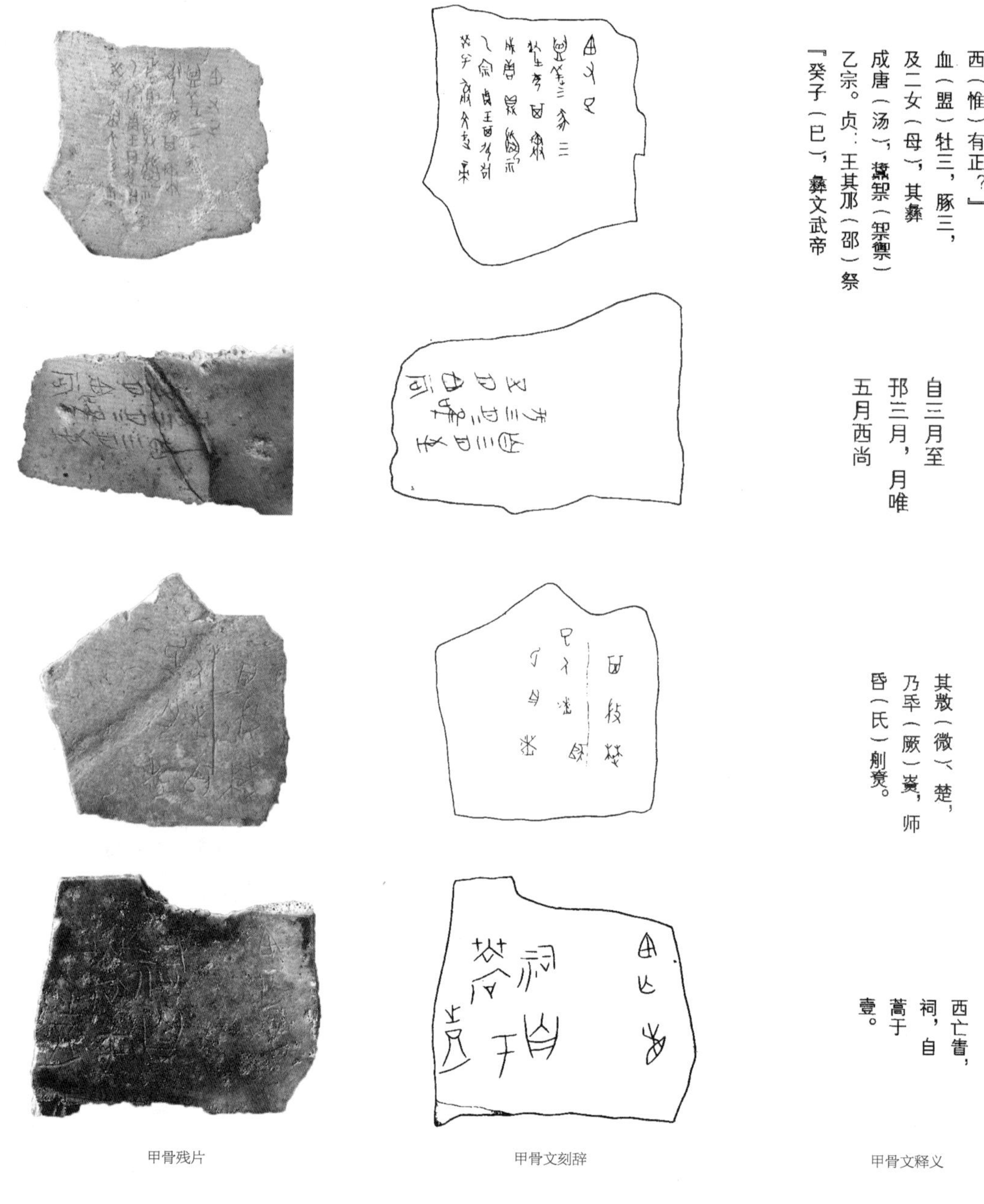
西（惟）有正？』
血（盟）牡三，豚三，
及二女（母），其彝
成唐（汤），𩱏卲（禦）
乙宗。贞：王其邲（卲）祭
『癸子（巳），彝文武帝
自三月至
邗三月，月唯
五月西尚
其散（微）、楚，
乃乎（厥）賁，师
昏（氏）鼐賁。
西亡眚，
祠，自
蒿于
壹。
甲骨残片
甲骨文刻辞
甲骨文释义

甲骨文
宝鸡市岐山县凤雏村遗址出土

甲骨文是目前我国能见到的最早的成熟汉字，又称“契文”“甲骨卜辞”“殷墟文字”或“龟甲兽骨文”，它主要指中国商朝晚期王室用于占卜记事而在龟甲或兽骨上契刻的文字。甲骨文具有对称、稳定的格局，其用笔、结字、章法三要素兼具，原始画图文字的痕迹与象形特征比较明显。甲骨文在商代历史实物确认和中国文字演进史方面具有重要价值。

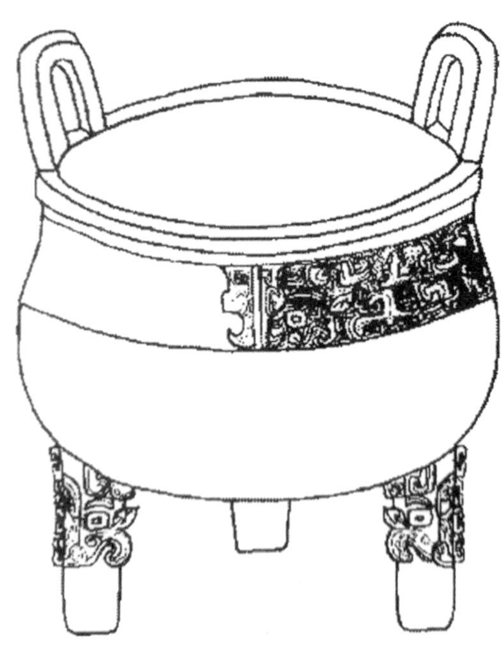

大盂鼎线稿

大盂鼎实物

大盂鼎铭文

释文

佳九月，王才（在）宗周令（命）盂。王若曰："盂，不（丕）顯玟王受天有大令（命）。在珷王嗣玟乍（作）邦，闢（闢）氒匿，匍有（敷佑）亖方，畯正氒民。在雩（于）邰（御）事觑西（酒）无敢醺，有㱽（祡）𦡊（烝）祀，无敢醆（扰），古（故）天異（翼）临子灋保先王，囗有亖方。我䎽（闻）殷述（坠）令（命）佳殷𨕲（边）医田（侯甸）雩（与）殷正百辟，率（率）肄于西（酒），古（故）䘮（丧）自已（纯祀）。女（汝）妹辰有大服，今余（余）佳即朕小学，女（汝）勿剋余乃辟一人。今我佳即井㐭（刑廪）于玟王正（政）德，若玟壬令（命）二三正。今余佳令（命）女（汝）盂𩁹（诏）焚芍（敬）（雝）德巠（经），敏朝夕入讕（諫）亯奔走，畏天畏（威）"。王曰："㓝，令（命）女（汝）盂井（型）乃嗣且（祖）南公"。王曰"盂，迺𩁹夹死（尸）𤔲（司）戎，敏諫（敕）罚讼。夙（夙）夕𩁹我一人登（烝）亖方。雩（粤）我其遹省（相）先王受民受疆土。易（锡）女（汝）鬯一卣，冂（冕）衣，市（绂）舄，𨍭（車）马。易（锡）乃且（祖）南公旂用遇（兽）。易（锡）女（汝）邦𤔲三白（伯），人鬲自驭至于庶人六百又五十又九夫。易（锡）尸𤔲王臣十又三白（白）。人鬲千又五十夫。遂𡨦囗自氒土"。王曰"盂，若芍（苟）乃正，勿灋（废）朕令（命）"盂用对王休，用乍（作）且（祖）南公宝鼎。佳王廿又三祀。

大盂鼎铭文释义

大盂鼎
宝鸡市眉县常兴镇杨家村出土

金文指铸造在殷商与周朝青铜器上的铭文，也叫作钟鼎文；周朝把铜也叫作金，所以铜器上的铭文就叫作"金文"或"吉金文字"。最早的甲骨文随着殷亡而消逝，金文起而代之，上承甲骨文，下启秦代小篆，流传书迹多刻于钟鼎之上，所以大体较甲骨文更能保存书写原迹，具有古朴之风格，在笔法、结字、章法上都为书法的发展做出了贡献。金文也是研究商、周、秦汉历史的重要文物和文字考古依据。

1.1.5 合院构型：周原岐山宫室遗址

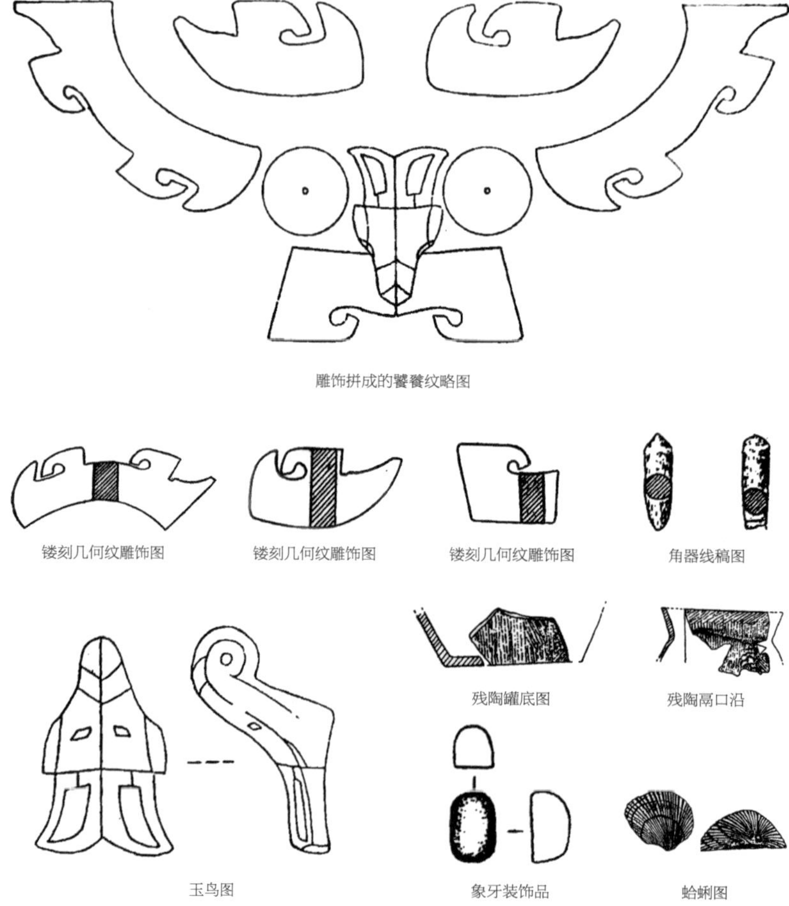

宝鸡市岐山县凤雏村遗址出土器物线稿图

西周最有代表性的建筑遗址属陕西省宝鸡市岐山县凤雏村出土的建筑遗迹，是中国已知最早、最严整的四合院实例，它的平面布局及空间组合的本质与后世两千多年封建社会北方流行的四合院建筑基本一致。这一方面证明了中国文化传统的悠久，另一方面似乎也说明了当时封建主义萌芽已经产生，建筑组合的变化体现着当时生活方式与思想观念的变化。而上图所示的出土器物则是判断该组建筑毁弃年代的主要依据。

清乾隆四十六年，陕西巡抚毕沅开始大规模整修西安城墙。

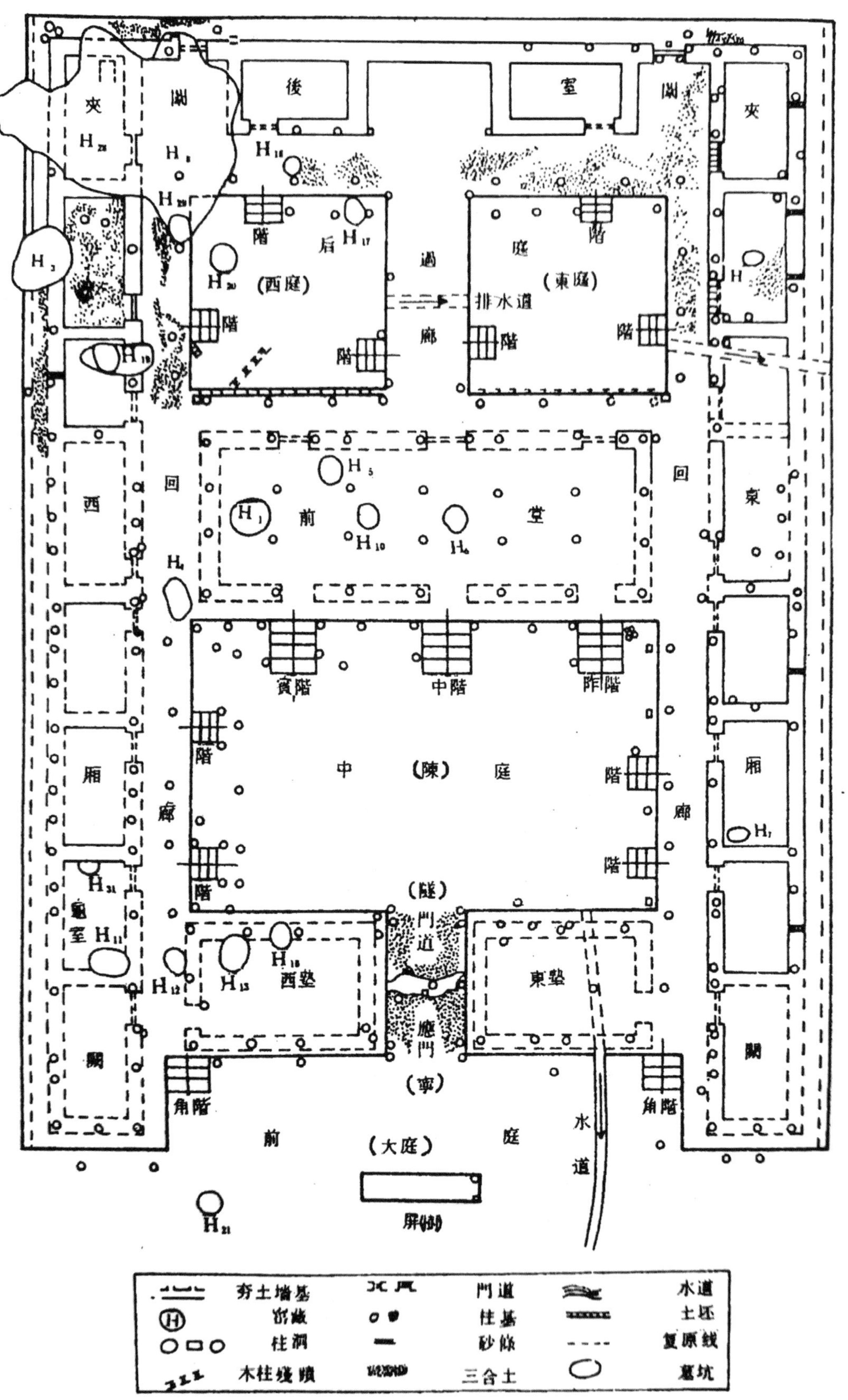

宝鸡市岐山县凤雏村建筑基址平面图

104
1
汉太初元年，一场大火烧毁了柏梁台上的宏伟建筑，另一个宏大巨制——建章宫横空出世，势压未央。

1.1.6 王城营造：两周都城遗址

西安市长安区丰镐遗址车马坑图

关中地区的都城营建开始于西周，周文王建丰京，周武王建镐京。丰京和镐京一起并称为“丰镐”。今遗址位于西安市长安区沣河两岸，其平面布局考古上尚未证实，但文字记载却十分具体。它开创了中国城市平面布局方整、宽畅、宏伟的先河，建构了中国城市平面布局的总规制，成为后来城市总体布局的典范。

新初始元年，西汉权臣王莽代汉建新，定都长安，建元『始建国』，在位15年，新灭。

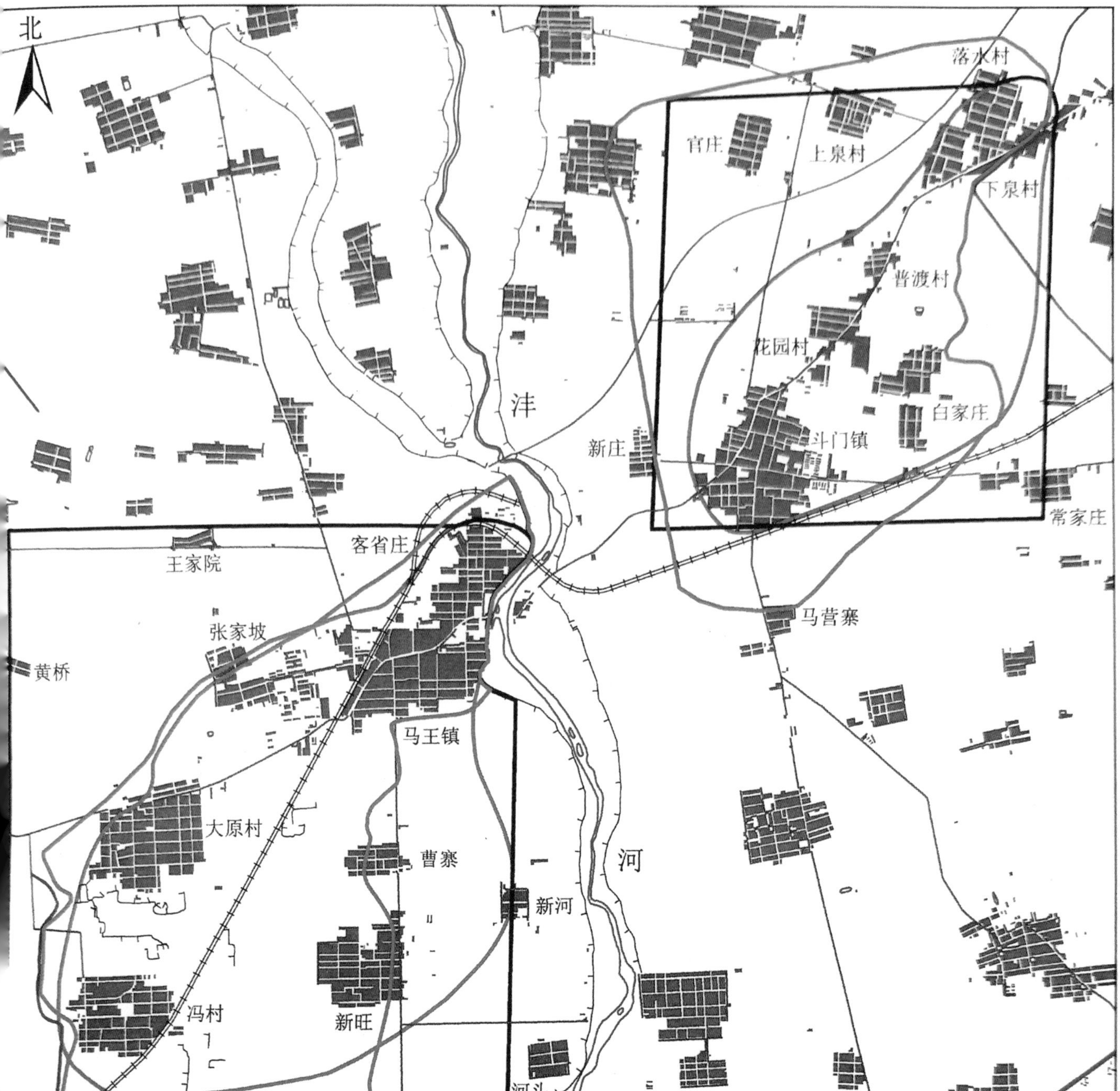

北

落水村
官庄
上泉村
下泉村
普渡村
花园村
白家庄
斗门镇
新庄
常家庄
沣
客省庄
王家院
张家坡
黄桥
马营寨
马王镇
大原村
曹寨
河
新河
冯村
新旺
河头
西石榴
东石榴

2012 年确定的丰镐遗址西周遗存分布范围

1992 年划定的重点保护范围

1992 年划定的一般保护范围

0 2500 米

上图：沣河现状图

下图：丰京镐京遗址分布示意图

A.D. 881
01 16

唐广明二年，盐帮首领黄巢率领起义军攻下长安，于含元殿即皇帝位，国号『大齐』，改元金统。

1.1.7 天子驾六：周代车马礼制

西安市长安区战国秦陵园天子驾六遗址车马坑图

逸礼《王度记》曰："天子驾六，诸侯驾五，卿驾四，大夫三，士二，庶人一。"天子所御驾六，其余副车皆驾四，天子驾六是古代礼制的一种体现。周天子出行所驾即为六匹马拉的两辆马车。目前得以考古印证的遗址有四处，代表性的有2002年发现的洛阳周王城广场天子驾六车马坑，以及2014年9月，在西安市长安区神禾塬西北部发现的一座古代墓葬，其内存在皇帝级别的六匹马拉的两辆马车，推测墓主人可能是秦始皇祖母。

民国元年，由秦陇复汉军兵马都督府主办的《秦风日报》在西安创刊，这是西安首次出刊的对开大型日报。

河南省洛阳市天子架六车马坑图

.D. 2017
01 18

共享单车宣布登陆西安，首次投放6 000辆，成为第一家进驻西安的共享单车。

1.1.8 不琢不器：周代玉器

玉戈（西周）
宝鸡市扶风县强家一号西周墓出土

《周礼》记载：“以玉作六器，以礼天地四方，以苍璧礼天，以黄琮礼地，以青圭礼东方，以赤璋礼南方，以白琥礼西方，以玄璜礼北方。”商周时期，玉器文化已经成型。西周玉器在功能上已经从祭祀型向礼仪型转变。玉器品种繁多，有祭祀用玉，葬玉，佩玉，而璧、琮、璋、圭等都是礼器。从总体上看，西周玉器工艺精巧，形制古朴，但是没有商代玉器活泼多样，而显得有点呆板，过于规矩，这与西周严格的宗法、礼俗制度紧密相关。

汉后元三年，武帝刘彻登基，在位54年，葬于茂陵，是中国封建王朝中最杰出的君主之一。

玉环形龙配饰（西周时期）
西安市长安区沣西配件厂出土

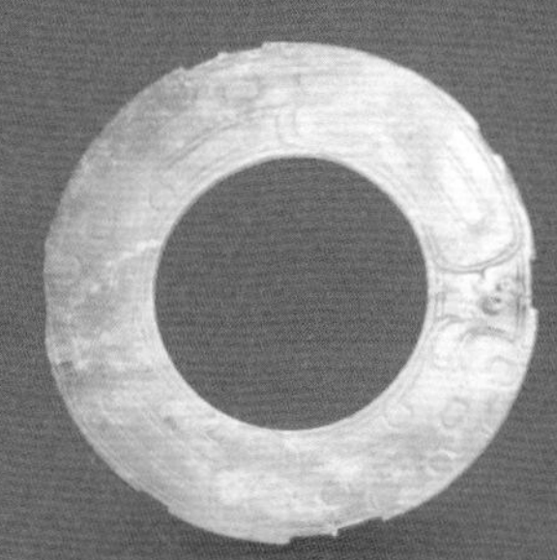
双龙纹玉璧（西周时期）
宝鸡市扶风县召陈村出土

玉环形龙配饰（西周时期）
宝鸡市竹园沟九号西周墓出土

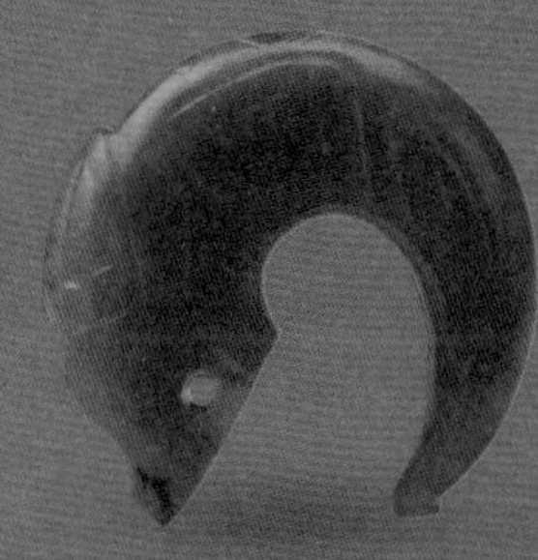
玉环形龙配饰（西周时期）
宝鸡市凤翔县刘淡村出土

玉龟（西周时期）
宝鸡市竹园沟四号墓出土

玉牛（西周早期）
宝鸡市［弓鱼］国墓地茹家庄出土

玉虎（西周时期）
宝鸡市［弓鱼］国墓地茹家庄出土

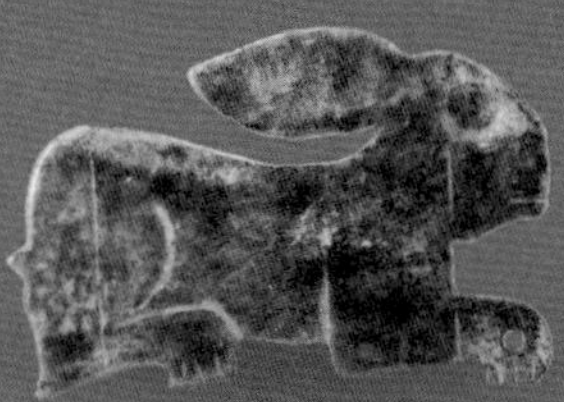
玉兔（西周时期）
宝鸡市［弓鱼］国墓地茹家庄出土

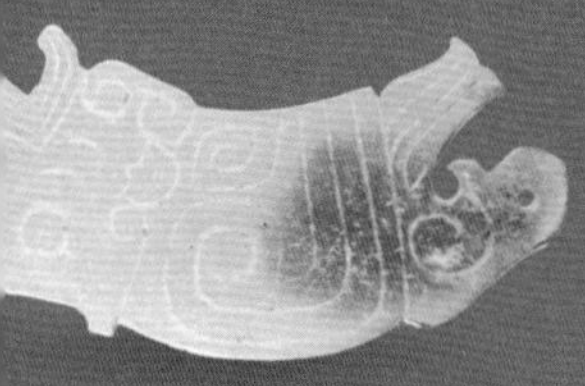
玉异兽形璜（西周时期）
陕西省西安市征集

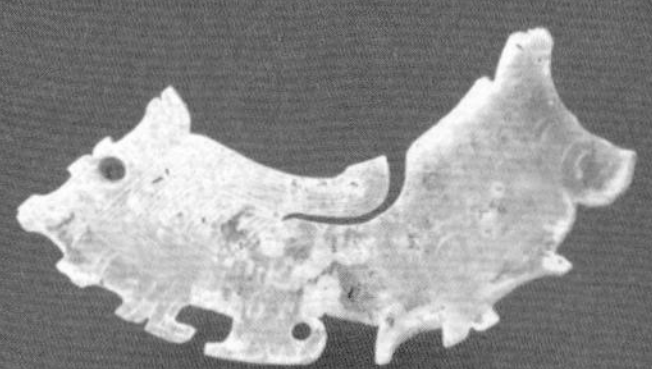
玉异兽形璜（西周时期）
西安市长安区沣西配件厂出土

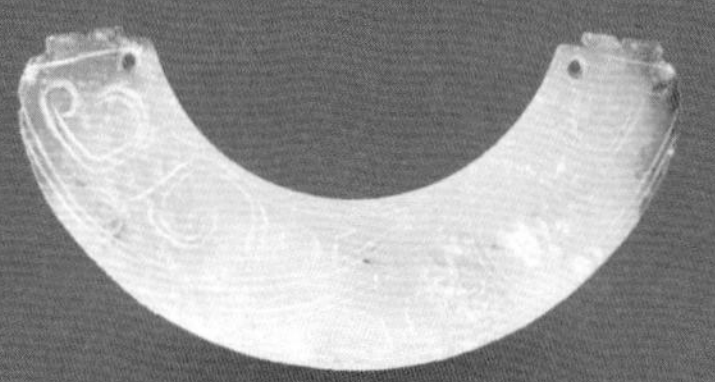
玉夔龙纹璜（西周时期）
陕西省西安市征集

玉夔龙纹璜（西周时期）
西安市长安区铜网厂出土

凤鸟纹柄形纹（西周时期）
宝鸡市［弓鱼］国墓地茹家庄出土

凤鸟纹柄形纹（西周时期）
宝鸡市［弓鱼］国墓地茹家庄出土

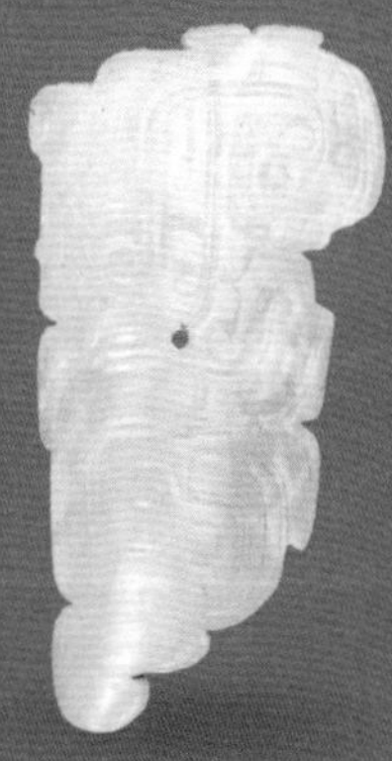
龙凤合雕玉饰（西周中期）
宝鸡市扶风县黄堆村出土

卷云纹玉玦（西周中期）
宝鸡市扶风县云塘村出土

1.1.9 国之重鼎：周代青铜器

折觥（西周中期）
陕西省宝鸡市扶风县庄白村

中国已发现的、最古老的铜制品是来自陕西姜寨遗址出土的黄铜残片，经检测为冶炼所得，距今 6 500~6 700 年历史。中国青铜器开始于马家窑至秦汉时期，以商周时期的器物最为精美。商晚期至西周早期，是青铜器发展的鼎盛时期，器型多种多样，浑厚凝重，铭文逐渐加长，花纹繁缛富丽。类型包括食器、酒器、水器、乐器、兵器、礼器等，部分重器铸有铭文，记录当时的国家大事。

庄白一号窑藏玲（西周中期）
陕西省宝鸡市扶风县庄白一号窑藏出土

商帝辛二十九年，周武王姬发率领周与各诸侯联军起兵讨伐商纣王，这是商衰周兴的转折点。

伯方鼎（西周早期）
市纸坊头［弓鱼］国墓地出土

凤鸟纹方鼎（西周早期）
宝鸡市戴家湾出土

九年卫鼎（西周中期）
宝鸡市岐山县董家村出土

铜鼎（西周时期）
宝鸡市扶风县强家一号墓出土

]双耳方座簋（西周时期）
市纸坊头［弓鱼］国墓地出土

伯四耳方座簋（西周时期）
宝鸡市纸坊头［弓鱼］国墓地出土

伯几父簋（西周时期）
宝鸡市扶风县强家一号墓出土

伯几父簋（西周时期）
宝鸡市扶风县强家一号墓出土

商尊（西周时期）
宝鸡市扶风县庄白村出土

何尊（西周早期）
宝鸡市陈仓区贾村镇出土

［弓鱼］季尊（西周时期）
宝鸡市竹园沟［弓鱼］国墓地出土

丰尊（西周时期）
宝鸡市扶风县庄白村出土

单五父壶（西周晚期）
宝鸡市眉县杨家村青铜器窖藏

环带纹壶（西周晚期）
宝鸡市扶风县强家一号墓出土

仲南父壶（西周中期）
宝鸡市岐山县董家村出土

三年兴壶（西周中期）
宝鸡市扶风县庄白村一号青铜器窖藏

A.D. 589
01 22

隋开皇九年，隋灭南朝陈，隋文帝完成了大一统，结束近400年的魏晋南北朝混乱时期。

秦兵马俑

“何草不黄？何日不行？何人不将？经营四方。何草不玄？何人不矜？哀我征夫，独为匪民。”

——[先秦]诗经《小雅·何草不黄》

1.2 大统：秦汉都城 B.C.221—A.D.220 年

秦灭六国，结束了春秋战国五百多年的分裂局面，废除贵族分封和领土分割制度，建立了我国历史上第一个多民族统一的中央集权封建国家。秦对内实施改革，采用郡县制，重农抑商，统一货币、度量衡，书同文、车同轨，新生国家政权得以巩固。对外北逐匈奴、南略五岭，修筑长城，以维护国家疆域的统一和稳定。“汉承秦制，有所损益”，汉代确立了儒学的独尊地位，在政治、经济和军事上加强君主专制与中央集权。汉武帝时期，通西域，伐匈奴，进一步扩大中华版图，形成了中国封建时期第一个鼎盛局面。秦汉王朝延续四百多年，对我国古代的政治制度、社会经济、思想礼教发展以及国家统一、民族融合具有积极推动作用，对中国乃至整个东亚世界的影响深远。

汉高祖七年，天禄阁、石渠阁开始营建，为汉宫御用藏书之地，是中国最早的国家图书馆和档案馆。

1.2.1 临渭建都：秦汉都城遗址

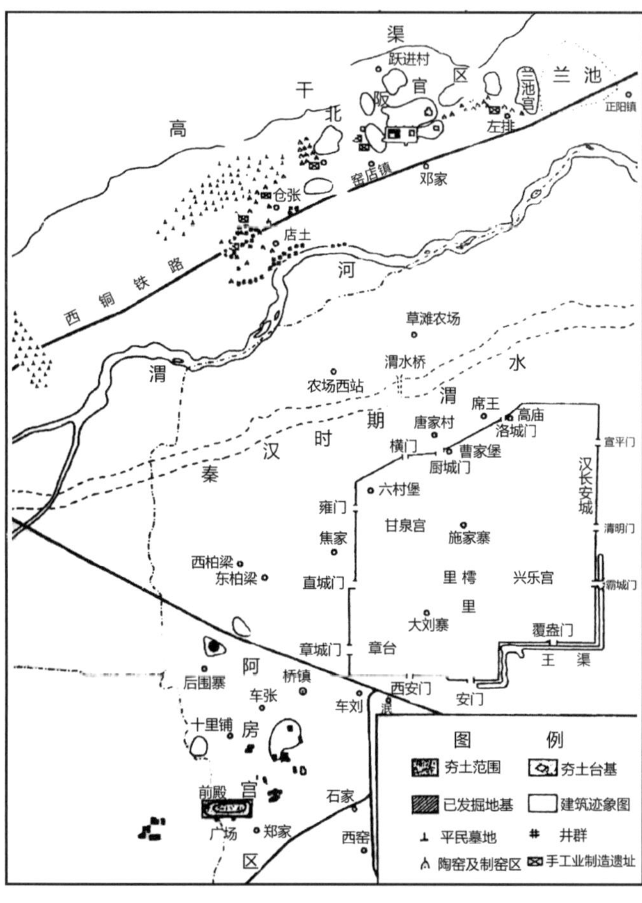

上图：秦咸阳宫
下图：秦咸阳规划图

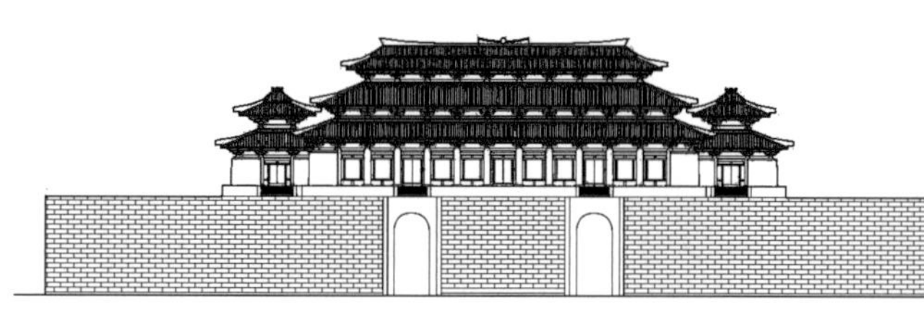

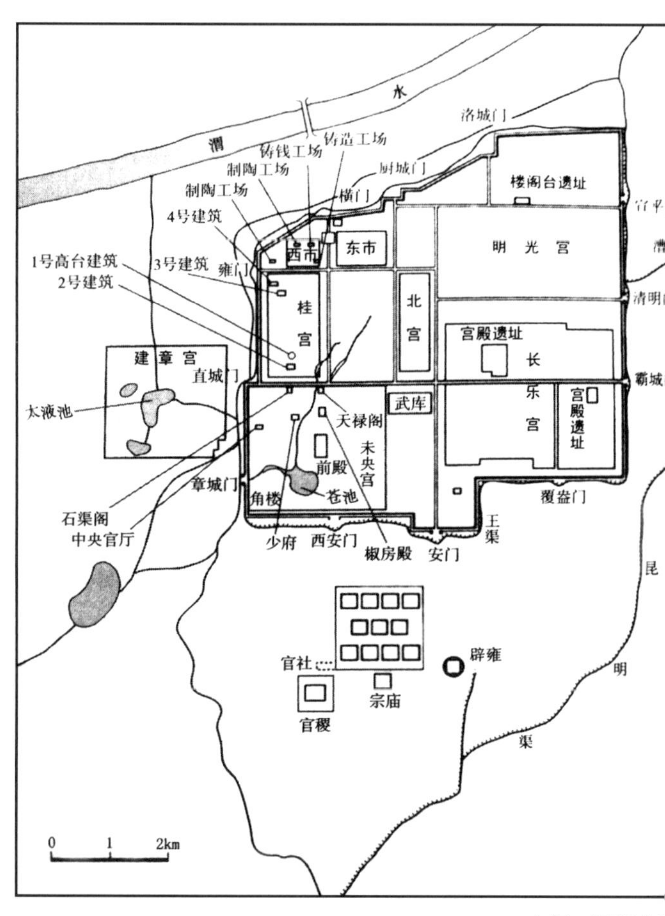

上图：汉长安
下图：汉长安城规划

秦都咸阳延续周丰镐两京隔沣水相望的规制，以渭水贯都，都城营建兴起于渭北，后拓展至渭河以南。在都市规划和宫庙营建中创立象天法地的思想，以彰显大一统帝国与天地同在，与日月同辉。咸阳宫居北岸中心，与天上的“紫宫”对应，各宫庙环列周围，构成“为政以德，譬如北辰，居其所而众星拱之”的格局， 南北两岸的宫室台苑由复道、阁道相连，横跨渭河之上，与天上群星上下交辉，垂直相映。

汉长安城是在秦咸阳南部部分宫庙旧址基础上修建的，因其形制是不规则的斗形，故称“斗城”。延续秦“象天法地的营城原则，强调“非壮丽无以重威”的建城指导思想，整个城市以宫庙建筑群为主体，各宫殿区四周筑有宫城；上林苑的规模布局与秦代也基本一致，并在城南修建昆池和明堂、辟雍、灵台等礼制建筑。是当时世界上规模最大的城市，也是中国古代使用时间最长、定都朝代最多、遗迹最丰富的都城。

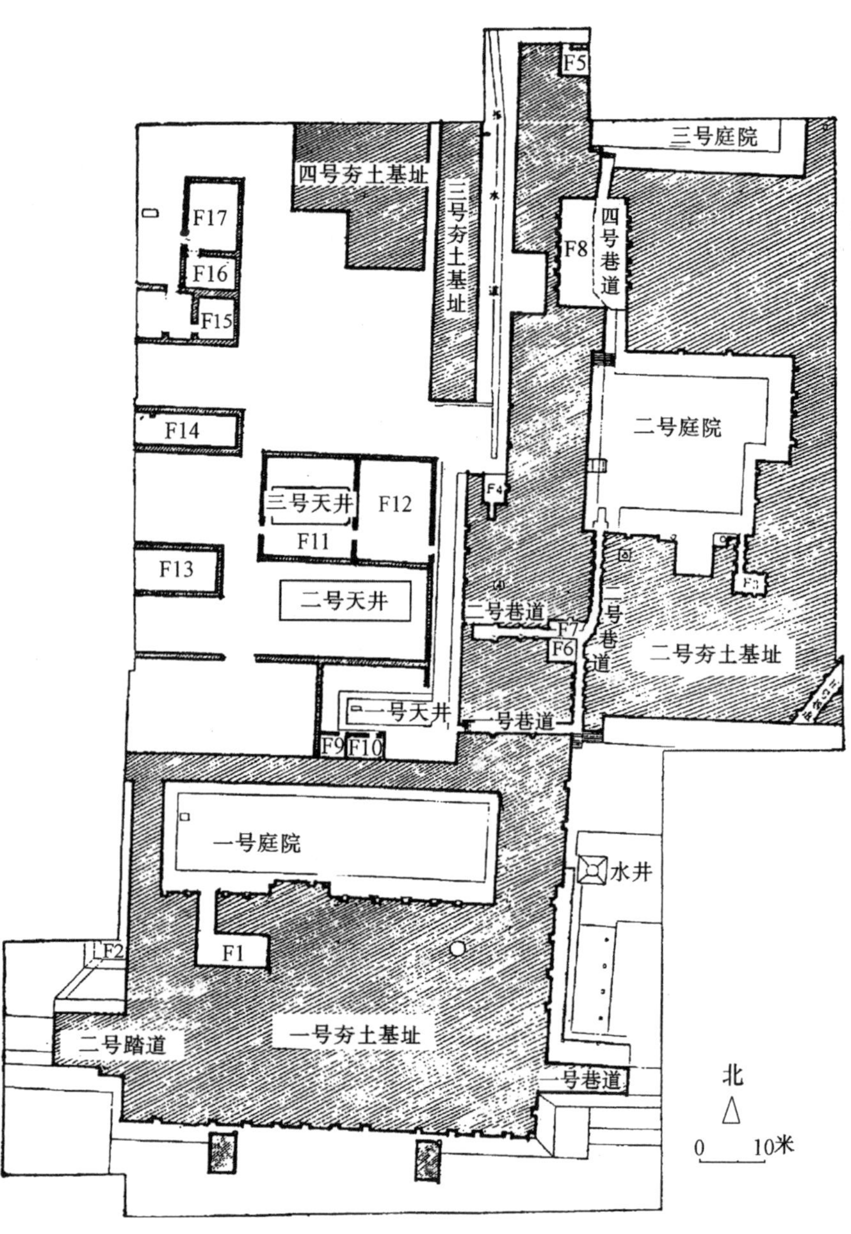

未央宫二号建筑遗址平面图

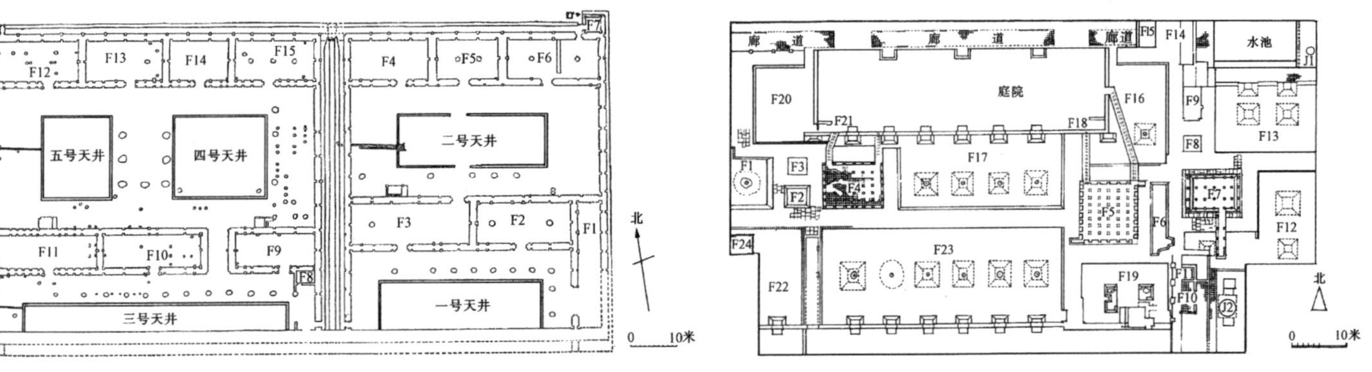

未央宫三号建筑遗址平面图

未央宫四号建筑遗址平面图

汉长安未央宫遗址平面图

唐天宝十三年，高僧鉴真第六次东渡终于成功，在日本讲授佛学，极大地促进了中日文化交流。

1.2.2 同袍同泽：秦汉兵俑

秦将军俑头像

秦武士俑头像

秦武士俑头像

秦武士俑头像

秦中级军吏俑
秦始皇陵二号俑坑出土

秦铠甲武士俑
秦始皇陵一号俑坑出土

秦圉人俑
秦始皇陵曲尺形马厩坑出土

秦车左俑
秦始皇陵曲尺形马厩坑出土

汉彩绘男立俑
藏于陕西历史博物馆

汉彩绘兵俑
陕西省咸阳市杨家湾村出土

汉彩绘兵俑
陕西省咸阳市杨家湾村出土

汉持盾步兵俑
藏于陕西历史博物馆

汉骑马武士俑
陕西省咸阳市杨家湾村出土

汉骑马武士俑
藏于陕西历史博物馆

汉执矛骑士俑
藏于陕西历史博物馆

汉执矛骑士俑
藏于甘肃博物馆

秦汉兵俑

古代墓葬雕塑的一个类别。古代实行人殉，奴隶主死后奴隶要作为殉葬品为奴隶主陪葬。战国时期，诸侯各国先后废止了人殉制度，代以陶俑、木俑或石俑。兵俑即制成士兵形状的殉葬品，秦汉至隋唐盛行，北宋以后逐渐衰落，但仍沿用到元明时期。宋代以后纸明器流行，陶、木、石质的俑渐渐减少。秦俑形体比人略高，陶制，是已知最大的俑，以其浑厚、洗练，富于感人的艺术魅力闻名于世，也是研究古代社会的重要实物资料。

A.D. 1923
01 27

长潼汽车公司开办钟楼至东门的『环城汽车』，投入两辆汽车营运，这是西安开行公共汽车之始。

秦兵马俑

汉兵马俑

唐大中四年，文学家杜牧（今陕西西安人）登高楼鸟瞰长安，作《长安秋望》。

1.2.3 长袖飞带：秦汉服饰

秦代服饰

秦代服饰遵循从今弃古的原则，废除周代繁缛的冕服制度，仅保留在典仪上最轻的小祀礼服玄冕，作为礼仪之服。袍服较为普及，秦代规定三品以上职官可穿深袍、深衣，庶民为白袍。其他沿用春秋战国服饰，加以简化，力求实用。汉承秦制，主要有深衣、袍、禅衣等上下连体的服装，还有衫、襦等短衣。汉代冠帽是区别尊卑等级的标识，逐渐形成品式繁多、较为完备的冠戴制度。这一时期服饰的造型、装饰图案、染织工艺、色彩衣饰等方面都达到极高的艺术成就，与传统文化相融，成为传统文化的象征之一。

汉惠帝元年，为强化政权，在原长乐宫等宫城基础上，汉惠帝刘盈下令开始修筑长安城。

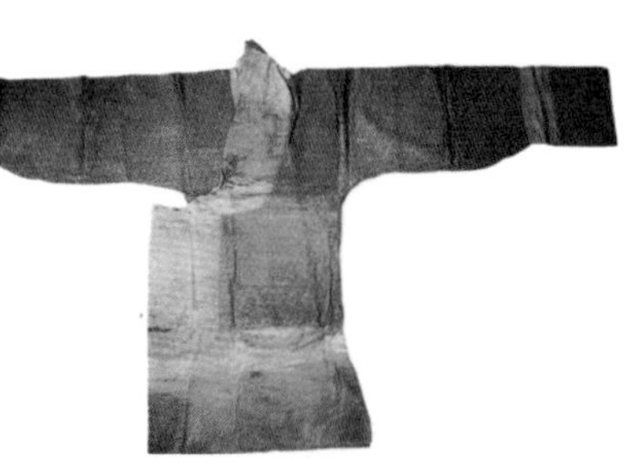
马王堆一号辛追墓出土的襜褕

新疆民丰尼雅出土的绣花棉布裤

马王堆一号辛追墓出土的素纱禅衣

马王堆一号辛追墓出土的深衣

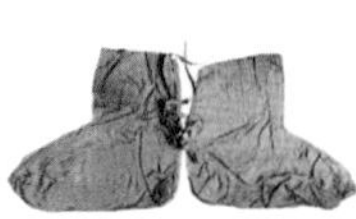

马王堆一号辛追墓出土的手套，青丝履，丝袜
新疆楼兰遗址出土的东汉棉鞋

马王堆一号辛追墓出土的画衣

汉舞姿陶俑
陕西省咸阳市渭城区出土

汉站姿女陶俑
陕西省咸阳市渭城区出土

汉站姿女扮男装陶俑
陕西省咸阳市渭城区出土

汉彩绘舞陶俑
藏于陕西历史博物馆

汉彩绘持盾步兵俑
藏于陕西历史博物馆

汉彩绘递物俑
藏于陕西历史博物馆

汉彩绘舞蹈俑
藏于陕西历史博物馆

汉彩绘射姿俑
藏于陕西历史博物馆

唐咸亨元年，高宗李治下令改蓬莱宫为含元宫，武后长安元年（701年）复名为大明宫。

1.2.4 厉兵秣马：秦汉车马

中国最古老的马车出土于殷墟，古代除了作为战争工具外，主要为皇室贵族出门乘坐，是权力与高贵的象征。秦汉马车的种类复杂、名目繁多，如皇帝乘坐的玉辂，皇太子与诸侯王乘坐的王青盖车、“金钲车”，行猎用的“猎车”，丧葬用的“辒辌车”等。秦铜车马是中国考古史上出土的体型最大、结构最复杂、系驾关系最完整的古代车马，被誉为“青铜之冠”，对研究中国秦代冶炼与青铜制造技术、车辆结构等具有极重要的价值。

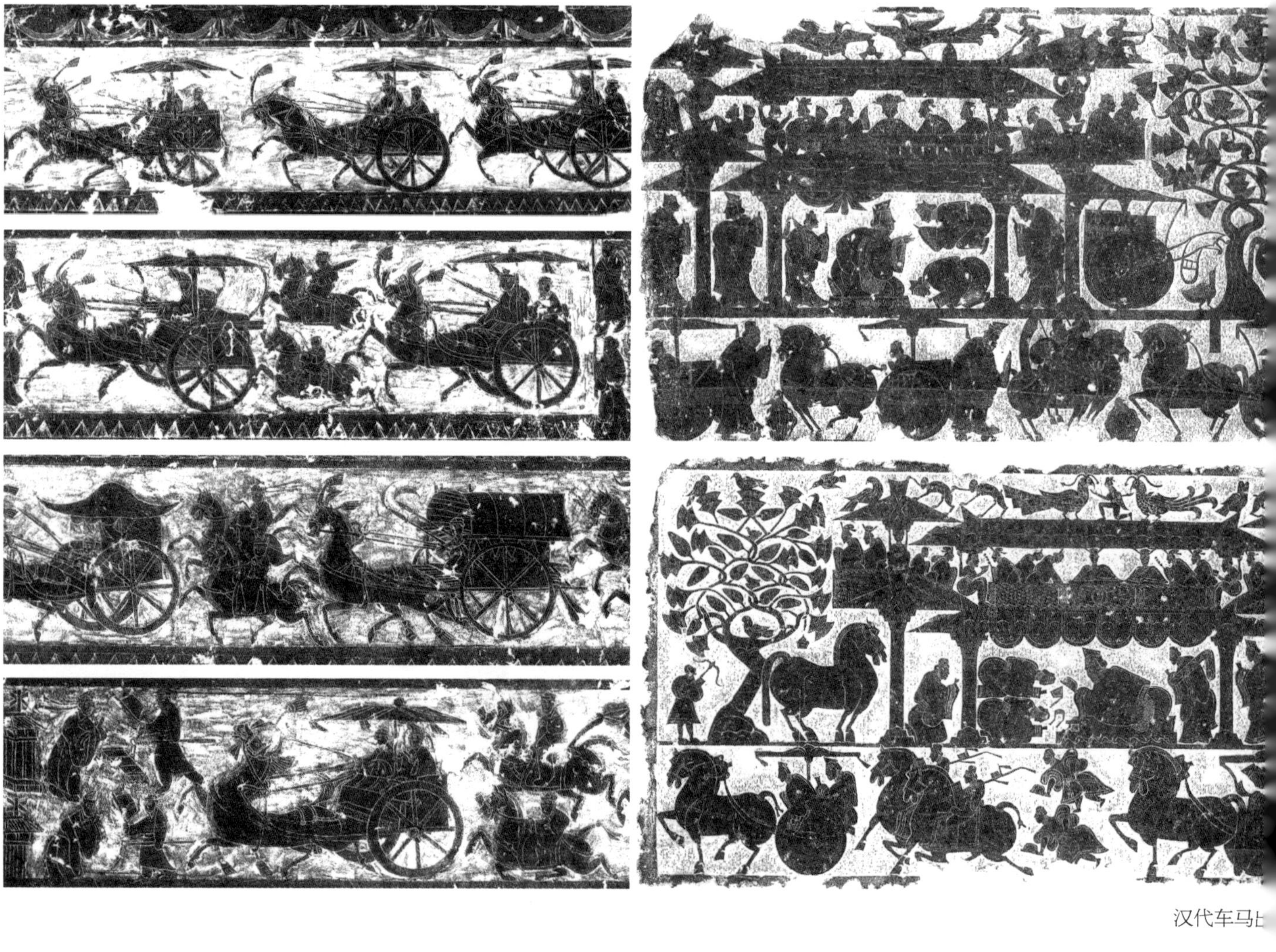

汉代车马

西北军政委员会在西安成立，彭德怀任主席，习仲勋、张治中任副主席，西安成为西北首府。

秦陵二号铜车马

秦陵一号铜车马

A.D. 1961
02 01
坐落在钟楼盘道东北角，建筑面积为1.7万平方米的西安邮政大楼建成开业。

1.2.5 篆成隶变：秦汉文字

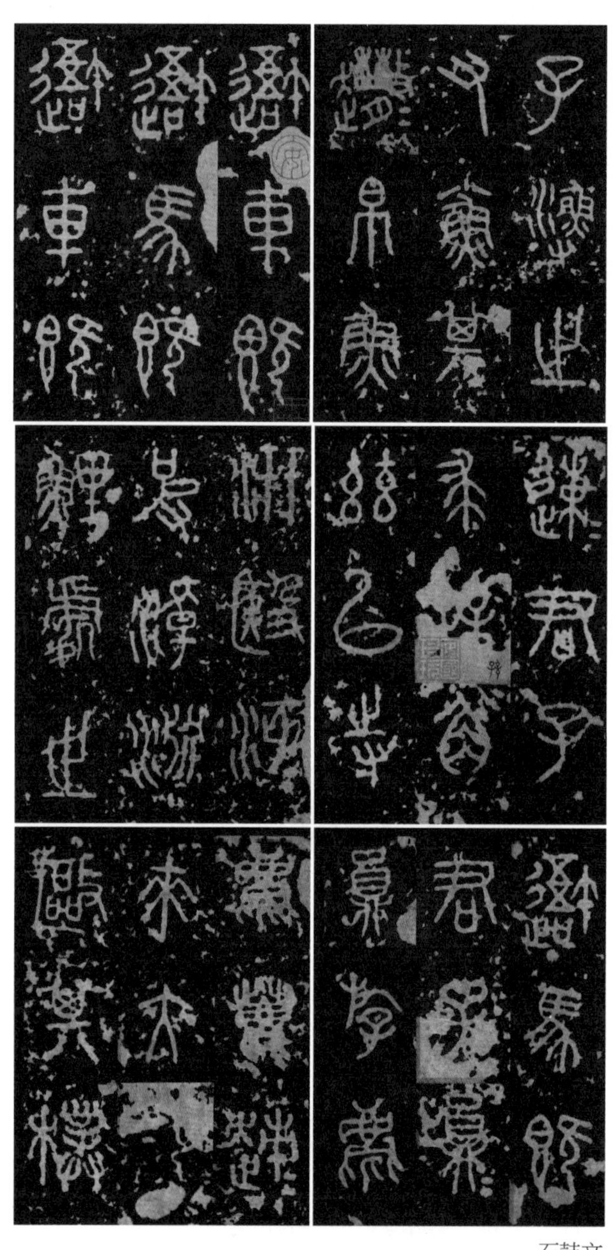

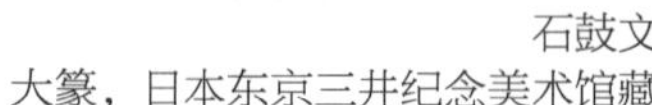

石鼓文
大篆，日本东京三井纪念美术馆藏

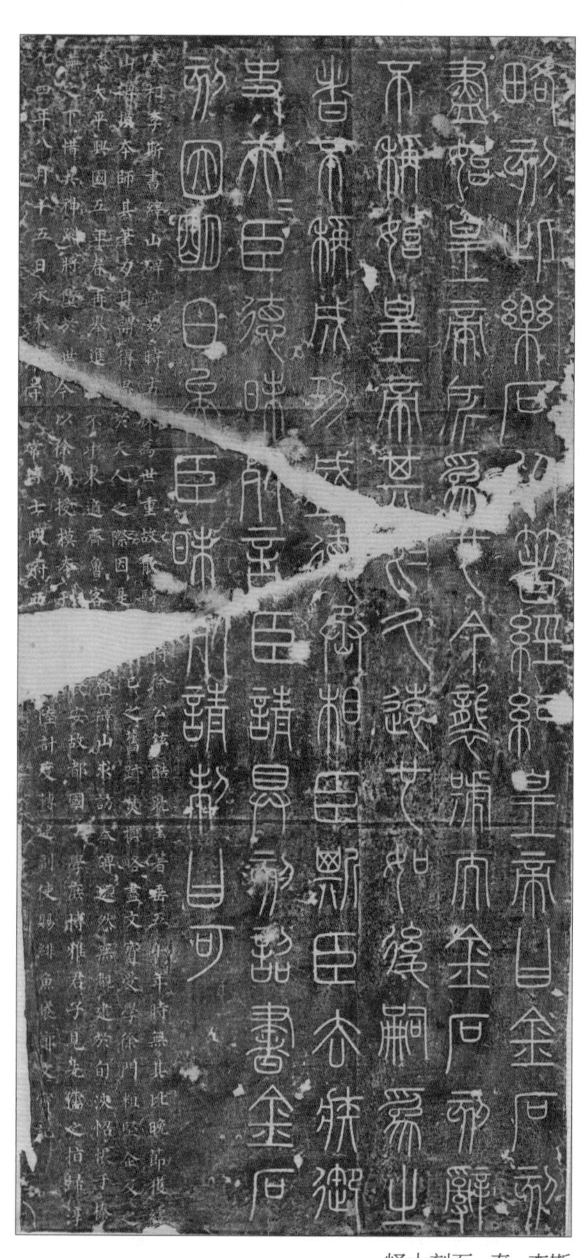

峄山刻石 . 秦 . 李斯
小篆，邹城博物馆藏

春秋战国时期各国汉字简繁不一、一字多形。秦灭六国后，在秦国原来使用的大篆籀文基础上，进行简化，创制了统一的汉字形式“小篆”。小篆阶段的汉字开始定型，象形意味削弱，文字更加符号化，减少了书写认读的混淆和困难。秦以小篆统一全国文字，消除了各地文字异行现象，在中国文字发展史上有着重要的地位。因其笔画复杂，形式奇古，而且可以随意添加曲折，也成为后世印章的首选字体，流传至今。

B.C. 641
02
唐贞观十五年，太宗李世民把文成公主嫁给吐蕃赞普松赞干布，松赞干布为迎娶文成公主建布达拉宫。

睡虎地秦墓竹简．秦
古隶，湖北省云梦县睡虎地秦墓中出土

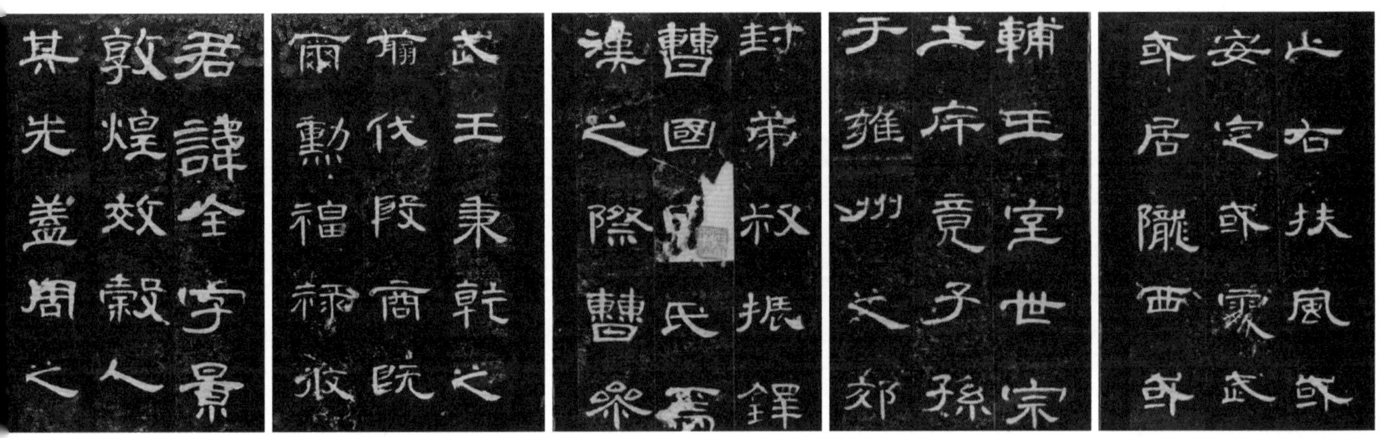

汉郃阳令曹全碑．东汉．王敞
汉隶，西安碑林博物馆藏

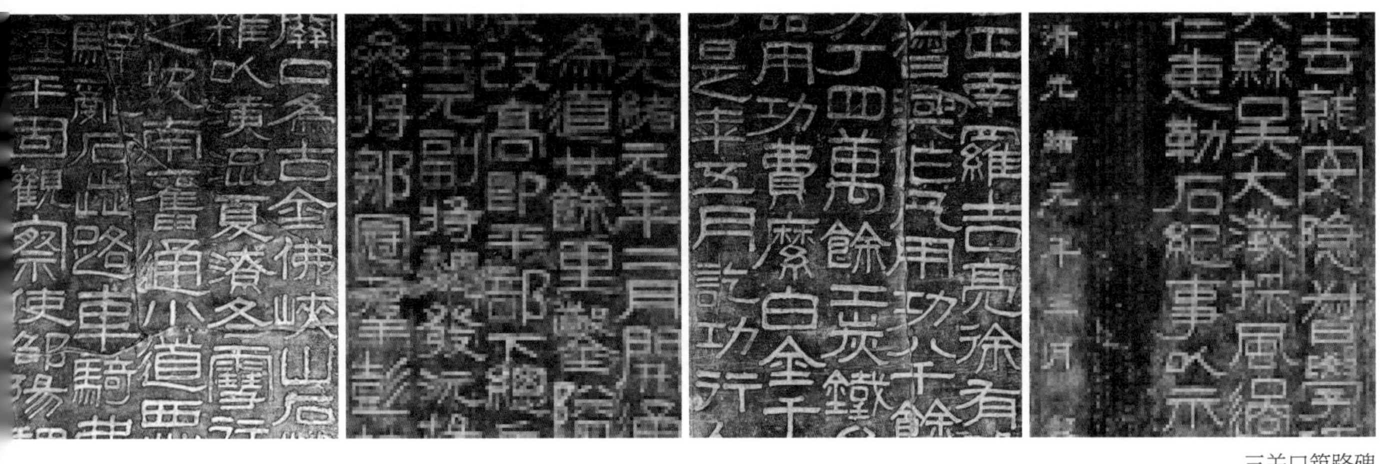

三关口筑路碑
八分，固原博物馆藏

汉代是汉字书法发展史上的关键时期，由籀篆变隶分，由隶分变为章草、真书、行书，至汉末，我国汉字书体已基本完备。隶变是书法史乃至文字史上的一次重大变革，摆脱篆书字形结构的凝固化束缚而走向隶书线条运动的抽象化表现，笔划分明、粗细有致、方圆兼济。隶变标志着汉字象形性的破坏和抽象符号的确立，使汉字由古文字体系向今文字体系转换，同时也标志着隶书的独立品格和美学特征的最终形成，其形成经历了古隶、汉隶和八分三个阶段。

B.C. 1052

商帝辛二十四年，周文王姬昌营建丰邑，从岐下迁都到丰（今西安市西南），是西安地区都城营建的起点。

1.2.6 半两五铢：秦汉钱币

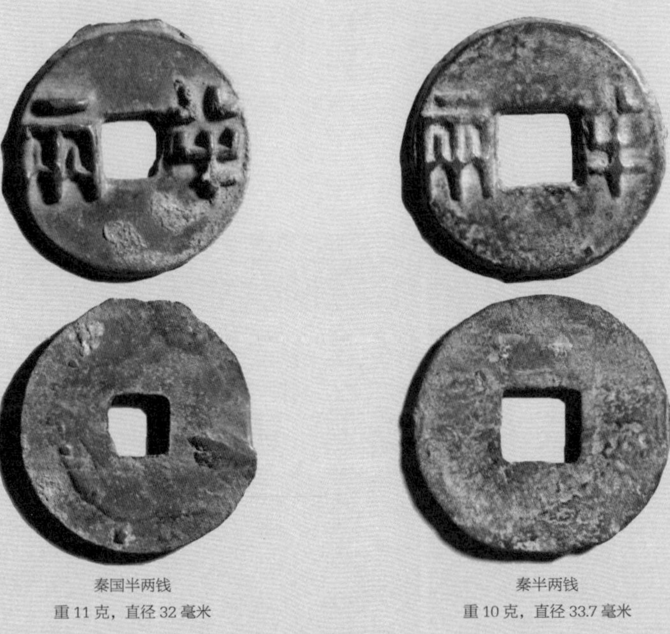

秦国半两钱
重 11 克，直径 32 毫米

秦半两钱
重 10 克，直径 33.7 毫米

秦国半两钱

秦始皇统一六国后，废止了战国后期六国旧钱，在战国秦半两钱的基础上加以改进，圆形方孔的秦半两钱在全国通行，结束了我国古代货币形状各异、重量悬殊的杂乱状态。“秦半两”青铜币以“圆形方孔”为货币造型，方孔代表地方，外圆代表天圆，“圆形方孔”即象征着古代天圆地方的宇宙观。青铜币上的“半两”二字为小篆文字，由李斯所题，它表示每枚重为当时的半两（即十二铢），故称“半两钱”。

西汉八铢半两钱
重 4.8 克，直径 31.4 毫米

东汉五铢钱
重 3.7 克，直径 26.1 毫米

汉朝钱币

秦朝灭亡后，西汉初期仍使用秦制半两钱，由于允许民间私铸，钱制较乱。吕后主持币制改革，在方孔圆钱的基础上，定五铢为计重单位，汉五铢从此诞生。五铢钱是秦汉货币史上的一大转折，实现了中央对货币铸造权的集中统一。西汉时期的五铢钱，枚重五铢，形制规整，重量标准，铸造精良。东汉建武十六年（公元 40 年）光武帝刘秀重新推行被王莽改制一度中断的五铢钱制，对社会经济的恢复起到积极的作用，五铢钱前后通行 720 年。

唐贞观十六年，太宗四子李泰主编的《括地志》在长安成书，该书为唐宋总志体例开了先河。

“东周”平肩空首布
重量 18.8 克，长 65 毫米，宽 35 毫米

“安臧”平肩空首布
重量 18.6 克，长 64 毫米，宽 33 毫米

耸肩大空首布
重量 35.4 克，长 142 毫米，宽 58 毫米

三孔布
重 8.2 克，长 51 毫米，宽 24.8 毫米

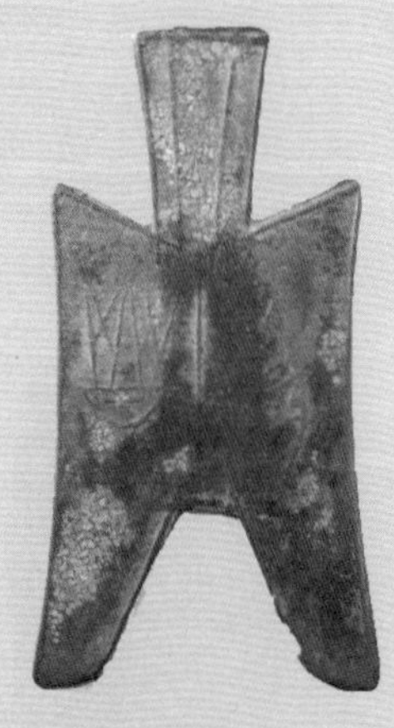
“晋阳”耸肩尖足布
重量 11.5 克，长 79 毫米，宽 36.2 毫米

“蔺”字圆足布
重量 14.1 克，长 70.7 毫米，宽 34 毫米

“铢重一两十四”圜钱
重量 15.7 克，直径 39.7 毫米

“漆垣一釿”圜钱
重量 11.8 克，直径 38.1 毫米

五字刀“安阳之大刀”（背“刀”）
重量 48.6 克，长 185 毫米

六字刀“齐返邦长大刀”（背“上”）
重量 44.6 克，长 182 毫米

“郢称”金版
重量 264.1 克，长 70 毫米，宽 67.2 毫米

战国“明”刀钱陶范
最大纵 60 毫米，最大横 71 毫米

先秦钱币

主题为『丝路长安』的西安地铁四号线全线贯通，对于西安市南北向客流转换发挥积极作用。

1.2.7 觥筹交错：汉代饮食器具

陶釉鸡盖囷
陕西省铜川市王益区公安局移交

绿釉陶仓
陕西省铜川市王益区出土

绿釉陶井
陕西省铜川市耀州区出土

绿釉陶仓
陕西历史博物馆调拨

绿釉陶仓
陕西省铜川市王益区出土

绿釉陶仓
陕西省铜川市王益区出土

绿釉陶井
陕西省铜川市耀州区出土

绿釉陶壶
藏于陕西历史博物馆

汉元朔二年，武帝刘彻为了巩固中央集权颁布了推恩令，标志着汉王朝开始了分封制向郡县制的过渡。

釉陶器和陶器
陕西省西安市张家堡出土

汉代饮食器具展现出与前代截然不同的风格走向：传统礼器开始走下神坛，进入人们的日常生活，回归实用器的用途。这种转变与汉代“礼法互融”的治国方针、“独尊儒术”的统治思想、“天人同构”的哲学观点以及器具设计文化的世俗化、生活化有着密切的关系。汉代厨房最主要的设施就是井和灶。在出土的房屋模型中，厨房附近一般都有水井，以方便洗涤。汉代灶的形制较多，不同地区差别也较大。

上图：车骑、宴饮、杂技画像砖拓片
下图：农作、养老画像砖拓片

庖厨、宴饮画像砖拓片

A.D. 2018 02 07

国家发展改革委、住房城乡建设部印发《关中平原城市群发展规划》，西安成为全国第九个国家中心城市。

1.2.8 高台重屋：汉代建筑

青龙纹瓦当

白虎纹瓦当

朱雀纹瓦当

玄武纹瓦当

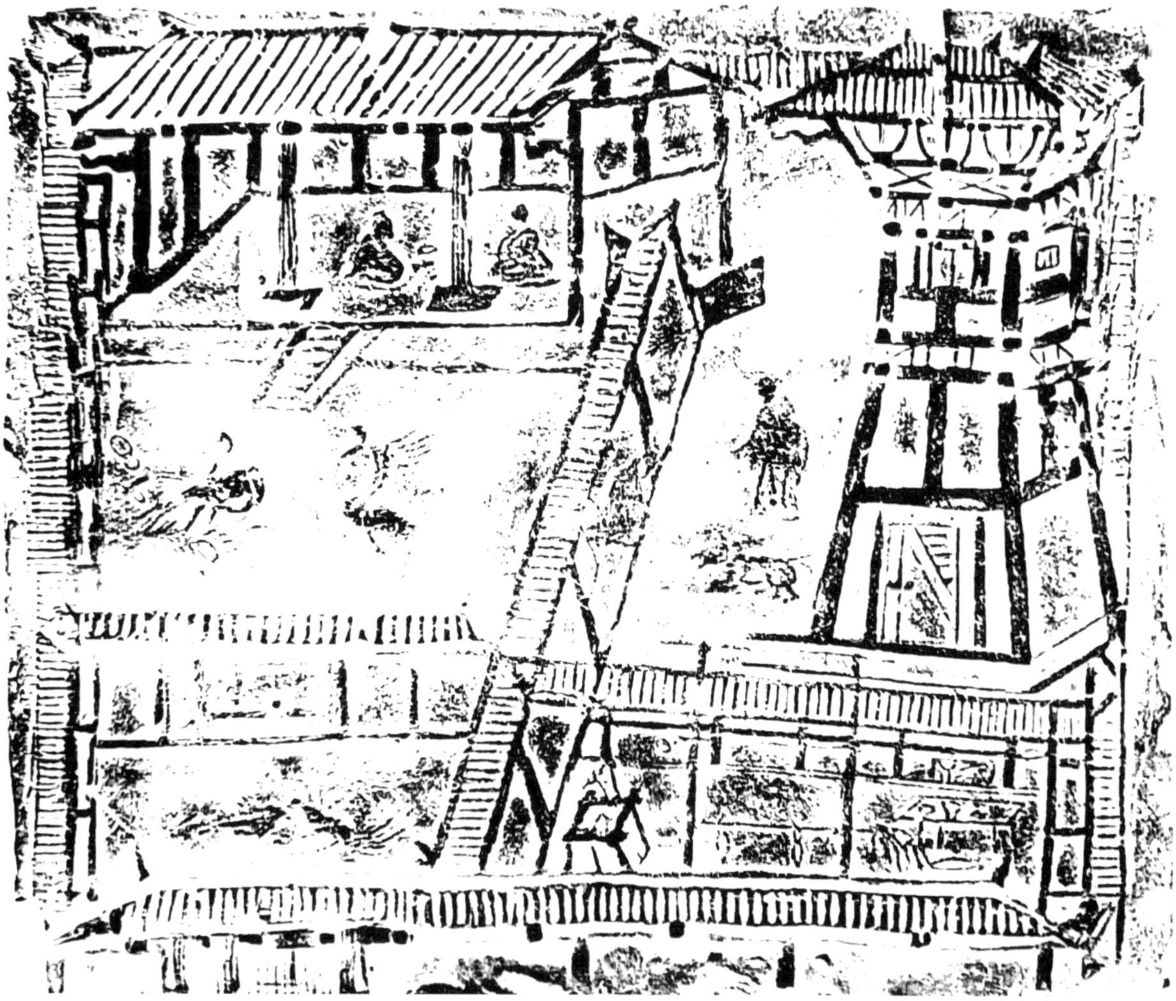

上图：瓦当
下图：庭院画像砖

两汉是中国古代建筑趋于定型和成熟的开创时期。尽管因年代久远，至今未发现一座实存木构建筑，依据现存的汉代画像砖 、画像石、明器以及墓室和石阙等，依然可以窥其壮丽。建筑形象古拙粗犷、结构简单、风格大气。建筑筑以高台，屋脊平直而短；用材上以木料为主，兼以砖石；屋面厚重，坡度平缓，面多直坡而下，很少反宇；构建装饰线条简练、浑然古朴、简繁对比强烈，达到极高艺术水平。

A.D. 1982
02 08

因丰厚的古代历史文化遗存和近代革命史迹，西安被评为第一批24个国家历史文化名城之一。

彩绘陶仓　彩绘百戏陶楼　彩绘陶楼　彩绘百戏陶楼

陶楼

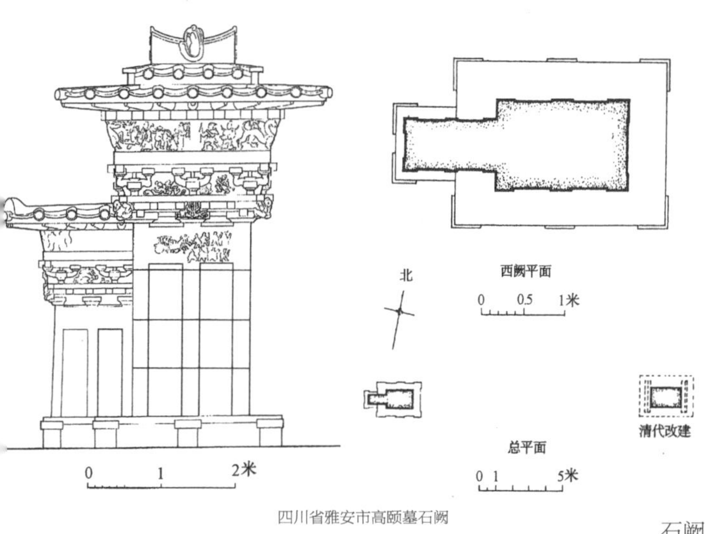

四川省雅安市高颐墓石阙

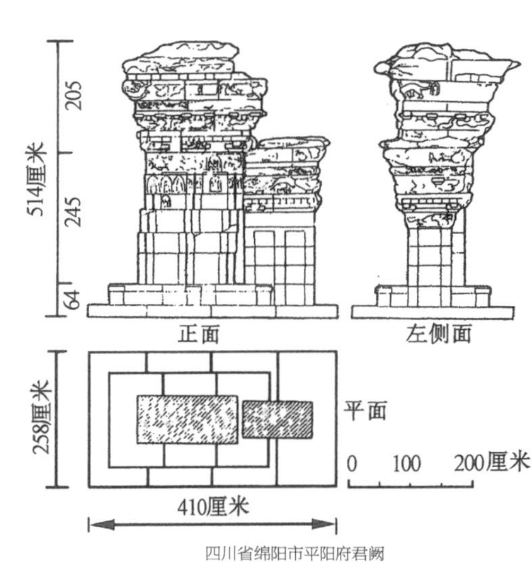

四川省绵阳市平阳府君阙

石阙

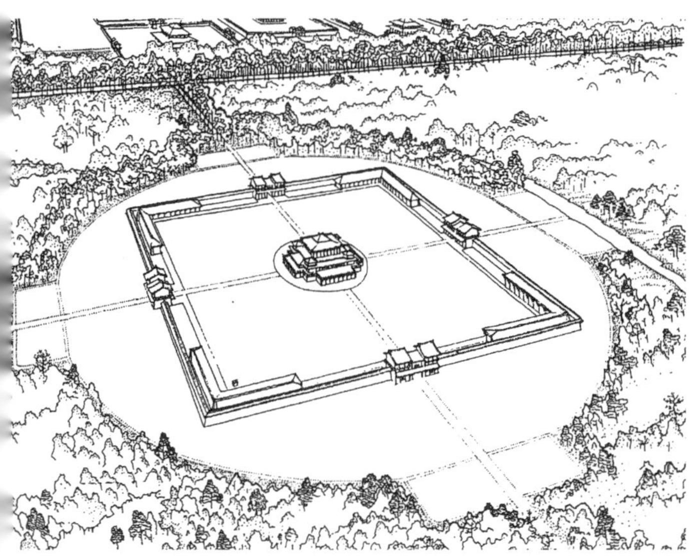

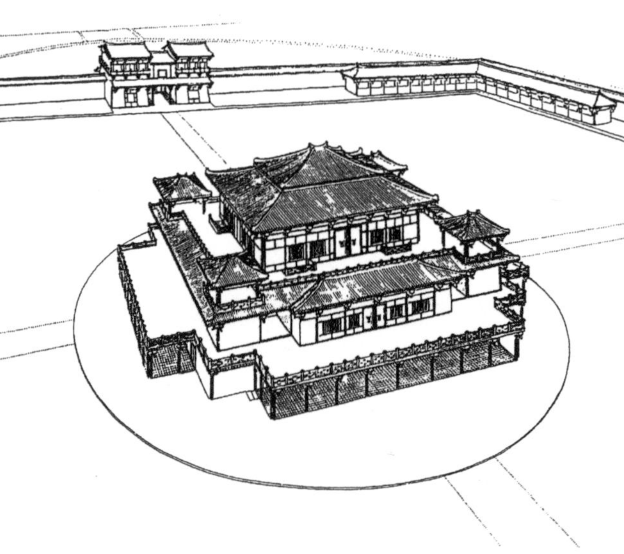

西汉长安南郊辟雍遗址复原鸟瞰图

明万历十一年，陕西巡按御史龚懋贤将钟楼由北广济街口移至四大街中心，形成了今天的明城区格局。

1.2.9 封土设邑：汉代帝王陵

伏虎
长 2.00 米，宽 0.84 米

卧牛
长 2.60 米，宽 1.60 米

卧象
长 1.89 米，宽 1.03 米，高 0.58 米

卧牛
长 2.60 米，宽 1.60 米

蟾
长 1.55 米，宽 1.07 米，高 0.77 米

野猪
长 1.63 米，宽 0.62 米

石鱼
长 1.12 米，宽 0.45 米，高 0.55 米

石蛙
长 2.85 米，宽 2.15 米，高 0.55 米

马踏匈奴
高 1.68 米，长 1.90 米

跃马
高 1.50 米，长 2.40 米

石人
高 2.22 米，宽 1.20 米

人与熊
高 2.77 米，长 1.72 米

汉代石象生

西汉皇帝陵墓反映了当时社会的最高丧葬礼仪，汉代丧葬“事死如生”，帝陵是西汉封建统治阶级社会历史活动的缩影。西汉帝陵包括西汉 11 位皇帝陵墓，形制有两类：一类是霸陵的因山为陵的形式，墓葬开凿于山崖中，不另起坟丘。其他 10 陵则属另一类，沿渭河北岸并立，绵延 36 千米，气势恢宏。都筑有高约 20–30 米的覆斗形夯土坟丘，环周建方形陵园，旁设寝殿和庙。周围多有皇后嫔妃和王公大臣的陪葬墓、陪葬坑。长陵开始置陵邑，迁高官豪富之家入邑，从渭陵开始废置陵邑。

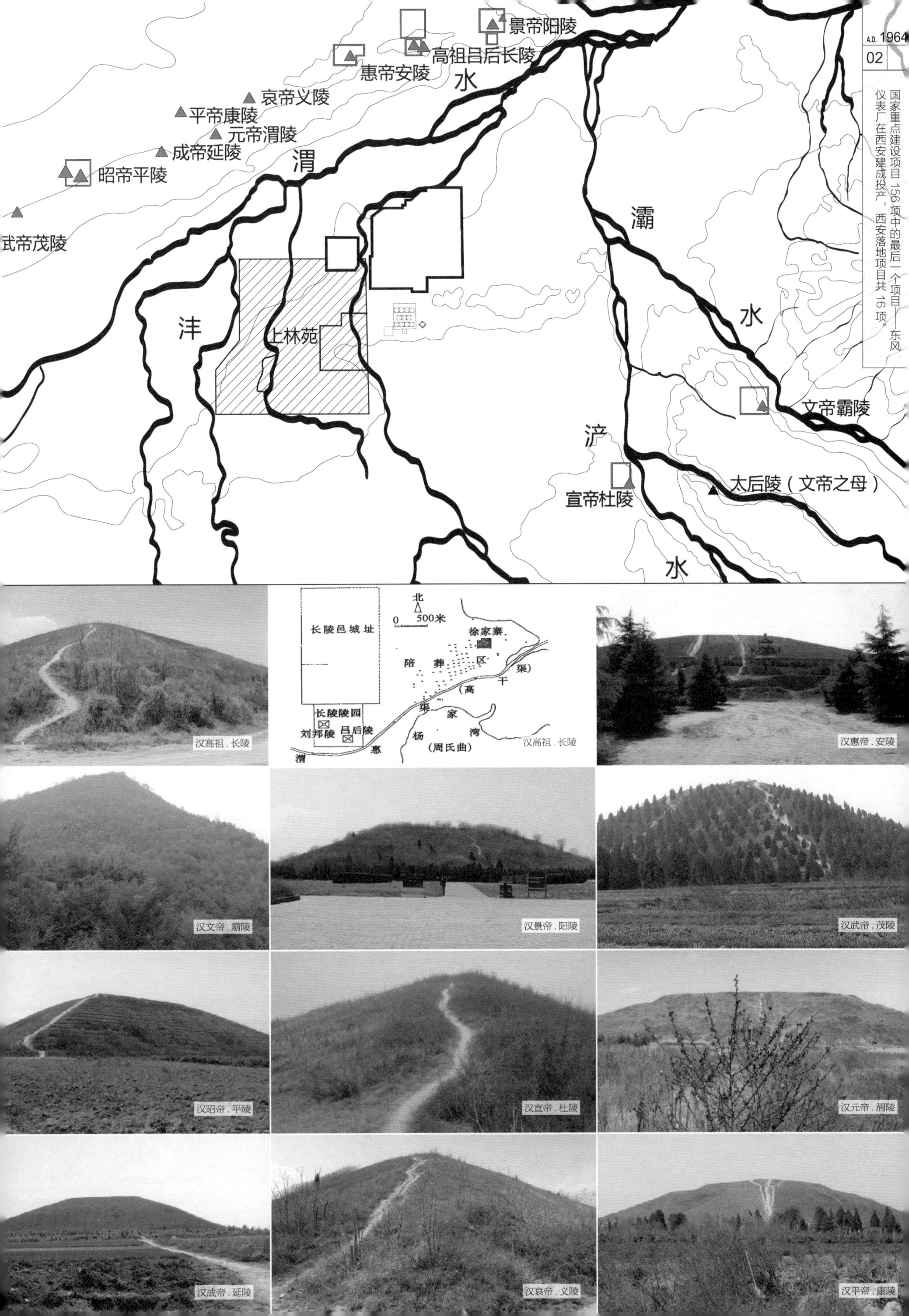
A.D. 1964
02
国家重点建设项目156项中的最后一个项目——东风仪表厂在西安建成投产，西安落地项目共16项。
景帝阳陵
高祖吕后长陵
惠帝安陵
哀帝义陵
平帝康陵
元帝渭陵
成帝延陵
昭帝平陵
武帝茂陵
水
渭
沣
上林苑
灞
水
文帝霸陵
浐
宣帝杜陵
太后陵（文帝之母）
水
长陵邑城址
北
0 500米
徐家寨
陪葬区
渠）
干
（高
长陵陵园
刘邦陵
吕后陵
渠
家
湾
杨
（周氏曲）
渭
惠
汉高祖．长陵
汉高祖．长陵
汉惠帝．安陵
汉文帝．霸陵
汉景帝．阳陵
汉武帝．茂陵
汉昭帝．平陵
汉宣帝．杜陵
汉元帝．渭陵
汉成帝．延陵
汉哀帝．义陵
汉平帝．康陵

A.D. 830

02

唐大和四年，文宗李昂命人刻《开成石经》，收录儒家最重要的12部典籍，是目前保存最为完好的石经。

竹林七贤图．清．俞龄

唐贞元十二年，诗人孟郊进士及第，作《登科后》，留下了『春风得意马蹄疾，一日看尽长安花』的名句。

"长安大街，夹树洋槐。
下走朱轮，上有鸾栖。
英彦云集，诲我萌黎。"

——［唐］房玄龄《晋书》卷一百十三

1.3 纷争：魏晋南北朝时期的长安 220—581 年

魏晋南北朝打破了秦汉大一统的国家形态，是中国历史上政权更迭最为频繁的时期。汉至隋 360 余年，30 余个大小王朝交替兴灭，分裂割据的政治生态带来了文化发展的繁盛多彩。北方的大规模战乱导致发展缓慢，南方开始崛起，以北方黄河流域为重心的经济格局开始改变。北朝承接五胡十六国，为胡汉融合的重要阶段。这一时期佛教、波斯及希腊文化的传播，扩大了中国对于外部世界的认知，儒、玄、佛、道等思想百家争鸣，文化交流渗透频繁。文人士大夫们厌烦乱世，纵情山水，隐逸逍遥，形成了独有的魏晋风度，在文学、艺术等方面成就显著。魏晋南北朝虽纷争不断，矛盾重重，夹于汉唐之间，成为一个"历史漩涡"式的发展暂缓期，却为隋唐的统一繁盛奠定基础。汉长安先后成为六个朝代的都城，延续帝都的历史。

民国二十六年，西安事变发生后，周恩来与蒋介石在西安进行谈判，为第二次国共合作创造条件。

1.3.1 魏晋气象：洛神赋

A.D. 1953
02 14

陕西人民广播电台在西安成立，开始播音。后和原陕西电视台合并为今陕西广播电视台。

“翩若惊鸿，婉若游龙。荣曜秋菊，华茂春松。髣髴兮若轻云之蔽月，飘飖兮若流风之回雪。”

——[三国] 曹植《洛神赋》

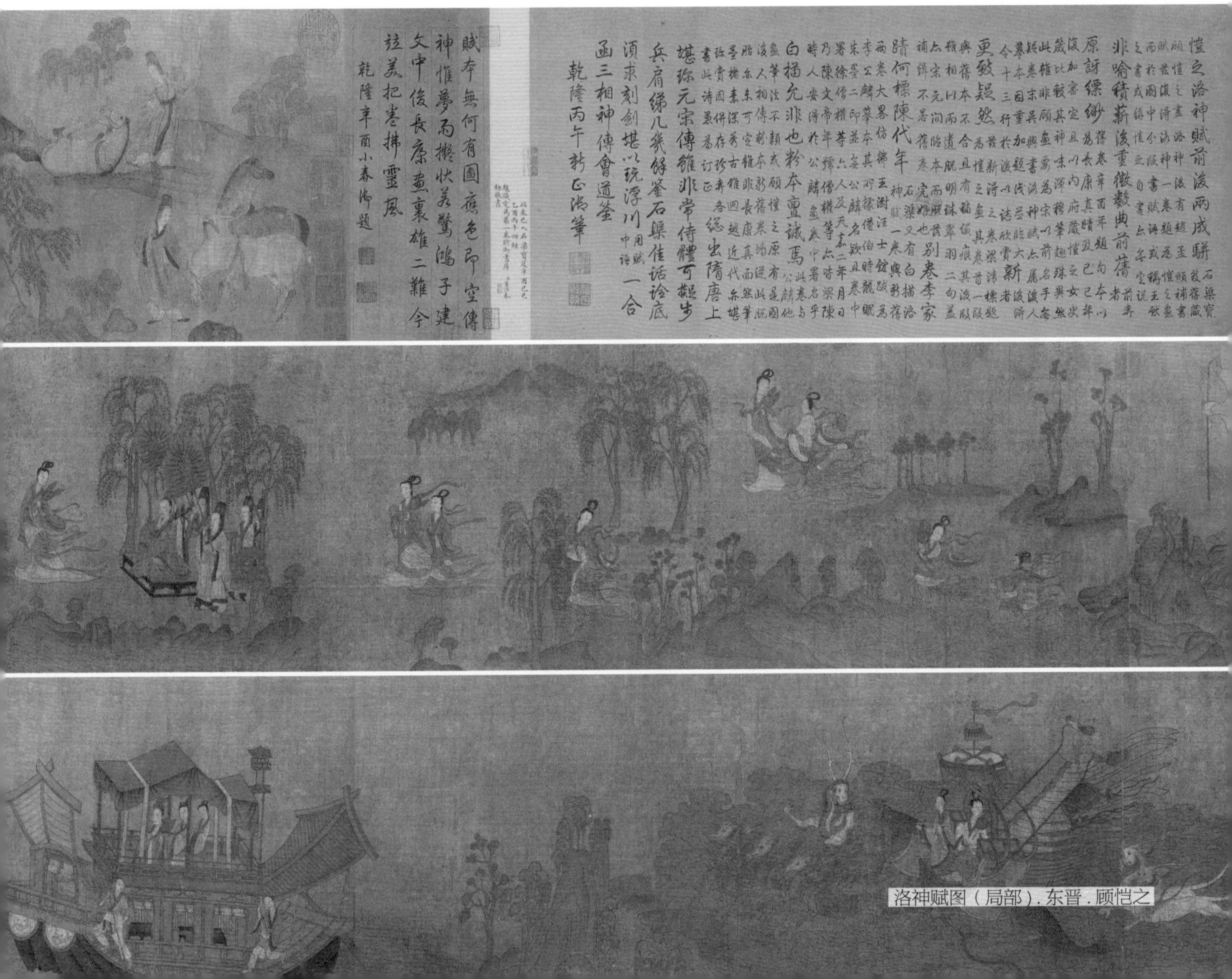

洛神赋图（局部）. 东晋 . 顾恺之

清顺治二年，豫亲王多铎率大军至西安，击溃大顺军，进入西安城，开始了清在西安的统治。

1.3.2 五蕴皆无：魏晋时期佛像

弥勒造像（北魏）
陕西省兴平市出土

石刻造像（北周）
陕西省西安市窦寨村出土

观音菩萨立像（北周）
陕西省西安市北郊出土

观音菩萨立像（北周）
陕西省西安市窦寨村出土

释迦坐像（北魏）
陕西省西安市出土

北周五佛其一（北周）
陕西省西安市湾子村出土

北周五佛其二（北周）
陕西省西安市湾子村出土

北周五佛其三（北周）
陕西省西安市湾子村出土

北周五佛其四（北周）
陕西省西安市湾子村出土

北周五佛其五（北周）
陕西省西安市湾子村出土

魏晋南北朝时期，印度佛教与中国传统文化碰撞交流，佛像艺术飞速发展，形成了具有中国特点的佛像。它们不仅具有印度犍陀罗和秣菟罗的特点，同时兼具汉地特色，并逐渐从北魏迁都洛阳前粗犷雄浑的“云冈模式”过渡到后来的“秀骨清像”风格。

清光绪三十年，陕西布政使樊增祥创办《秦中官报》，为西安最早登载国外电讯的报纸。

鎏金佛菩萨三尊铜造像．北魏
陕西省西安市出土，陕西历史博物馆藏

B.C. 33

02

汉建昭五年，匈奴首领呼韩邪来长安自请为婿，宫女王昭君被汉元帝刘奭选中，为民族融合作出贡献。

1.3.3 胡服胡坐：魏晋南北朝时期的日常习俗

双髻女侍俑（十六国）
陕西省咸阳市平陵乡出土

双髻女俑（北魏）
陕西省西安市南郊出土

单髻女俑（北周）
陕西省咸阳市邓村出土

双髻女俑（北周）
陕西省咸阳市邓村出土

双髻女俑（北周）
陕西省咸阳市邓村出土

笼冠俑（西魏）
陕西省西安市出土

风帽俑（西魏）
陕西省西安市出土

持盾俑（西魏）
陕西省西安市出土

武士俑（西魏）
陕西省西安市出土

幞头俑（北周）
陕西省咸阳市邓村出土

女史箴图（局部）. 东晋 . 顾恺之

北齐校书图（局部）. 北齐 . 杨子华

A.D. 535
02 18

西魏大统元年，文帝元宝炬在长安城西郊祭天后登皇位，改年号为『大统』，定都长安，史称西魏。

榻

左图：康业墓围屏石榻．北周．西安出土
右图：安伽墓围屏石榻．北周．西安出土

坐席

左图：斫琴图（局部）．东晋．顾恺之
右图：列女仁智图（局部）．东晋．顾恺之

床

左图：北齐校书图（局部）．北齐．杨子华
右图：女史箴图（局部）．东晋．顾恺之

明崇祯十七年，农民起义领袖李自成问鼎西安，将西安改为长安，称『西京』，建大顺政权与清抗衡。

1.3.4 六朝余光：南北朝时期定都长安的皇帝

西晋（265–317年），国祚52年

皇帝世系：晋武帝 司马炎（265–290年）
晋惠帝 司马衷（290–306年）
晋怀帝 司马炽（307–313年）
晋愍帝 司马邺（313–317年）

陶牛车（西晋）
陕西省西安市南郊出土
魏晋时代，牛车成为主要交通工具，而在此之前，贵族出行基本上都是马车。

西晋迁都长安

前秦建都长安

265 咸熙二年：曹魏皇帝曹奂禅位于司马炎，是为晋武帝。曹魏灭亡，**西晋开始。**

304 前赵元熙元年：刘渊即汉王位，定国号为汉，正式建立前赵政权，**前赵开始。**

313 晋建兴元年：司马邺在长安称帝，为晋愍帝。

317 晋建兴四年：刘曜兵围长安，愍帝出降，**西晋灭亡。**

319 前赵光初二年：刘曜迁都长安，改汉为赵，史称前赵。

320 前赵光初三年：刘曜在长乐宫之东建立太学，在未央宫之西建立小学。

329 前赵光初十二年：后赵石勒不战而攻取长安，留其大将石苞镇守长安。**前赵灭亡。**

351 前秦皇始二年：苻健称帝，以长安为都城，史称前秦。**前秦开始。**

355 前秦皇始五年：苻坚夺取王位，重用改革家王猛，励精图治，关中大兴。

370 前秦建元六年：王猛……兵……万……迁徙……余……

前赵迁都长安

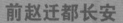

前赵（304–329年），国祚25年

皇帝世系：汉光文帝 刘渊（304–310年）
谥号不详 刘和 310年（6天）
汉昭武帝 刘聪（310–318年）
汉隐帝 刘粲 318（22天）
谥号不详 刘曜（318–329年）

骑马鼓吹俑（十六国）
陕西省西安市洪庆原出土
鼓吹俑盛行于汉魏六朝时期，使用者多为贵族和大臣，是身份地位的象征。

吕他墓表……
陕西省咸……
此墓表是……
南北朝书……

A.D. 1985
02 | 20

西安环城建设委员会举办『农历乙丑年春节西安古城灯会』，为首次城墙春节灯会。

国祚43年

（351-355年） 秦哀平帝 苻丕（385-386年）
（355-357年） 秦高帝 苻登（386-394年）
（357-385年）

王猛煤精组印（前秦）
陕西省渭南市华山脚下出土
此印精美独特，与北周独孤信多面印同为煤精，在篆刻史上具有重要地位。

西魏(535-556年)，国祚21年

皇帝世系：魏文帝 元宝炬(535-551年)
谥号不详 元钦(551-554年)
魏恭帝 拓跋廓(554-556年)

陶骆驼（西魏）
陕西省西安市出土
此骆驼四肢强健，作负重状。魏晋时胡汉文明交融，骆驼已是司空见惯。

西魏建都长安

姚兴率军击杀前秦皇帝苻登，迁阴密3万户于常安。**前秦灭亡。**

刘裕北伐攻入长安，**后秦灭亡。**

宇文泰先迎孝武帝而后杀之，另立为文帝，都长安，**西魏开始。**

杨坚废周静帝自立，是为隋。**北周灭亡。**

384	386	394	399	417	535	545	556	581
前秦建元二十年	后秦建初元年	后秦皇初元年	后秦弘始元年	后秦永和二年	西魏大统元年	西魏大统十一年	北周愍帝元年	隋开皇元年

姚苌在渭北叛秦，自称万年秦王，都北地。**后秦开始。**

姚苌即皇帝位，国号仍曰大秦，史称后秦，遂称长安为常安。

东晋名僧法显与慧景、道整等一行人由常安出发，前往天竺求法。

苏绰奉宇文觉命作《大诰》宣示群臣，且作为典范，以扭转浮华文风。

宇文觉在长安自称天王并改国号为周。**西魏灭亡，北周开始。**

后秦迁都常安

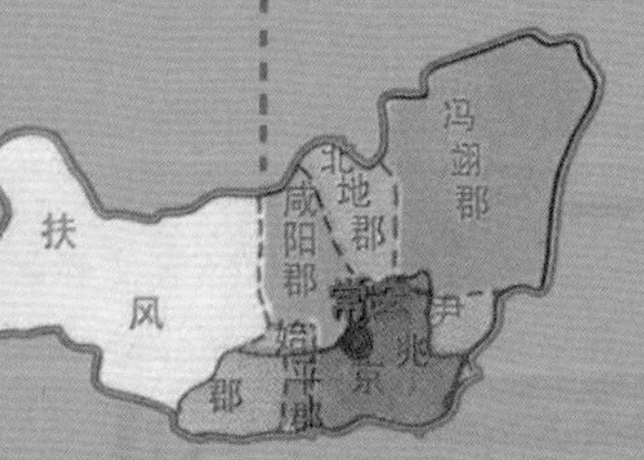

后秦（384-417年），国祚33年

皇帝世系：秦武昭帝 姚苌（384-394年）
秦文桓帝 姚兴（394-416年）
谥号不详 姚泓（416-417年）

一佛二弟子像（北周）
陕西省西安市出土
此造像龛为长方形帐型龛，下端雕刻香炉。这种样式常见于我国北朝造像中。

北周(557-581年)，国祚24年

皇帝世系：周孝闵帝 宇文觉（557年）
周明帝 宇文毓（557-559年）
周武帝 宇文邕（561-578年）
周宣帝 宇文赟（579年）
周静帝 宇文阐（579-581年）

1.3.5 北楷南行：南北朝时期书法艺术

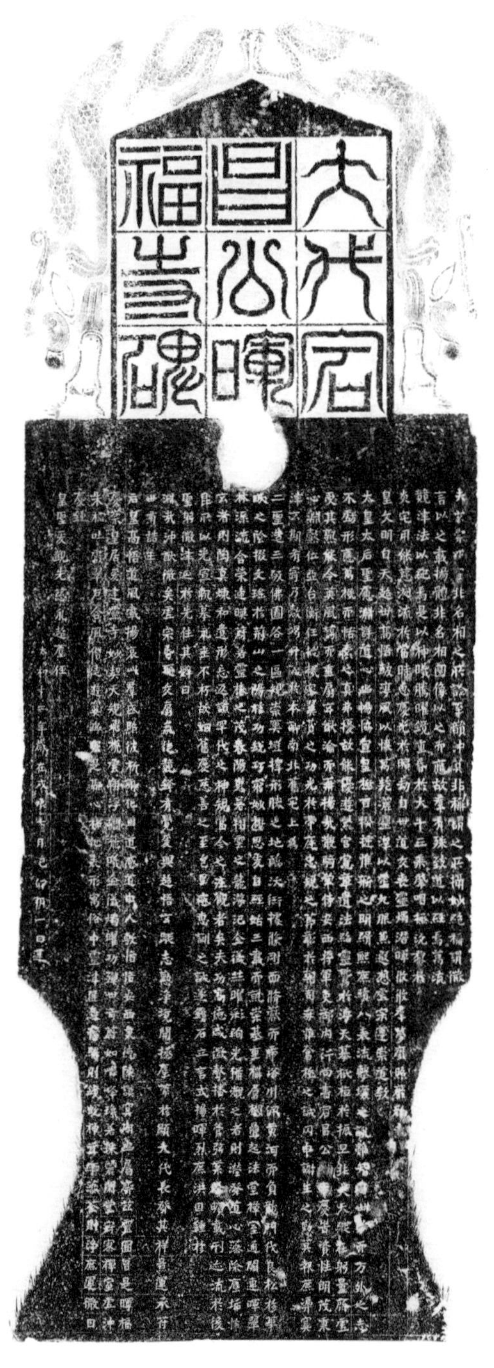

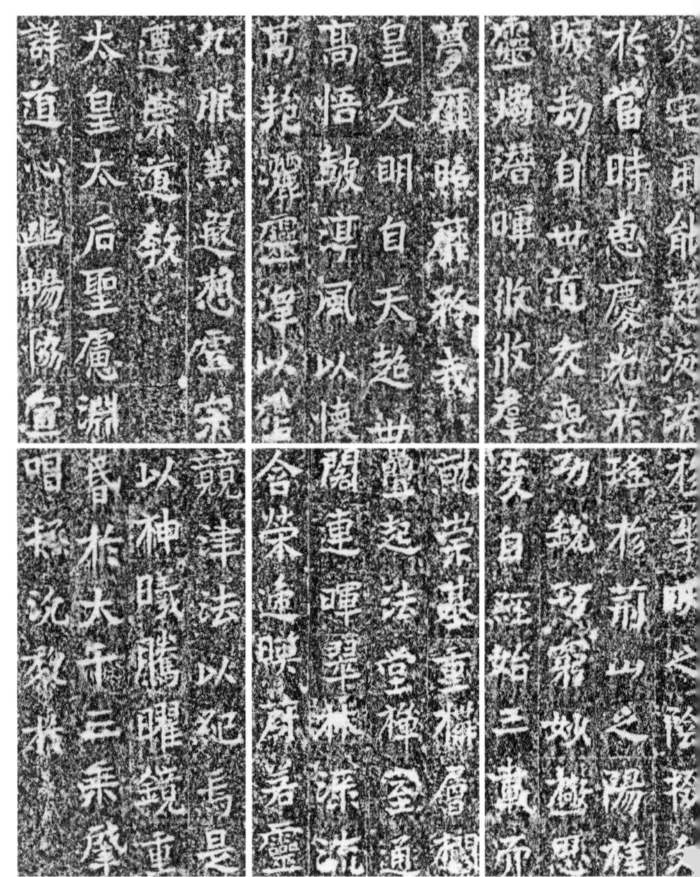

晖福寺碑．北

魏晋南北朝时期书法发展达到巅峰，涌现出钟繇、卫夫人
王羲之等书法大家，并奠定了中国书法艺术的发展方向。
朝书法以魏碑最胜，推进了楷书的发展；南朝时，行草的
法和艺术表现形式均得到了发展与创新。晖福寺碑，中国
碑之一，原存于陕西省渭南市澄县，现藏于西安碑林。北
太和十二年(488 年) 刻，楷书，共 24 行，每行 44 字。此
用笔方峻而端整，锋芒毕露，碑阴刻有许多少数民族的姓氏
是研究民族史的重要资料。

唐天佑元年，宣武军节度使朱温胁迫唐昭宗李晔迁都洛阳，火烧长安城，长安城遭到了毁灭性的破坏。

石门铭．北魏
楷书，发现于陕西省汉中市

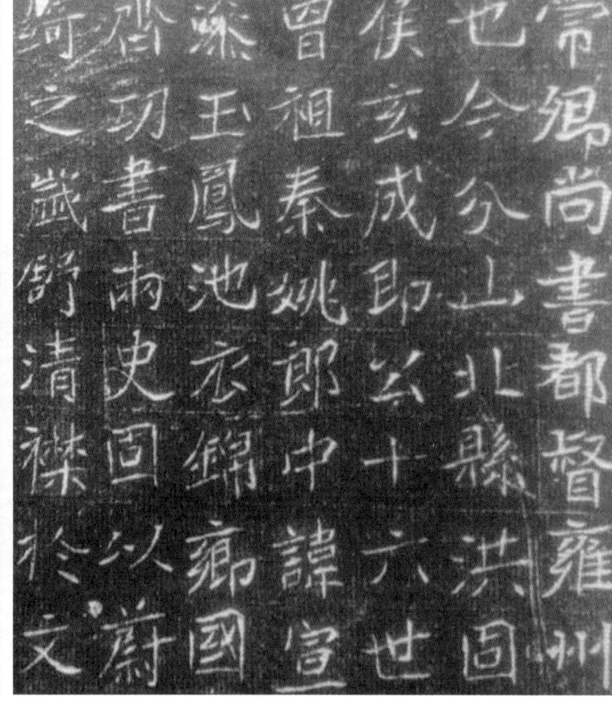

韦彧墓志．北魏
楷书，发现于陕西省西安市

兰亭序．东晋．王羲之
“天下第一行书”，唐冯承素摹本，故宫博物院藏

A.D. 1988
02 23

由西影厂出品、张艺谋执导的《红高粱》获第 38 届柏林国际电影节金熊奖，为首部获得此奖的亚洲电影。

1.3.6 丽象开图：南北朝时期的乐舞

敦煌莫高窟第 288 窟 天宫伎乐图

魏晋南北朝是古代中国第一次民族大融合的时代，西域众多乐舞随同其异域文明与古代中国的文化、宗教、民俗第一次在这个时代碰撞交融。这时期的乐舞艺术兼收并蓄、高度发展，许多乐舞作品都是后世艺术家研究效仿的对象，并成为唐代乐舞走向高峰的序曲。莫高窟第 288 窟天宫伎乐图，为西魏时期所绘的乐舞形象。

汉元朔五年，武帝刘彻接受丞相公孙弘建议始设太学，这是中国历史上首次出现的官办中央最高学府。

女坐乐俑（十六国）
陕西省咸阳市平陵乡出土

骑马鼓吹俑（西魏）
陕西省西安市出土

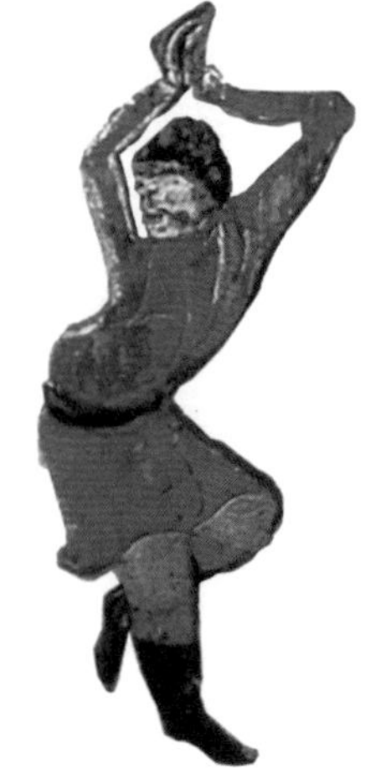

安伽墓石刻乐舞人图（北周）
陕西省西安市北郊出土

唐贞观十九年，高僧玄奘结束 17 年天竺游学，携多部佛经返回长安，对佛教在中国的传播做出重大贡献。

1.3.7 尊儒灭佛：北周城市生活场景

北周安伽墓围屏石榻 左侧屏风第一幅

车马出行图，可分上下两部分。上部刻绘牛车出行，图中一辆牛驾大轮木车自右向左驶来，帘内隐约可见人影。下部为骑马出行图，由四人组成，其中骑马两人似为主人，步行者似为随从。

北周安伽墓围屏石榻 左侧屏风第三幅

野宴动物奔逃图，图右置一顶圆形虎皮帐篷，门楣涂红彩。帐内坐三人，右前立一人，左侧立三人；帐篷后有七叶树等，远处群山相连。下半部分为动物奔逃场景，虎、鹿、羚羊、兔等争先恐后逃窜，似被人追赶。

北周安伽墓围屏石榻 正面屏风

居家宴饮图，图中为一座传统歇山顶挑檐亭式建筑。亭内置榻一张红色波斯毯，毯上坐两人，似为墓主亭前有一座拱桥，桥边花草丛生；亭廊，亭后有七叶树等，远处群山相连。

唐文明元年，高宗李治驾崩百日后，皇室族戚为其建献福寺，后改为荐福寺，后迁至小雁塔所在塔院内。

北周时，人们着褒衣博带，饮食以麦、稻为主，出行多用牛车。随着胡汉文明的交汇，一些少数民族的生活习俗也融入了中原人民的生活中。北周安伽墓发现于陕西西安北郊，墓主人安伽为粟特贵族。墓葬中出土的围榻石刻屏风描绘了歌舞、祭祀、餐饮、狩猎等日常场景，为我们描绘出一幅别具北周风情的生活画卷。

北周安伽墓围屏石榻 正面屏风第五幅

野宴商旅图，图中有一顶虎皮圆帐篷，红色黑花地毯，毯上坐两人。帐侧毯人，四人前放置一长方形物烘烤，似身旁帐前放置单柄酒壶、肉等；帐后石，远处群山相连。

北周安伽墓围屏石榻 右侧屏风第三幅

出行送别图，可分上下两部分。上半部分刻绘出行图，图中一辆牛车面右而行。下半部分为送别图，一行七人走向拱桥，其中左侧三人为女眷，居中的女主人；中间有一顽童，手伸向其母；右侧三人为主仆。

北周安伽墓围屏石榻 右侧屏风第一幅

狩猎图，共刻绘五位骑马猎人，其中四人面左，一人面右。右上部两人弯腰伏向马颈，一手紧握马缰。下部三人一人弯弓射兔，一人持绳索套鹿，一人回首观察扑来的雄狮。马前刻绘奔跑的动物。

c.178
02

汉文帝二年，文帝刘恒举行『藉田』仪式，亲自耕作作表率，恢复生产力，为『文景之治』打下基础。

1.3.8 煤精组印：北周独孤信印

北周大司马独孤信煤精石印

出土地：陕西省安康市旬阳县
尺寸：高 4.5 厘米，长 4.35 厘米
重量：75.7 克
收藏：陕西省历史博物馆

独孤信（502–557 年），西魏、北周名将，八柱国之一。西魏大统十二年（546 年），独孤信攻占凉州、擒宇文仲和后，“拜大司马”。史书评价其“风度弘雅，有奇谋大略”。独孤信的 3 个女儿分别为北周、隋、唐三朝皇后，因此被称为“天下第一岳父”。独孤信印由煤精石刻制而成，呈十八面体，由 18 个正方形和 8 个三角形组成。其中 14 面刻有文字，共计 47 字，是我国迄今为止印面最多、正文字数最多的印章，且将楷书入印的历史提早了 400 多年。

B.C. 202

02 28

汉高祖五年，汉王刘邦称帝，建立西汉王朝，又称为前汉，是中国历史上最强盛的朝代，享国210年。

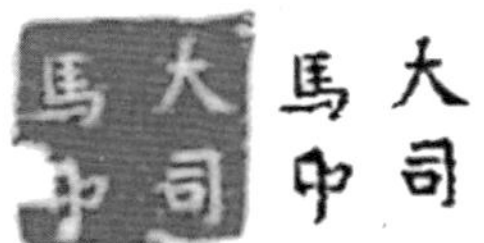

大司马印

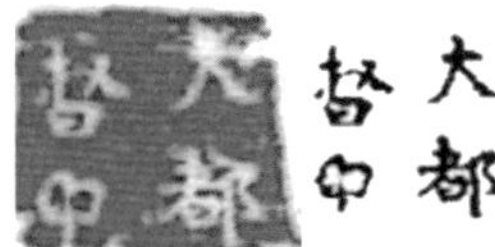
大都督印

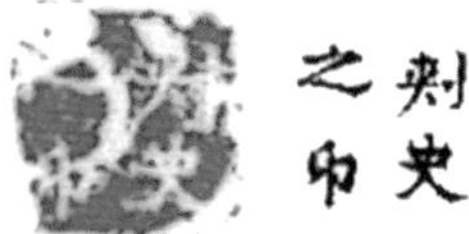
刺史之印

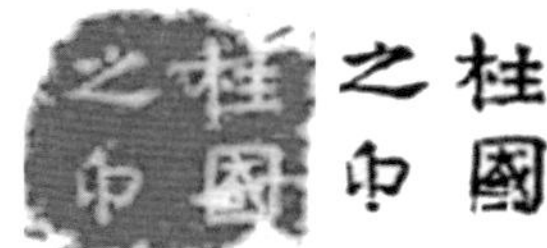
柱国之印

令

密

公文用印

“大都督印”“刺史之印”“大司马印”“柱国之印”可以看出独孤信身兼数职，不仅政治才华卓越，还战功赫赫。

“令”多为独孤信对直属下级发布命令时使用。

“密”则为“秘密”“机密”之意。

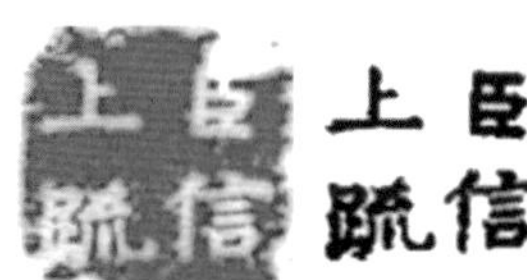
臣信上疏

臣信上章

臣信启事

臣信上表

信启事

上书用印

“臣信上疏”多为独孤信在上书议论政事时使用；“臣信上章”多为独孤信在向皇帝谢恩或论事、庆贺时使用。

“臣信上表”“信启事”多为独孤信上书皇帝陈述事情时使用。

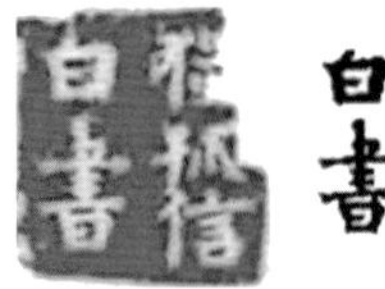
独孤信白书

信白笺

耶敕

书简用印

“独孤信白书”是独孤信与平级之间书信交往中最常使用的。

“信白笺”一般多用于独孤信上太子、诸王书。

“耶敕”一印，为独孤信寄书子女时所专用。

A.D. 1937

03 01

民国二十六年，西京市政建设委员会提出《西京市区计划决议》，首次发布西安的现代城市功能区划。

演乐图轴（局部）. 唐 . 周昉

“忆昔开元全盛日，小邑犹藏万家室。
稻米流脂粟米白，公私仓廪俱丰实。
九州道路无豺虎，远行不劳吉日出。
齐纨鲁缟车班班，男耕女桑不相失。”

——[唐]杜甫《忆昔》

1.4 隆盛：隋唐长安 581—907 年

作为中国封建社会的鼎盛时期，唐代历经 21 帝，国祚 289 年。出现“贞观之治”“永徽之治”“开元盛世”“元和中兴”等一系列政治昌明、国泰民和的繁盛阶段，是我国历史上空前绝后的辉煌时代。唐代在综合国力、疆域面积、人口数量、经济贸易、文化艺术、科技水平、军事能力等方面都是当时世界上最强盛的国家之一。因借灵活开明的政策制度、兼收并蓄的文化策略、开放活跃的丝绸之路，吸引世界各国人士访问求学、经商贸易，在东西方的文化交往中发挥了极为重要的作用。隋唐长安城是中国古代城市规划的典范之作，凭六爻之地，和周礼之制，象天体之格；以龙首为基，朱雀为轴，阵列百坊；宫城居北，皇城居中，郭城围绕，成就古代历史上最为宏伟壮丽的大都城。

武周神龙元年，以宰相张柬之为首的五王发动政变，强迫武则天将皇位传于太子李显，复辟唐朝。

1.4.1 一零八坊：唐长安城遗址

唐长安城遗址

唐长安城，以隋大兴城为基础，经过持续建造，不断完善，成为当时世界上规模最大、建筑最宏伟、布局最规范的一座都城。唐长安是我国封建时代城市规划思想的集大成者，既融合了“象天法地”“天人合一”的观念，又继承了“择中而立”“居中为尊”的礼序思想 。整个城市呈棋盘式布局，宫城、皇城位北居中，设两市、一百零八坊，城内百业兴旺、宫殿参差毗邻，其规划对后世城市建设影响重大。

北周大定元年，静帝宇文衍禅位大司马杨坚，北周亡。杨坚称帝，改国号隋，定都长安，是为隋文帝。

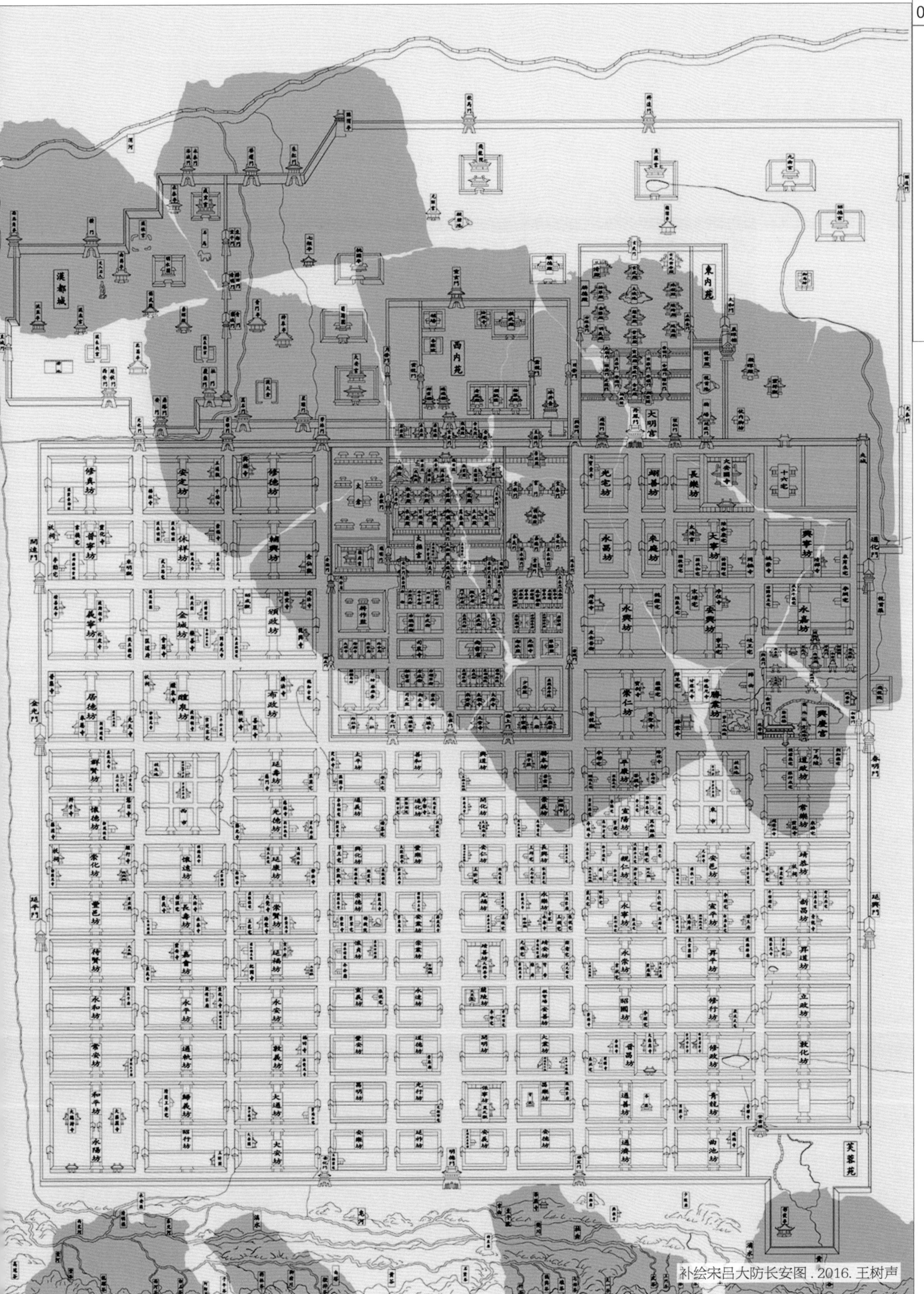

补绘宋吕大防长安图 . 2016. 王树声

民国二十一年，国民党四届二中全会决议以长安为陪都，定名为西京，加快了西安近代城市建设进程。

右图：石窟佛像雕塑

来源：陕西石窟、宁夏须弥山

陕西有大量的石窟遗存，尤以石窟多、造像多等特色著称于宁夏须弥山石窟地处丝绸之路的要邑，造像精美，历史价值

1.4.2 七级浮屠：唐佛像

慈善寺石窟第二窟主尊 阿弥陀佛

我国佛像的发展一直伴随着汉族地区的文化融合，唐代是佛造像的黄金时代，此期的造像比例舒展匀称，结构合理，动态极为自由活泼。慈善寺石窟在山谷西崖，存在较多典型的唐代造像。第二窟主尊阿弥陀佛是一尊高大的立佛像，巍然屹立，造型完美，头作高肉髻，双目紧闭，仪态安详，面容肌肉丰腴，五官端正明显，具有雍容庄重的风度。

首批国家级高新技术产业开发区——西安高新技术产业开发区成立，开创了西安产业经济发展的新格局。

唐麟德元年，玄奘法师在玉华寺圆寂，遗体葬于长安城东白鹿原畔，后移葬于兴教寺。

1.4.3 六街三市：唐生活场景

仪仗出行

上图：仪仗出行图・乾县懿德太子墓揭取
中图：客使图・乾县章怀太子墓揭取
下图：仪卫图・乾县章怀太子墓揭取

宫室生活

上图：乐舞图・西安市东郊苏思勖墓
中图：执扇宫女图・乾县懿德太子墓
下图：宫女图・乾县懿德太子墓

汉高祖七年，高祖刘邦敕令丞相萧何主持建造未央宫，两年后基本建成，成为汉帝国的主要宫城。

狩猎出行

狩猎出行图·乾县章怀太子墓揭取

嬉戏游乐

上图：马球图·乾县章怀太子墓揭取

下左：架鹞戏犬图·乾县懿德太子墓揭取

下右：驯豹图·乾县懿德太子墓揭取

1.4.4 二八佳人：唐仕女

唐宫仕女图——宫乐图 . 唐 . 张萱，周昉

仕女，指官宦人家的女子。唐代的政治安定，经济繁荣，尤其是中国历史上第一个女皇帝武则天的当政，颠覆了历朝历代男权统治的局面，使得女子在社会生活中的角色和地位显得越来越重要。在壁画、陶器等艺术门类中出现了大量的仕女形象，成为唐文化的典型代表之一。《唐宫仕女图》是一组五幅中国画，描述了唐代仕女众生相，尤其表现唐代贵族妇女的生活情调。唐代仕女画一改前人紧窄婀娜之风貌，呈现出以“丰肌为美”的审美特征，华丽奢艳、体态丰腴、清新亮丽及工致细腻的特点。这种美迎合了中晚唐时期大官僚贵族们的审美意趣，并成为唐代仕女画的主要艺术特征。

民国元年，陕西都督张凤翙决定创办西北第一所大学——西北大学，陕西省法政学堂监督钱鸿钧任校长。

唐三彩帔帛女立俑
陕西省西安市西郊中堡村唐墓出土

唐绘执镜女立俑
陕西省西安市长安区裴氏小娘子墓出土

唐三彩女立俑
陕西历史博物馆藏

唐彩绘高髻女立俑
陕西历史博物馆藏

唐三彩女立俑
陕西历史博物馆藏

唐彩绘披帛女立俑
陕西省西安市高楼村出土

唐三彩女立俑
陕西历史博物馆藏

唐三彩女立俑
陕西历史博物馆藏

唐托盘侍女图壁画
房陵公主墓出土

唐执胡瓶托盘侍女图壁画
房陵公主墓出土

唐托果盘侍女图壁画
房陵公主墓出土

唐捧盒侍女图壁画
房陵公主墓出土

唐帔帛侍女图壁画
李凤墓出土

唐双环髻侍女图壁画
薛氏墓出土

唐执花胡服侍女图壁画
房陵公主墓出土

唐捧物男装侍女图壁画
李凤墓出土

西安红旗手表厂（后改名西安蝴蝶手表厂）在长安县建成，是当时全国机械手表定点生产厂家之一。

1.4.5 八珍玉食：唐饮食器具

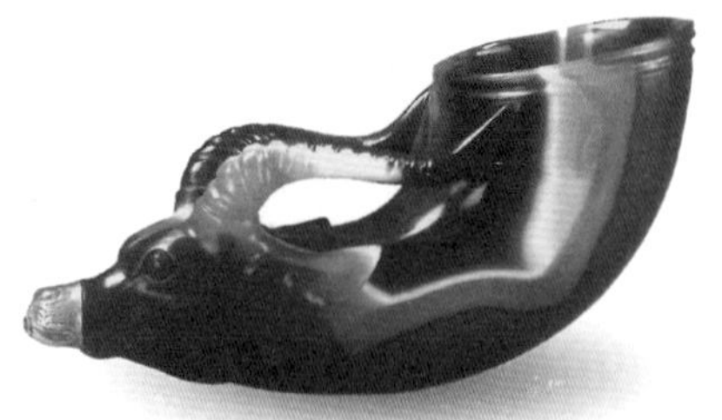

镶金兽首玛瑙杯
西安市南郊何家村窖藏出土

唐三彩象首形杯
西安市南郊唐墓出土

唐白玉忍冬纹八曲长杯
西安市南郊何家村窖藏出土

唐八棱人物纹金杯
西安市南郊何家村窖藏出土

唐鎏金蔓草花鸟纹高足银杯
西安市韩森寨电车二场出土

唐伎乐纹八棱金杯
西安市南郊何家村窖藏出土

唐凸圈纹玻璃碗
西安市南郊何家村窖藏出土

唐鸳鸯莲瓣纹金碗
西安市南郊何家村窖藏出土

唐鎏金海兽水波纹银碗
西安市南郊何家村窖藏出土

唐鎏金舞马衔杯纹银壶
西安市南郊何家村窖藏出土

唐长沙窑贴塑马戏乐舞纹执壶
安康市出土

唐三彩宝相花纹扁壶
陕西历史博物馆藏

中央政务院决定将西安市升格为中央直辖市，为全国12个中央直辖市之一，一年后恢复为陕西省省会。

唐白瓷双龙柄长颈瓶
陕西历史博物馆藏

唐双龙柄白瓷瓶
陕西历史博物馆藏

唐白瓷胡瓶
陕西历史博物馆藏

唐蓝玻璃盘
宝鸡市扶风县法门寺地宫出土

唐五曲花口秘色瓷盘
宝鸡市扶风县法门寺地宫出土

唐鎏金双獾纹双桃形银盘
西安市南郊何家村窖藏出土

唐鎏金鹦鹉纹提梁银罐
西安市南郊何家村窖藏出土

唐孔子故事纹三足银罐
西安市南郊何家村窖藏出土

唐素面提梁银罐
西安市南郊何家村窖藏出土

唐素面金盆
西安市南郊何家村窖藏出土

唐秘色瓷盆
宝鸡市扶风县法门寺地宫出土

唐素面银盆
西安市南郊何家村窖藏出土

唐贞元元年，『新乐府运动』由诗人白居易、元稹等人发起，倡导自创新题、咏写时事，对后世影响深远。

1.4.6 九天阊阖：唐宫室建筑

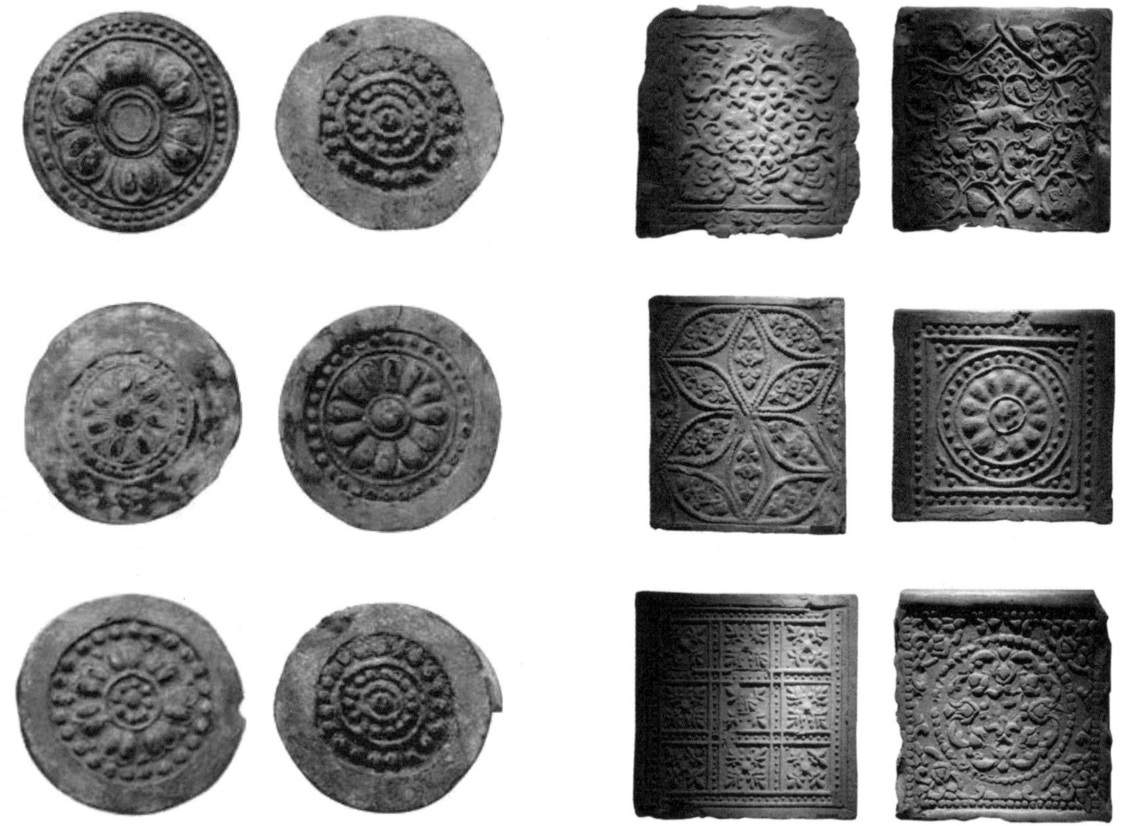

唐瓦当 . 大明宫遗址公园含元殿出土

唐方砖 . 大明宫遗址公园出土

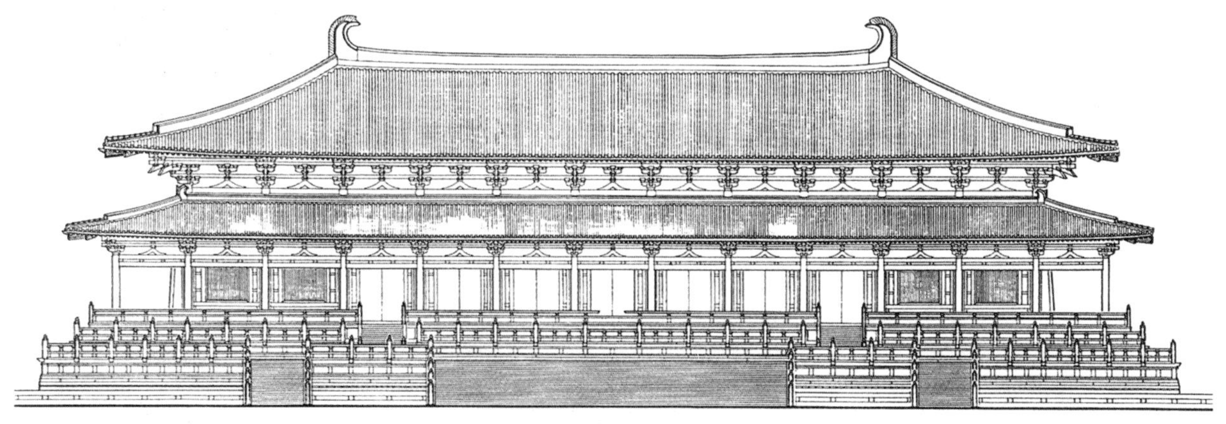

含元殿全景复原图

唐代是中国古代建筑成熟时期，这时期的宫室建筑，在继承两汉以来成就的基础上，融合了外来的建筑影响，形成一个完整的建筑体系，主从分明、中轴对称。轴线上及其两侧的建筑都是坐北朝南，体现了以正殿为主的封建等级观念；气势宏大，庄重雄伟。建筑斗栱硕大，出檐深远，彩画繁简得当，常用朱白两色，伟岸的气势就此显现，产生一种庄严深远的美。

南宋绍兴六年，《禹迹图》石刻刻成，是我国现存最早的石刻地图之一，原石现保存于西安碑林。

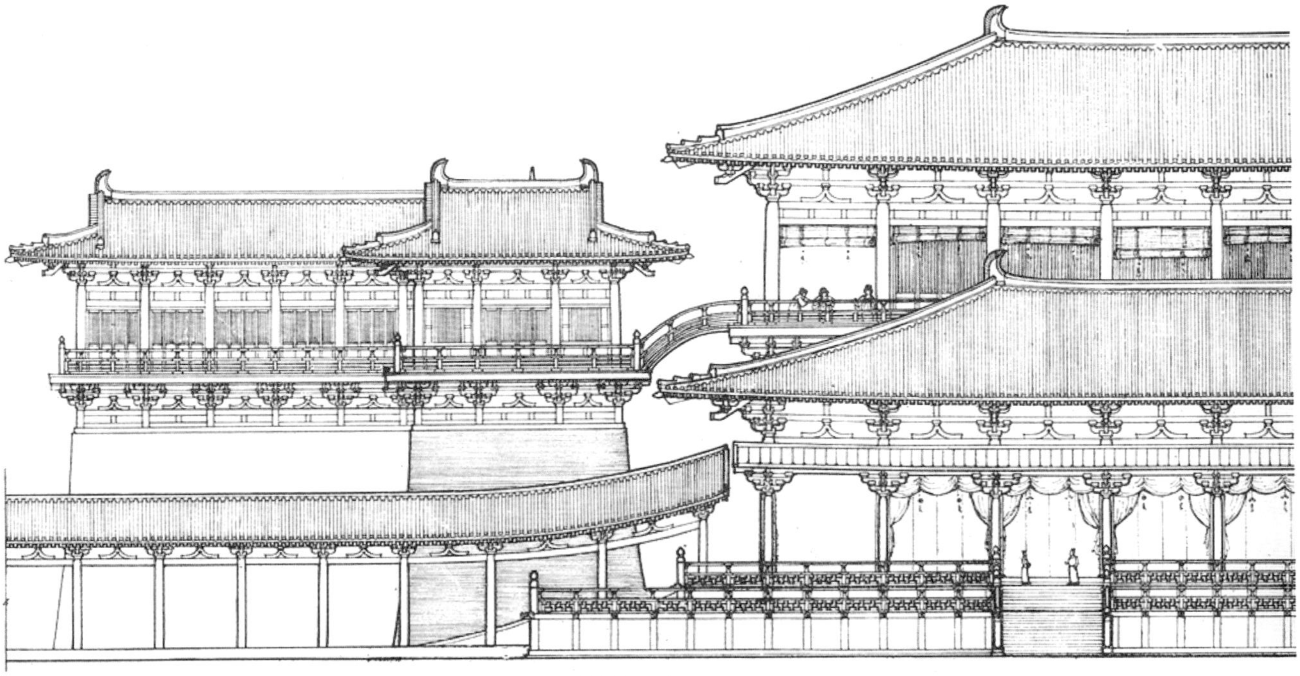

麟德殿全景复原图

唐兽面纹方砖 . 大明宫遗址公园出土

唐宫室浮雕

唐宫室建筑主要分布于太极宫、大明宫和兴庆宫等皇家宫苑内。含元殿属于大明宫的前朝第一正殿，也是大唐建筑的杰出代表。殿堂坐落于三重高台上，体量巨大，气势壮丽，极富精神震慑力；麟德殿是中国历史上最大的单体建筑，台基南北长 130 米，东西宽 80 余米，前殿面阔十一间，进深十七间，全殿建筑面积达 12 300 平方米，规制宏伟，结构特别，堪称唐代建筑的经典之作。

1.4.7 三彩淋漓：唐代陶器

唐代三彩载乐骆驼俑
西安市西郊中堡村唐墓出土

三彩釉陶始于南北朝而盛于唐朝，它以造型生动逼真、色泽艳丽明亮和富有生活气息而著称，因为常用三种基本色：黄、赭、绿，又在唐代形成特点，所以被后人称为“唐三彩”。唐三彩出土器物吸取了中国国画、雕塑等工艺美术的特点，把当时社会生活的形态很完备地呈现出来，充分显示了盛唐时期的精神面貌，浓缩了唐代的艺术精华，是中国陶文化的光辉结晶，也是中国艺术品的精髓所在。

唐贞元十七年，史学家杜佑（今陕西西安人）编撰的中国历史上第一部体例完备的政书《通典》问世。

唐三彩文史官
西安市长安区灵昭出土

唐三彩文史官
西安市洪庆乡出土

唐三彩胡人俑
咸阳市乾县唐永泰公主墓出土

唐三彩牵驼胡人俑
西安市东郊洪庆出土

唐三彩塔式罐
西安市西郊中堡村唐墓出土

唐三彩四孝塔式罐
咸阳市唐契芯明墓出土

唐三彩双鱼形壶
西安市长安区南里王村唐墓出土

唐三彩舞乐人物扁壶
渭南市合阳县甘井乡出土

唐三彩马
西安市西郊远东公司基建工地出土

唐三彩三花马
咸阳市乾县懿德太子墓出土

唐三彩载物驼
西安市西郊唐鲜于庭海墓出土

唐三彩载物驼
西安市西郊唐鲜于庭海墓出土

唐三彩载物驼
西安市西郊唐鲜于庭诲墓出土

唐三彩载物驼
西安市西郊中堡村唐墓出土

唐三彩载物驼
西安市新西北火车站东侧唐墓出土

唐三彩单峰驼
咸阳市唐契芯明墓出土

唐永徽三年，为存放由天竺带回的经卷和佛教圣物，玄奘奏请在大慈恩寺西院建造佛塔（今大雁塔）。

1.4.8 四家风骚：唐书法大家

皇甫诞碑（局部）. 唐 . 欧阳询

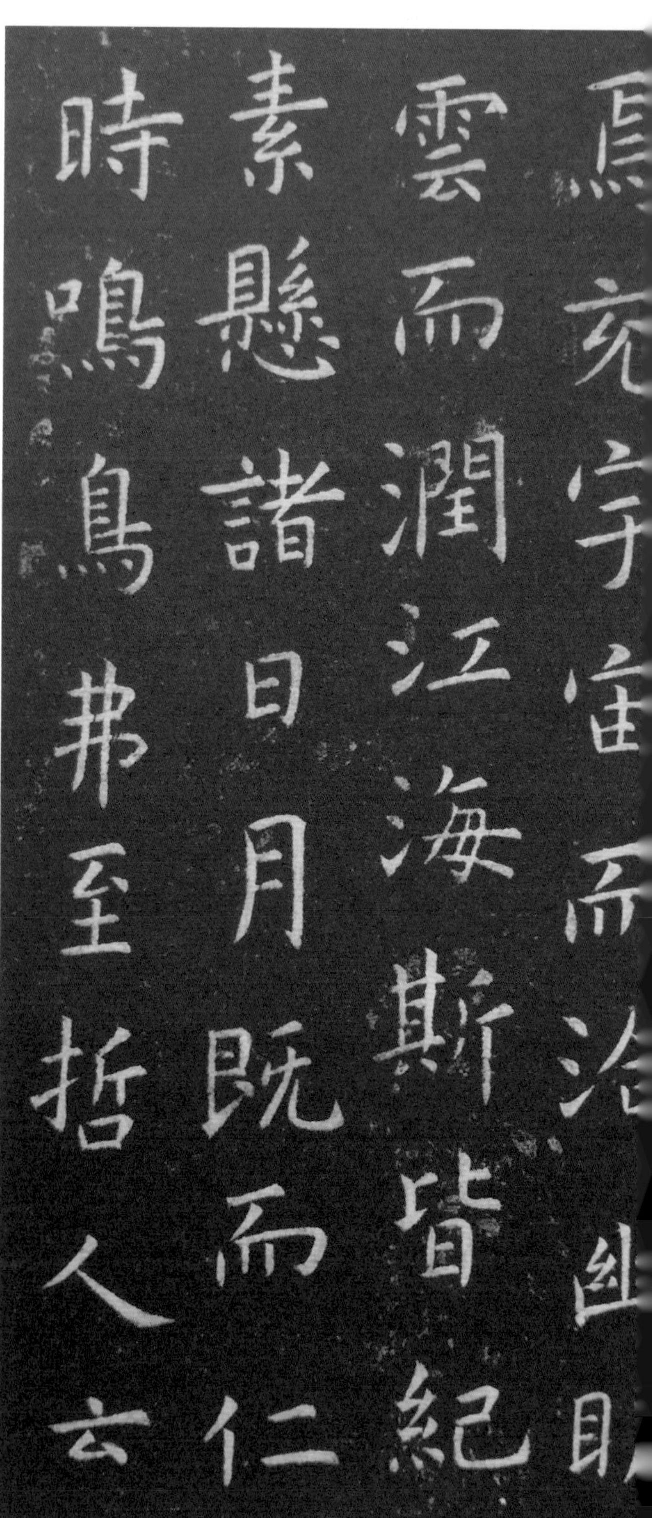

孔子庙堂碑（局部）. 唐 . 虞世南

隋开皇十年，文帝杨坚下令在京师城墙太阳门（唐明德门）东侧建造圜丘，被誉为『天下第一坛』。

多宝塔碑（局部）. 唐 . 颜真卿

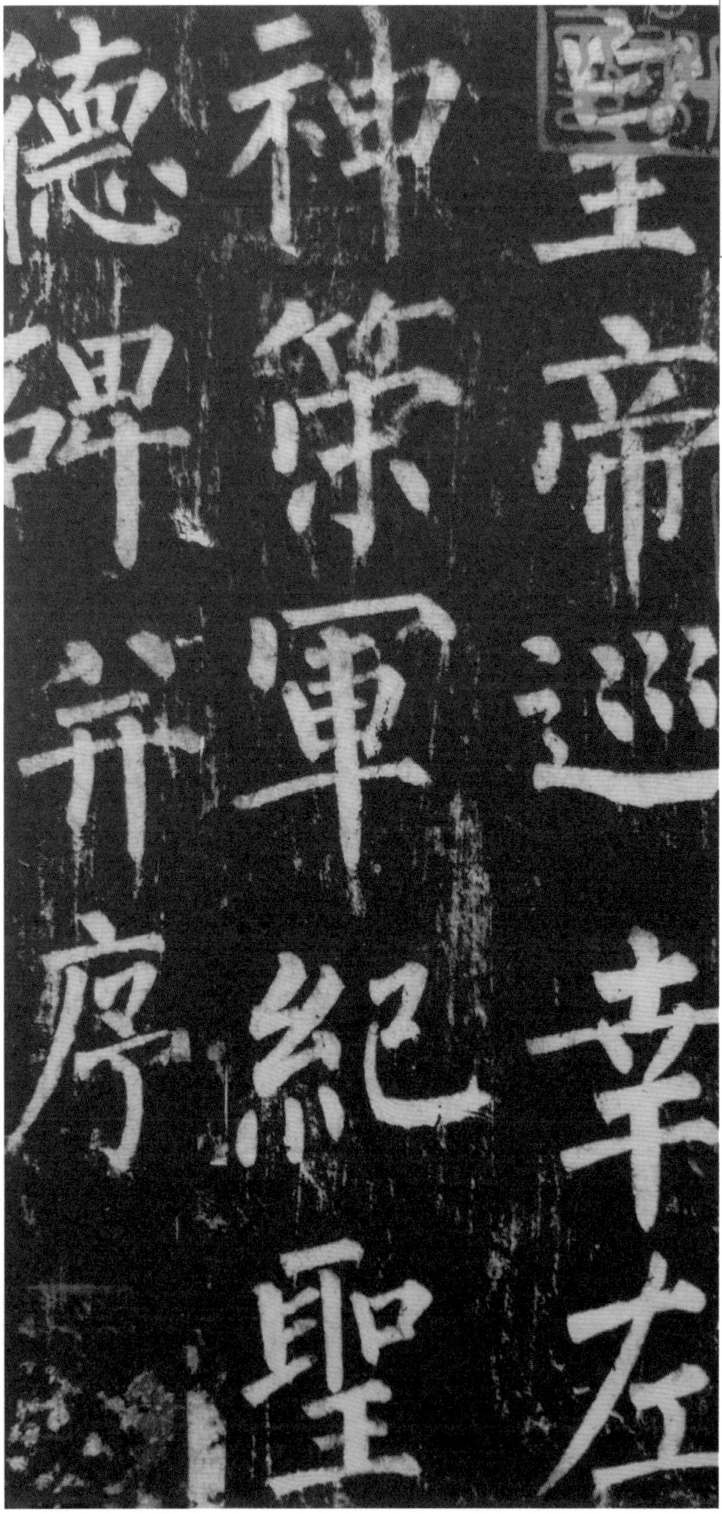

神策军碑（局部）. 唐 . 柳公权

1.4.9 五方祭祀：唐帝王陵墓

唐帝王陵位于西安以北的塬上，大都依山为陵，东西绵延 10
余千米。几乎与渭水汉九陵成平行一线。包括 19 位皇帝，其中乾
陵为高宗李治和武则天的合葬陵。陵区一般可以分为 3 个部分：陵
山、陵园、下宫和陪葬墓群。陵墓神道两侧设置石虎、石狮、犀牛
蕃像、石碑、石人、仗马、鸵鸟、翼马、天鹿（独角兽）、獬豸、华表
石羊等石雕，是大唐艺术和社会文化的缩影。

石翁仲

石鹿

石獬豸

石仗马

石狮

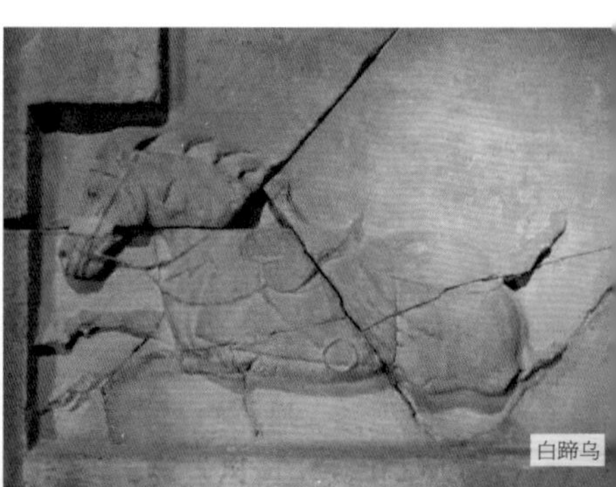

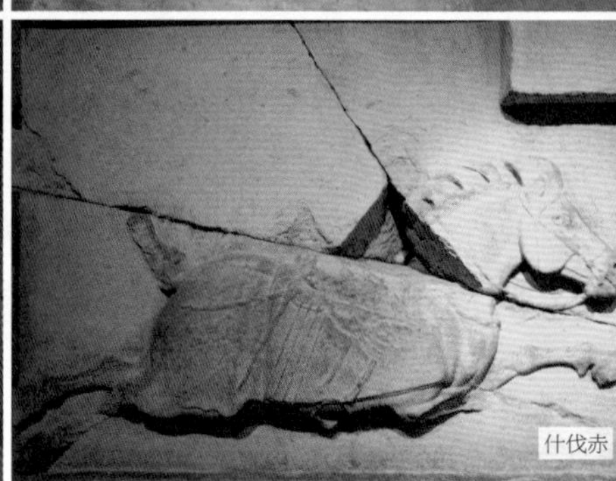

唐献陵 唐昭陵 唐乾陵
唐定陵 唐桥陵 唐泰陵
唐建陵 唐元陵 唐崇陵
唐丰陵 唐景陵 唐光陵
唐庄陵 唐章陵 唐端陵
唐贞陵 唐简陵 唐靖陵

陕西天文台更名为中科院国家授时中心，给出『北京时间』，标志着我国建立完善的时间频率体系。

A.D. 845

唐会昌五年，武宗李炎施行系列灭佛政策，世称『会昌法难』。佛教遭到严重打击，国计民生得以稳固。

贰 安守——废都的过往

清末的西安城门楼（局部）

（唐）天祐元年，昭宗东迁于洛，降为佑国军，（后）梁开平元年改府曰大安，二年改军曰永平，后唐同光元年复为西京府，曰京兆；（后）晋天福元年改军曰晋昌……（后）汉乾祐元年改军曰永兴，其府名仍旧，本朝因之。

——[北宋]宋敏求《长安志》卷一

唐贞观四年，帝国四夷各部族君长聚集长安尊唐太宗李世民为『天可汗』，其民族政策深得周边各民族拥戴。

寒林骑驴图．宋．李成．美国纽约大都会博物馆藏

“金初，分陕西为五路，京兆为陕西东路，初管五州十二县。贞祐，管八州十二县。圣朝初，仍旧。至元十四年，降三州为县，改京兆为安西府，管五州十一县。”

——[北宋]宋敏求《长安志》卷一

2.1 行府：五代、北宋、金、元时期 907—1368 年

合久必分、极盛必衰，处于唐宋之间的五代十国政权交叠，战事频发，国家分崩离析。在社会发展、战乱变革以及关中地区久为国都造成自然环境破坏等因素影响下，长安城作为封建国家政治中心的优势殆尽，逐渐成为地区性的行政首府。宋终结五代乱世，中国再次进入商品经济、文化教育、科学艺术高度繁荣、社会发展相对稳定的一统时期，其物质和精神文化焕发新的光芒，彰显封建社会的旺盛生命力。金元期间，文化碰撞与融合加剧，都城由中原地区东移。作为中原地区的安全屏障，长安城则担负起稳定西北甚而控扼西部的重任，成为地区军事重镇。

作家陈忠实创作的长篇小说《白鹿原》历时六年终于完成，并于1998年获得第四届茅盾文学奖。

2.1.1 西北驻守：五代、北宋、金、元城图

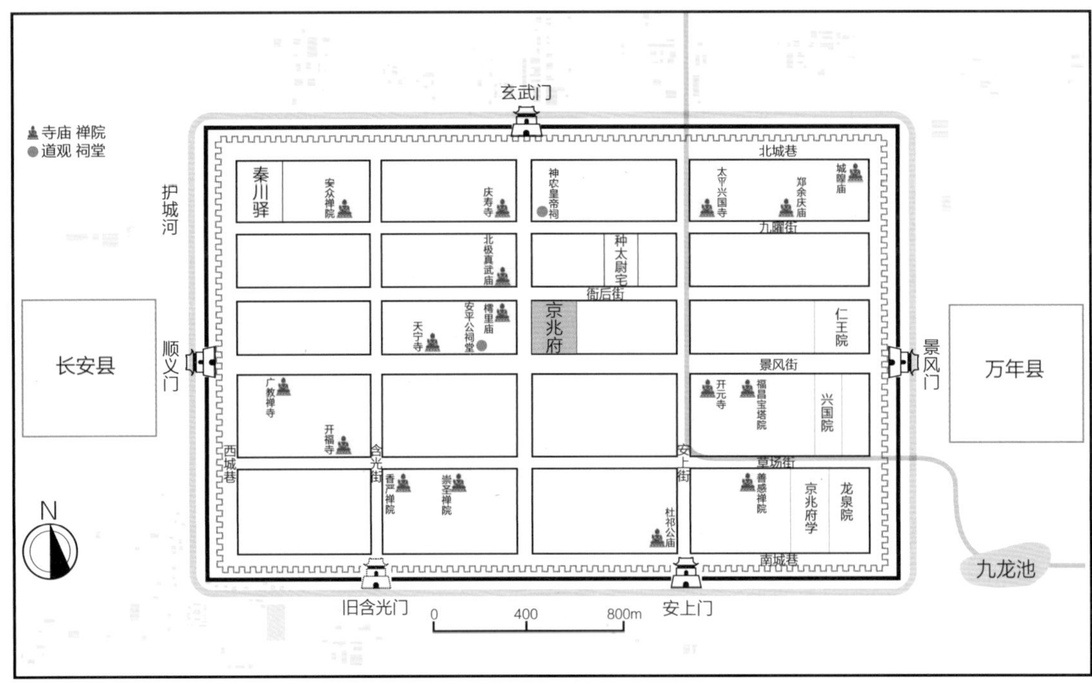

北宋京兆府城布局图

唐末，国家行政中心东移，西安政治地位迅速下降，无法承担长安城的宏大尺度，佑国军节度使韩建以原长安城皇城为基础，改筑新城。五代沿用新城，北宋至道三年（公元997年），改称“京兆府”，隶属关西道，为陕西路的路治。南宋时期归金管辖，直至元代。这一时期，西安一直作为中国西北的军事重镇，维系西北稳定、屏障中原安全。

清同治八年，钦差大臣督办陕甘军务左宗棠在西安创办西安机器局，这是西安最早的近代工业。

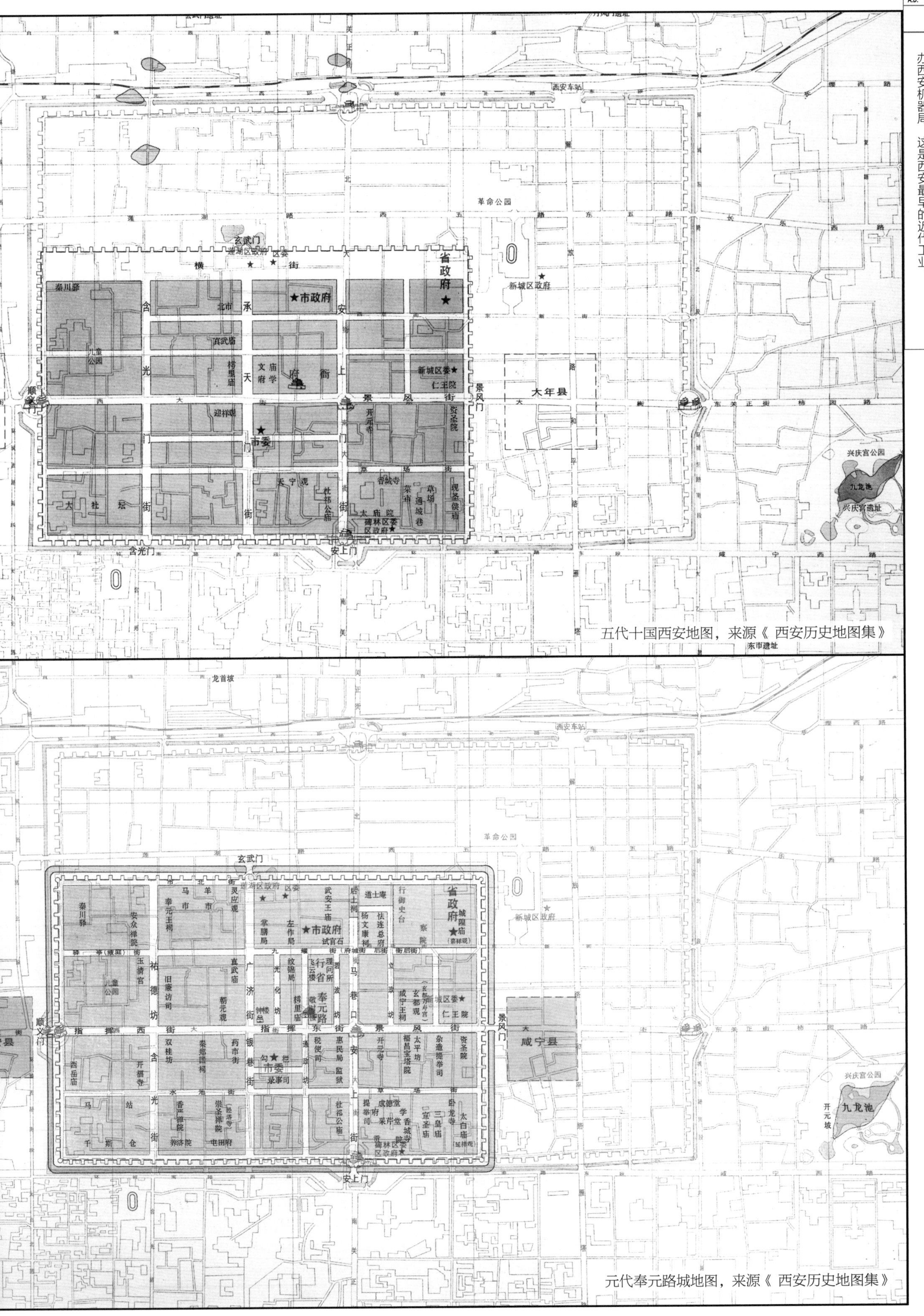

五代十国西安地图，来源《 西安历史地图集》

元代奉元路城地图，来源《 西安历史地图集》

2.1.2 质朴简约：五代、宋、金、元服饰

宋素纱直襟窄袖衫

南宋交领莲花纹亮地纱袍

南宋矩纹纱交领禅衫

宋褐色牡丹花罗镶花边夹衣

南宋浅褐色绉纱镶花边单衣

南宋紫灰色绉纱镶花边窄袖袍

南宋褐黄色罗镶印金彩绘花边广袖女衫

元代飞鸟纹海青衣

元代镶宽边绸夹袍

西安地铁六号线一期工程开工，该线路南北走向，对于拉动西南部规划的南客站地区发展有重要作用。

韩熙载夜宴图 . 五代 . 顾闳中

尺寸：高 28.7 厘米，长 335.5 厘米
收藏：北京故宫博物院

《韩熙载夜宴图》描绘了南唐巨宦韩熙载家设夜宴的场景，包括琵琶独奏、六幺独舞、宴间小憩、管乐合奏、宾客酬应五段场景，每一段画家均采用一扇屏风作为画面空间建构、营造美感的主要手段。整幅作品线条遒劲流畅，工整精细，构图富有想象力。

A.D. 1974
03 29

临潼县晏寨公社西杨村生产队在秦始皇陵东 1.5 千米处打井时，发现两千年前的秦兵马俑陪葬坑。

2.1.3 铜铁交子：五代、宋、金、元钱币

北宋交子

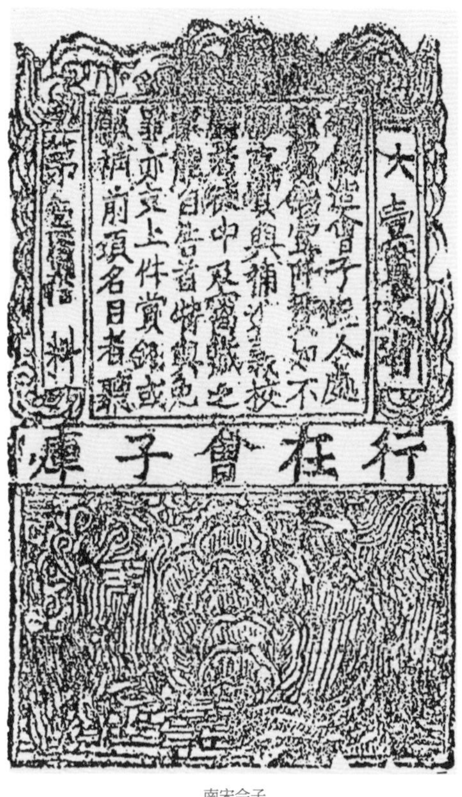

南宋会子

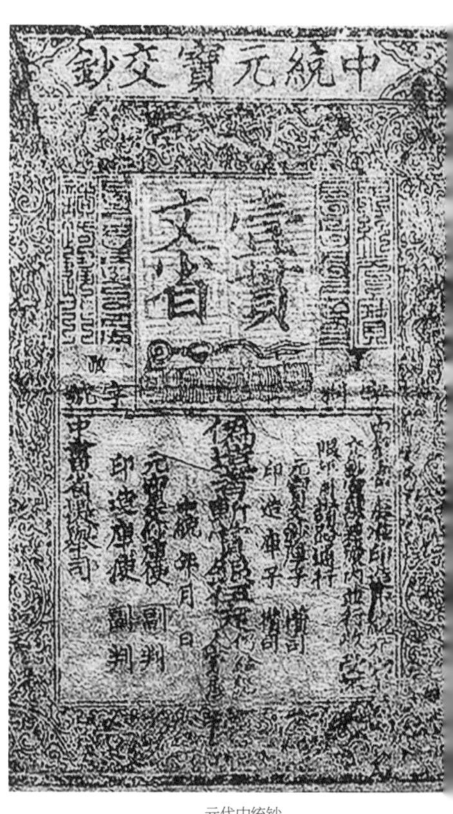

元代中统钞

五代、宋、金、元纸币

五代、金时期钱币的形制与币值和唐开元通宝相似，宋代商品经济发展迅速，由于铜钱短缺满足不了流通需求，市上出现了世界上第一种纸币交子，最初交子为商人自由发行做支付凭证出现，后收为官府印发。南宋时期发行的纸币称会子元代是第一个以统一纸币作为基础货币的朝代。

A.D. 1967
03 30

位于西安城安定门外最早的民用机场——西关机场扩建工程竣工，作为西安重要的航空港，服役24年。

五代“周元通宝”铜钱

五代“天德重宝”铜钱

五代楚马殷“天策府宝”铜钱

五代“永通泉货”铜钱

北宋“大观通宝”铜钱

北宋“圣宋元宝”铜钱

北宋“宣和通宝”铜钱

北宋“政和通宝”铜钱

金代“大定通宝”铜钱

金代“泰和通宝”铜钱

金代“天眷通宝”铜钱

金代“正隆元宝”铜钱

元代“缩水淳化”铜钱

元代“靖康元通宝”折二铜钱

元代“九叠篆”皇宋通宝钱

元代“绍圣元宝”铜钱

A.D. 583
03 31
隋开皇三年，营宗庙副监宇文恺主持的大兴城建成，中国古代历史上最宏大的都城自此拉开序幕。

2.1.4 三家鼎峙：五代、北宋山水画

匡庐图．五代
荆浩．台北故宫博物院藏

关山行旅图．五代
关仝．台北故宫博物院藏

A.D. 1983

04 01

西安市环城建设工程举行开工典礼，包括维修城墙、整治城河、改造环城林、打通环城路等四大项目。

晴峦萧寺图．北宋

李成．阿特金斯美术馆藏

溪山行旅图．北宋

范宽．台北故宫博物院藏

A.D. 622

唐武德五年，高祖李渊发布诏令，标志着以自应考试为特点的科举制度诞生，制度一直延续到清朝末年。

2.1.5 天青云破：宋代茶酒瓷器

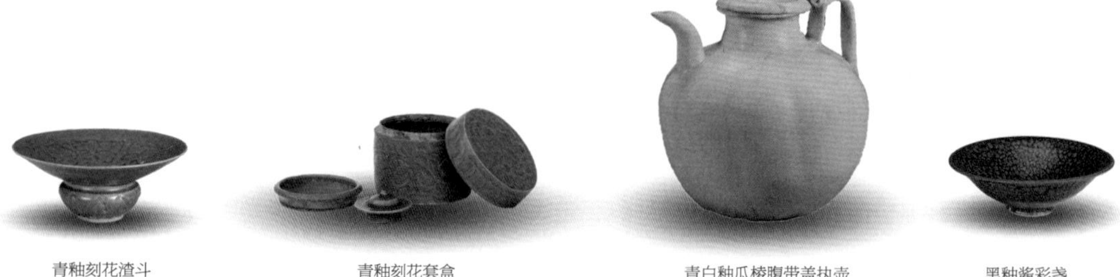

青釉刻花渣斗　青釉刻花套盒　青白釉瓜棱腹带盖执壶　黑釉酱彩盏

宋代茶器的整体装饰面貌受前期发展影响较大，将古朴淡雅、体态丰腴、造型圆润的特点发挥到极致。其有意识地抛弃复杂纹饰的观念，转而采用“极简主义”的设计美学来表现。至此，茶具已不只是一种纯粹的器物形态，而蕴含了独特的人文气质与艺术格调。

白釉台盏　青釉注子与注碗　青釉刻花长瓶　加碳陶圆托盘　酱釉素面大底酒瓶

宋代是陶瓷酒器的鼎盛时期，“雅道”的诞生使酒器制造业迅速发展壮大，又因宋代文人崇尚“雅”的情趣意味，追求美学上的朴实无华与平淡自然。因此，宋酒器摒弃金银器的张扬和华美，注重细节但不乏诗意的追求，从而奠定了宋陶瓷酒器的审美特征——淡泊、内敛、静穆。

AD. 198
04 0.

法门寺重建寺塔，清理塔基时发现唐代地宫，四枚佛骨舍利再次面世，其中一枚为佛祖的真身指骨。

文会图（局部）/ 宋徽宗赵佶 . 台北故宫博物院藏

155

西汉景帝二年，景帝刘启颁布御史大夫晁错提议的《削藩策》，加强了中央集权的统治。

2.1.6 营造法式：宋代建筑

清明上河图（临摹本）. 明 . 仇英

尺寸：高 102 厘米，长 161.9 厘米
收藏：辽宁省博物馆现藏

《清明上河图》（临摹本）是明代画家仇英创作的一幅重彩风俗画作品，现收藏于辽宁省博物馆。此卷代表了后世《清明上河图》题材创作的典型风格和最高水平。既是中国古代绘画史上承前启后的风俗巨作，也是研究明代中后期社会生活和文化史的有力图证。

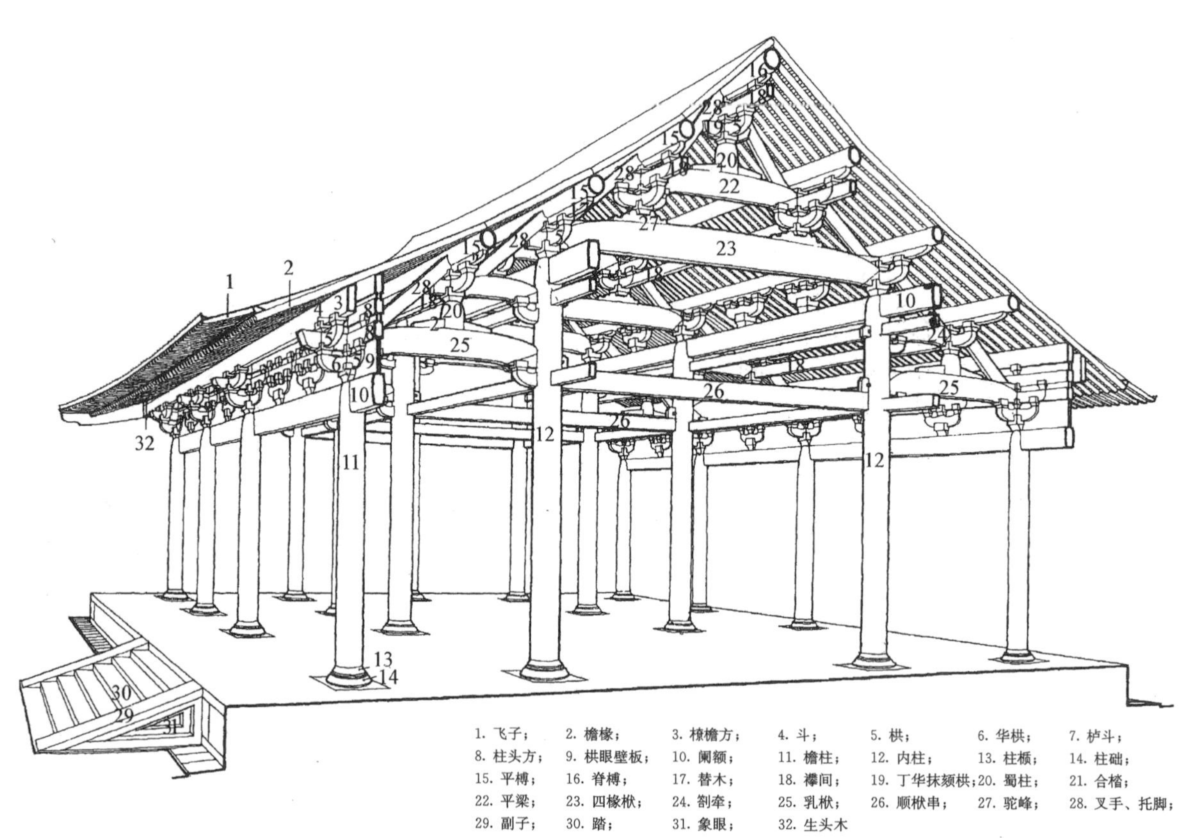

宋式梁架分件 . 营造法式 . 北宋 . 李诫

宋代社会经济的发展和市民生活的丰富促进了建筑的多样化，一改唐代建筑雄浑的特点，变得纤巧秀丽、注重装饰，出现了各种形式复杂的殿、台、楼、阁，同时在建筑组合方面加强了进深方向的空间层次，以衬托主体建筑。北宋著名建筑学家李诫所著的《营造法式》集中展示了宋代房屋建构的系统化与模块化，以及其自由多变的组合，标志着中国古代建筑已经发展到了较高阶段。

民国二十五年，西安第一家大型机器棉纺织企业——大华纱厂开工，现改造为大型综合文化中心。

清明上河图（临摹本）. 明 . 仇英 . 辽宁省博物馆藏

2.1.7 婴戏竹马：宋、金代陶瓷玩具

龙纹陶模　持卷坐虎道教人物陶模　青釉刻花渣斗

童子抱球陶立像　童子陶立像　彩绘侍女立像　母子陶塑　抱鼓童子陶塑

宋代陶瓷玩具 . 陕西省西安市西大街出土

宋代陶模是由偶像崇拜逐渐演化、变体而成的民间玩具，是宋人用来启蒙儿童看物识事的“百科全书”。陶模作为宋文化的载体，艺术表现独特，方寸之中蕴含宗教、社会、文化、风俗、艺术等内容，体现了繁盛的市井生活和浓郁的民族文化精神。

唐景龙元年，位于唐长安城安仁坊（今陕西省西安市南郊）荐福寺内的小雁塔开始修建。

秋庭戏婴图．南宋．苏汉臣．台北故宫博物院藏

位于西安市北大街青年路北的五四剧院落成，著名京剧表演艺术家梅兰芳题写院名。

2.1.8 群仙问道：元代壁画

朝元图线稿

元代壁画兴盛，其分布范围广，用色沉滞暗淡，以淡彩水墨的风格为主。陕西省铜川市药王山出土的壁画《朝元图》，为元代画工马君祥及其子马七等人创作，该图描绘了诸神朝拜道教始祖元始天尊的场景，展示了元代百姓对于皇权和神权的崇拜与敬畏。它也是永乐宫壁画的一部分，为元代壁画艺术的最高典范。

东汉初平元年，权臣董卓挟持汉献帝刘协向西迁都长安，『西都』仅延续六年零五个月，东汉名存实亡。

朝元图．元代药王山壁画

朝元图．元代药王山壁画

西安民生百货商店建成开业，是当时全国十大百货商店之一，誉响三秦，名噪西北。

2.1.9 大哉乾元：元代陶俑

骑马俑．大德六年（1302）

尺寸：高 37.5 厘米，长 32 厘米

收藏：陕西省考古研究院

2009 年出土于西安市长安区区韦曲．曲江观山悦．刘元振夫妇合葬墓．郝柔。

骑马俑

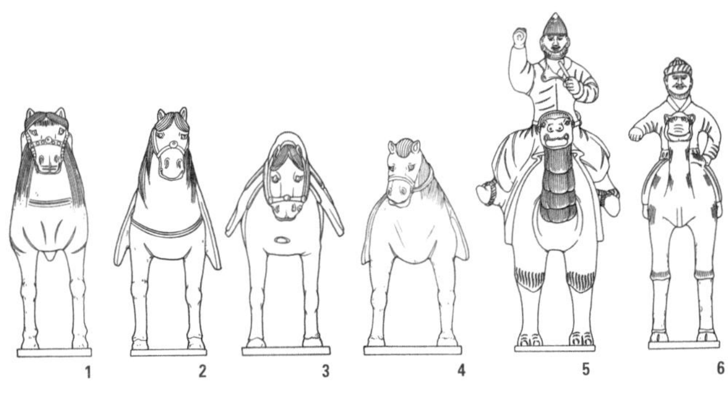

西安元代出土陶俑《蒙元世相》

B.C. 101

西汉太初四年，中郎将苏武出使匈奴被扣，19年后获释回汉，汉宣帝刘询将其列为麒麟阁十一功臣之一。

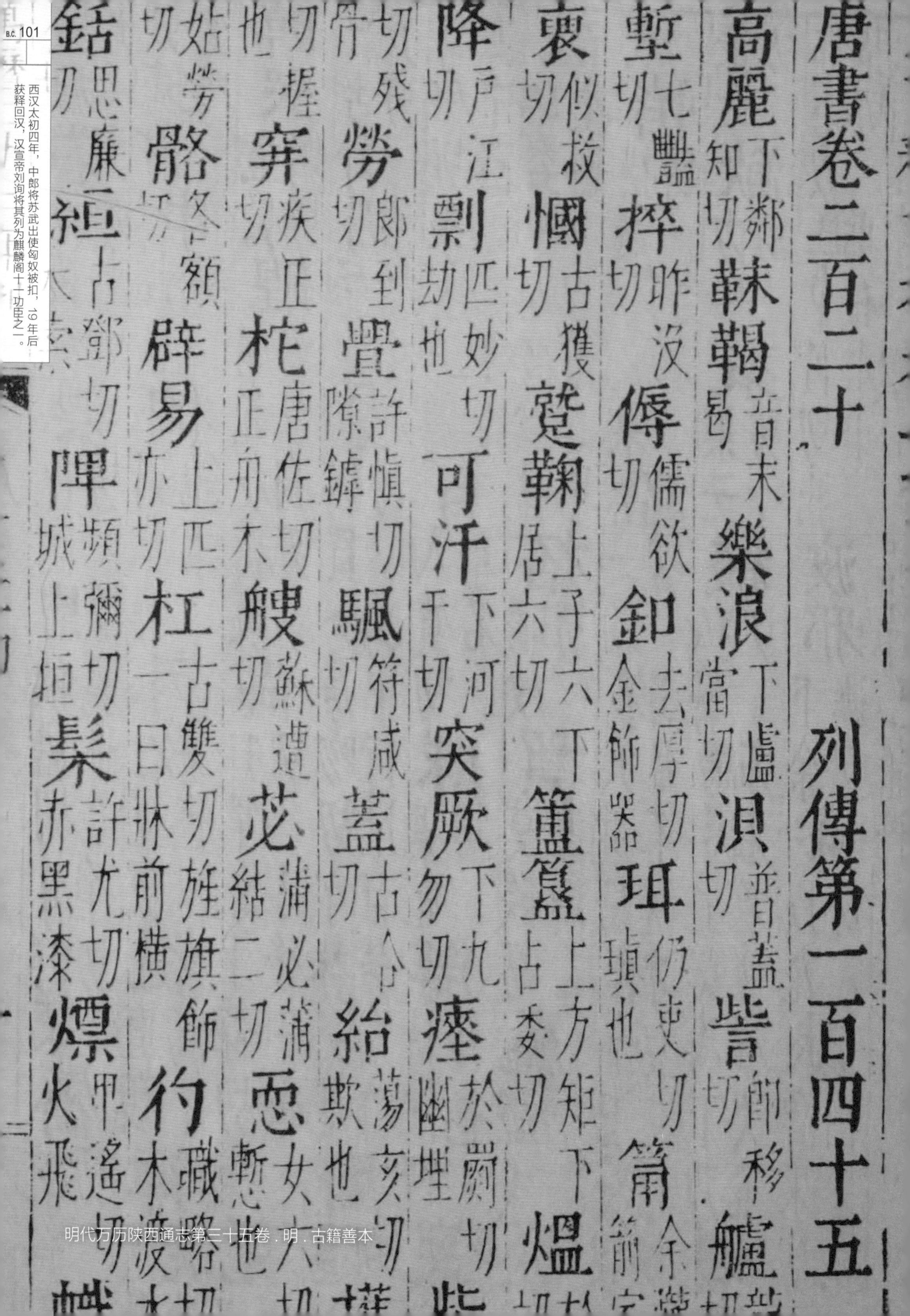

唐書卷二百二十　列傳第一百四十五

高麗下鄰知切靺鞨音末曷樂浪下盧當切浿普蓋切呰郎移切艫

塹七豔切捽昨沒切傉儒欲切釦去厚切金飾器珥仍吏切瑱也篇余箭

褏似救切幗古獲切鬷子六切鞠居六切籧篨上方矩下占委切熅

降戶江切剽匹妙切劫也可汗下河干切突厥下九勿切瘞於罽切幽埋

切殘勞郎到切亹許慎切隙罅切颿符咸切蓋古合切紿蕩亥切欺也

切握穽疾正切柁唐佐切正舟木艘蘇遭切苾蒲必切結二切惡女六切也

姑勞切骼各額切辟易上匹亦切杠古雙切一曰牀前橫旌旗飾裄木波

銛思廉切絙上古鄧切皡頻彌切城上垣髟許尤切赤黑漆熛甲遙切火飛

明代万历陕西通志第三十五卷．明．古籍善本

"天下山川，惟秦中号为险固，向命汝弟分封其地，已十余年，汝可一游，以省观风俗，慰劳秦民。"

——［明］朱元璋告谕天下

2.2 重扩：明时期府城 1368—1644 年

明代是中国历史上最后一个汉族王朝，在二百余年的统治期间，着力恢复汉制、推行汉礼，延续帝制政治体制和传统宗法社会。政治体制无法抑制社会进步，手工业、商品经济的快速发展推动市民阶层兴起，极大地改变着明中后期的社会生态。明太祖朱元璋重视西北防务，将其次子朱爽封为秦王，派往西安，西安迎来了唐之后又一个重要发展阶段，社会经济水平和城市建设稳步提升。洪武年间，开始营建规模庞大的秦王府，扩建西安城。万历年间，钟楼迁于今址，以钟楼为中心，四大街为轴线，拓四关以扩大城市范围，奠定了西安的基本城市空间格局，并延续至今。

A.D. 1550

明嘉靖二十九年，世宗朱厚熜敕令重修大慈恩寺以及大雁塔，在塔体外砌砖加固，缩小原寺规模。

2.2.1 洪武重城：明代西安城图

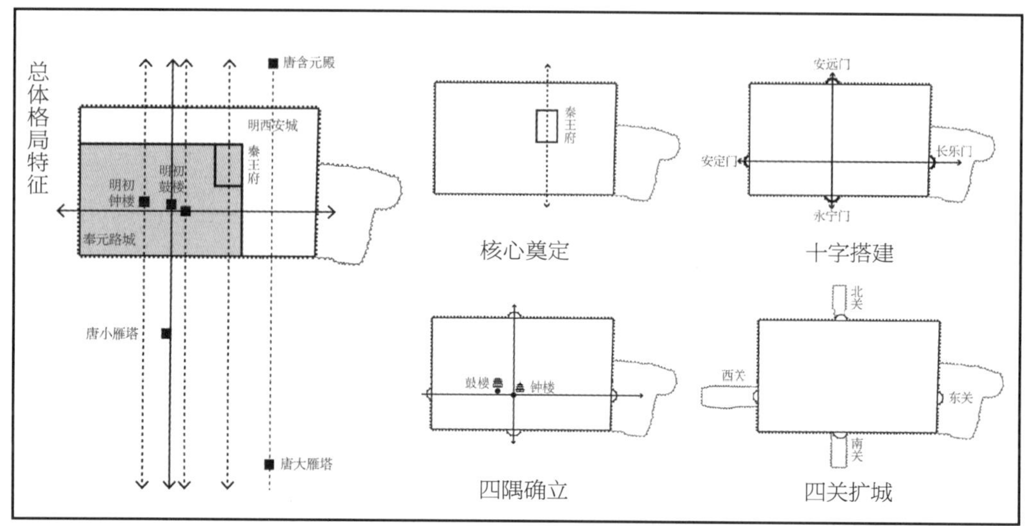

明西安城空间演进

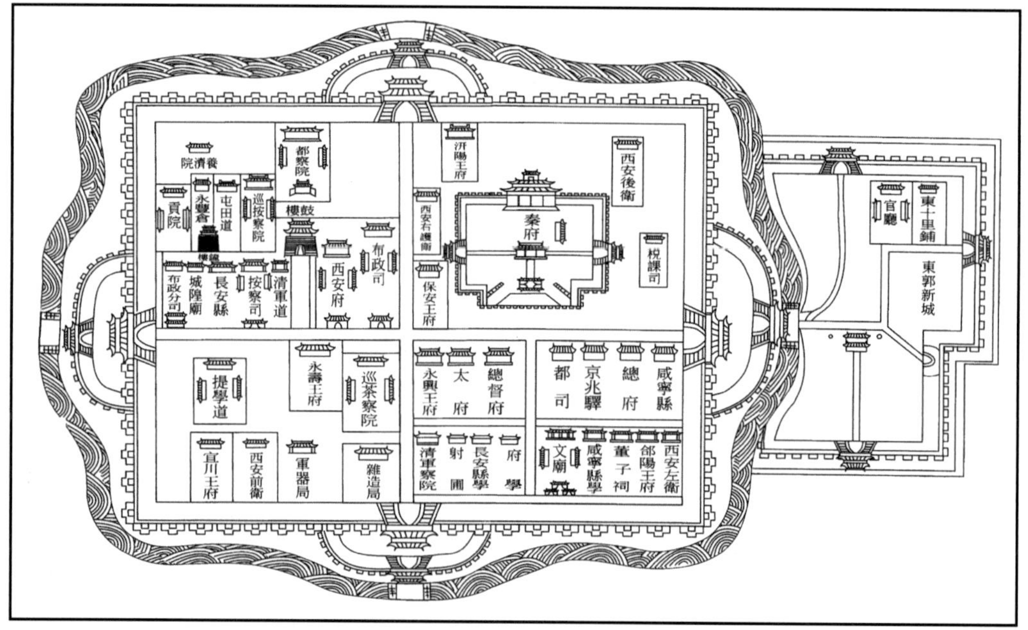

明陕西省城图

明代对奉元城的扩建主要集中在秦王府的建设和城池规模的扩展上，以秦王府城和大城所组成的“回”字形重城格局内外呼应，与府城共同形成两道城河、三重城墙的典型重城结构。扩西安城、修秦王府、迁移钟楼、拓展四关，明代实现了城市格局的规整化，从而形成了今天明城区的总体格局。

广舆图．2卷．元朱思本撰．明罗洪先增补．明万历七年海虞钱岱刊本

唐元和八年，宰相李吉甫在长安撰成《元和郡县图志》，这是保留下来的中国最古的一部地理学专著。

1951

04 16

西安阿房宫电影院（现阿房宫剧院）实行公私合营，这是解放后西安市第一个公私合营的电影院。

2.2.2 市井诸像：明代民俗生活画

明代哲学家王阳明的弟子王艮提出“百姓日用即道”，肯定了平民百姓日常生活的意义，诸如此类明代哲学的产生促进了市井文化的高度发展。《上元灯彩图》再现了元宵节期间南京老城南灯市与商贸集市盛况，是平民百姓生活的真实写照

唐武德八年，诗人杜牧作《阿房宫赋》，以阿房宫兴建毁灭和秦灭亡的事件抒发情怀，以古鉴今。

上元灯彩图（局部）.明.佚名

尺寸：高 26 厘米，长 200 厘米

收藏：中国美术学院美术馆

2.2.3 仪仗百俑：明代彩绘陶俑

秦简王陶俑 . 陕西历史博物馆藏

明代彩绘陶俑反映了当时明朝藩王的卤簿制度与丧葬礼制，这 300 多尊彩绘陶俑出土于西安韦曲街办简王井村，为明秦简王朱诚泳死后随葬的仪仗队，其阵容庞大，浩浩荡荡，是研究封建礼制的重要文物。

以赵望云、石鲁等为代表的西安美术团体在各地巡回展览，因其主题鲜明、画风独特，被称为『长安画派』。

唐元和十二年，宪宗李纯下令沿郭城北墙修筑夹城，自大明宫云韶门过芳林门，通至兴福佛寺。

2.2.4 翁仲双列：明藩王陵墓道石象生

上图 . 明秦简王墓出土石象生
下图 . 明秦愍王墓出土石象生

上图．明秦康王墓出土石象生
下图．明秦隐王墓出土石象生

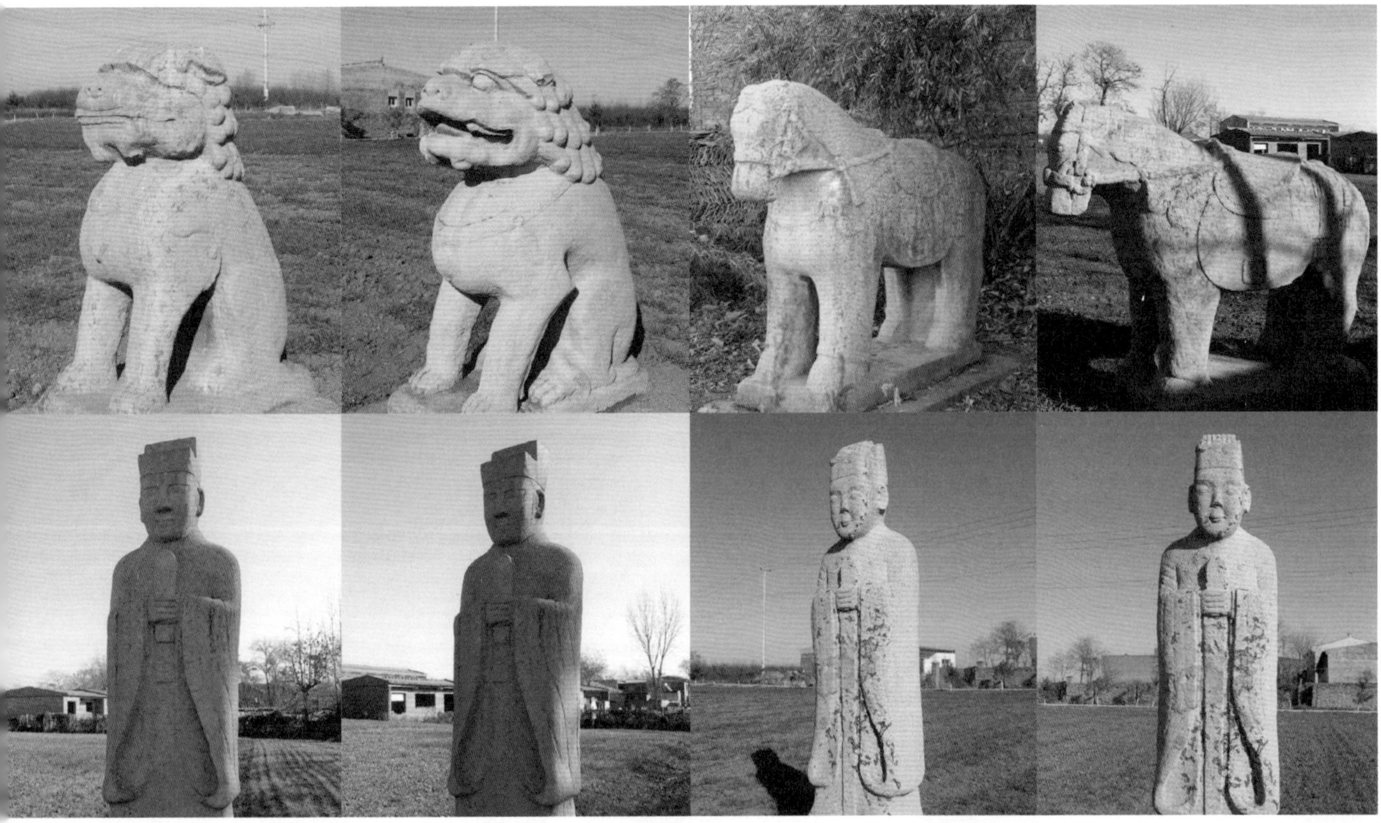

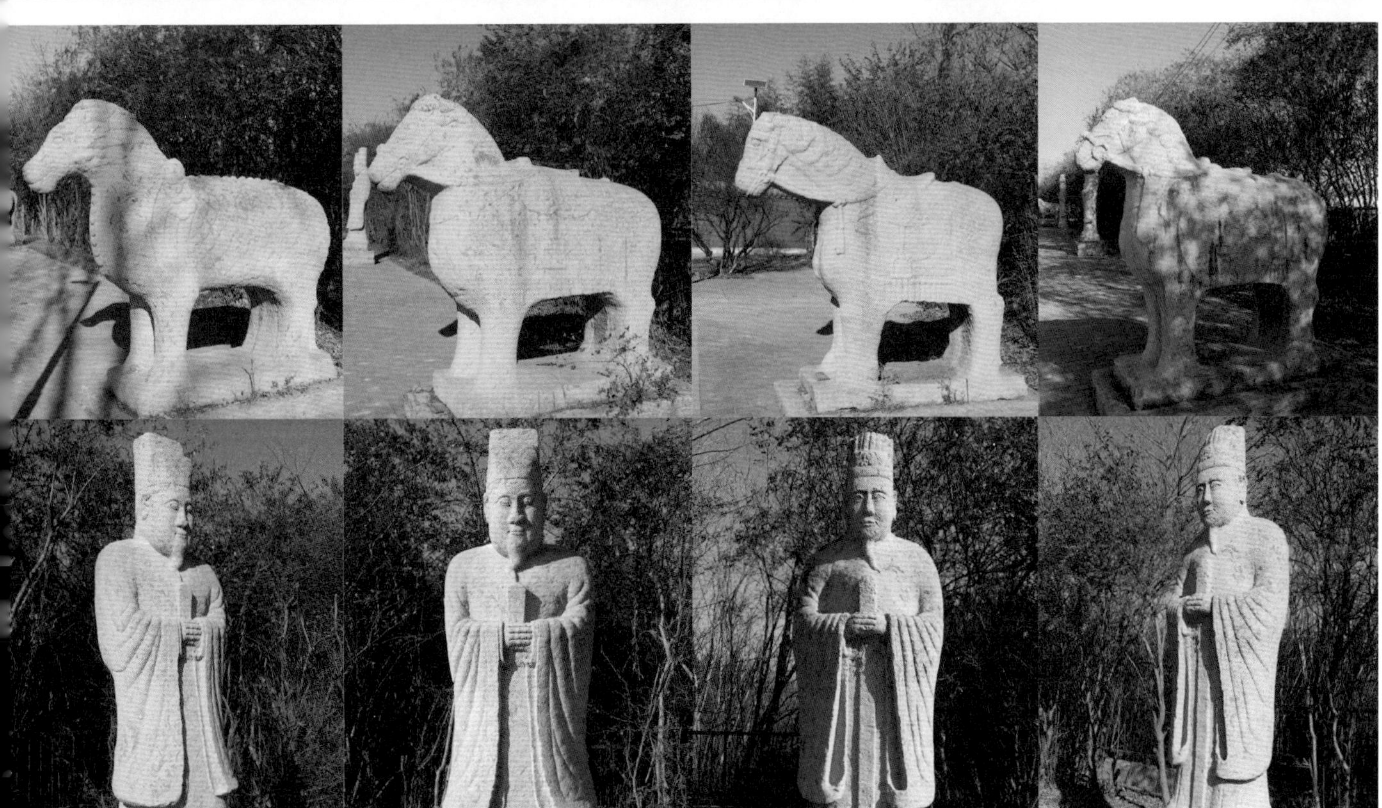

隋开皇二年，大兴善寺扩建得名，为佛教密宗祖庭，是隋唐皇家寺院，帝都长安三大译经场之一。

2.2.5 简练妍秀：明代居室家具

明代是自汉唐以来我国家具历史上的又一个兴盛时期，其家具特点为造型简练、结构严谨、装饰适度、纹理优美，为清代家具的发展奠定了基础，直到现在仍有重要的研究和借鉴价值。

天籁阁摹宋人画册之羲之写照

元初沿置宋京兆府，至元十六年，朝廷将京兆府改为安西路总管府。

黄花梨夹头榫撇腿云头牙子翘头炕案

黄花梨夹头榫云纹牙头带托泥翘头案

黄花梨龙凤纹翘头案

黄花梨带束腰三弯腿虎爪足炕桌

黄花梨四面平条桌

黄花梨带束腰罗锅雉内翻马蹄长条桌

黄花梨四出头官帽椅

黄花梨高扶手南官帽椅

黄花梨壸门靠背玫瑰椅

秦王政元年，秦始皇陵始建，历时39年，是中国历史上第一座规模庞大的帝王陵寝。

2.2.6 钟鼓齐威：明代钟鼓楼、城门楼

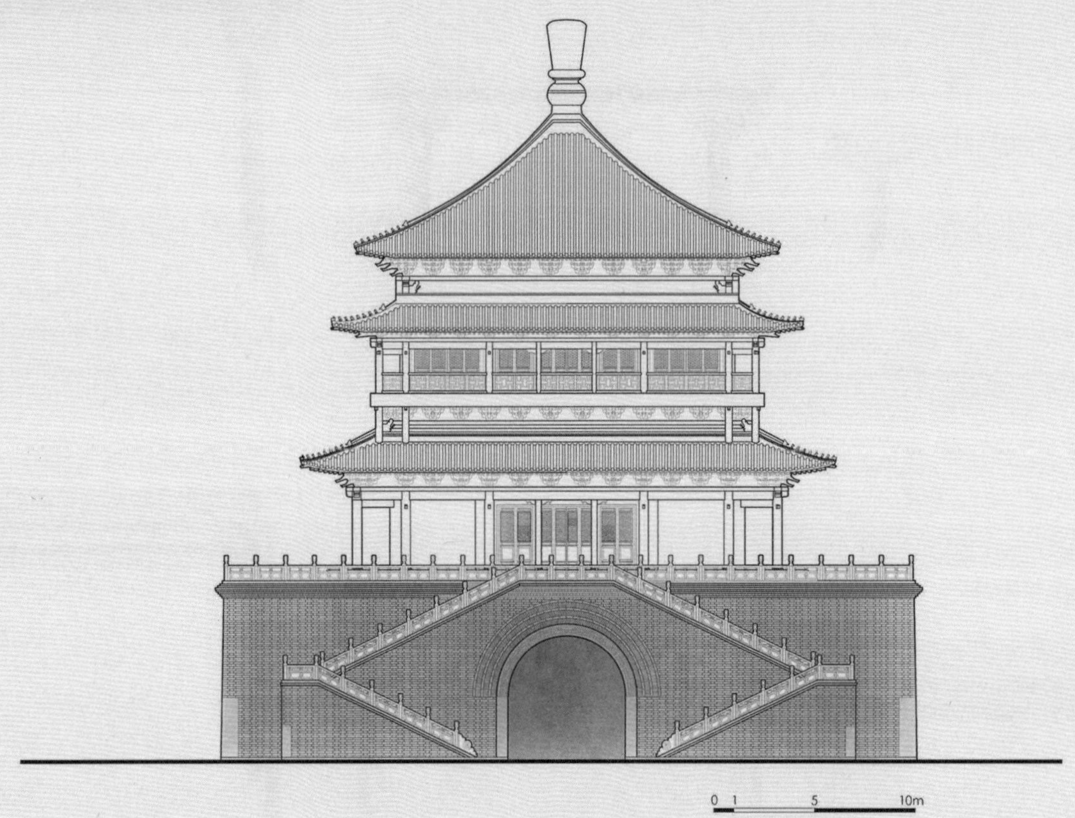

西安钟楼东立面图

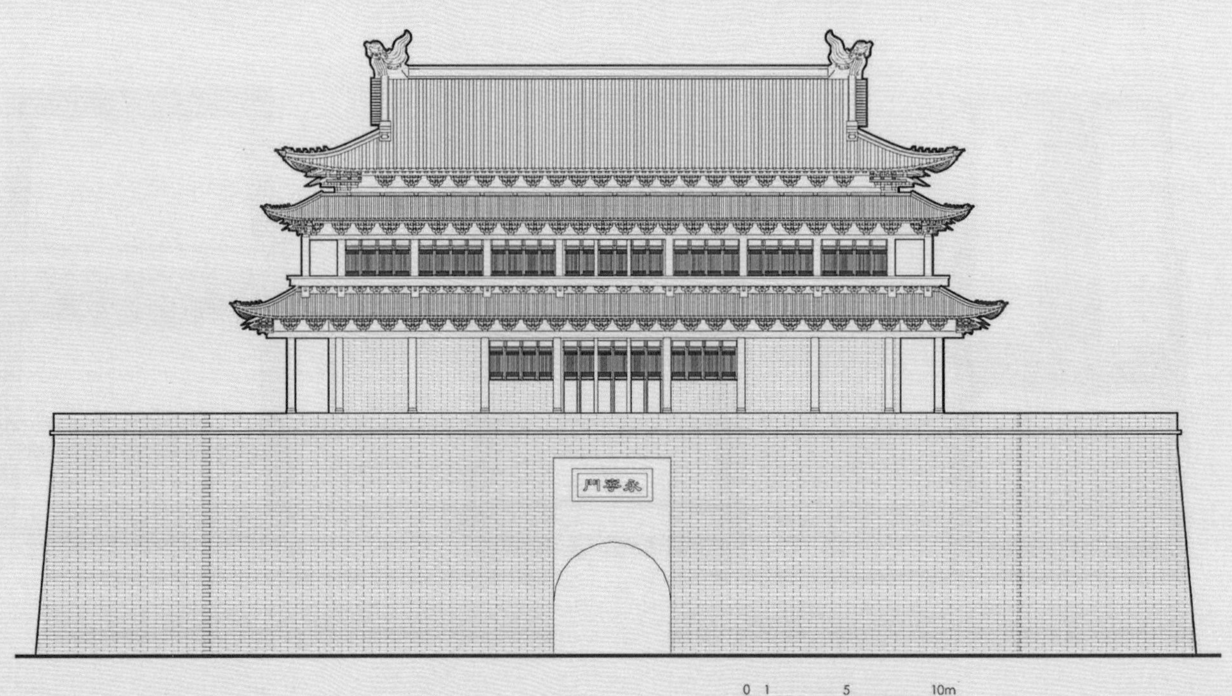

西安南门（永宁门）城楼南立面图

民国二十八年，为纪念陕西辛亥革命先烈井勿幕先生，在西南城墙开辟勿幕门。

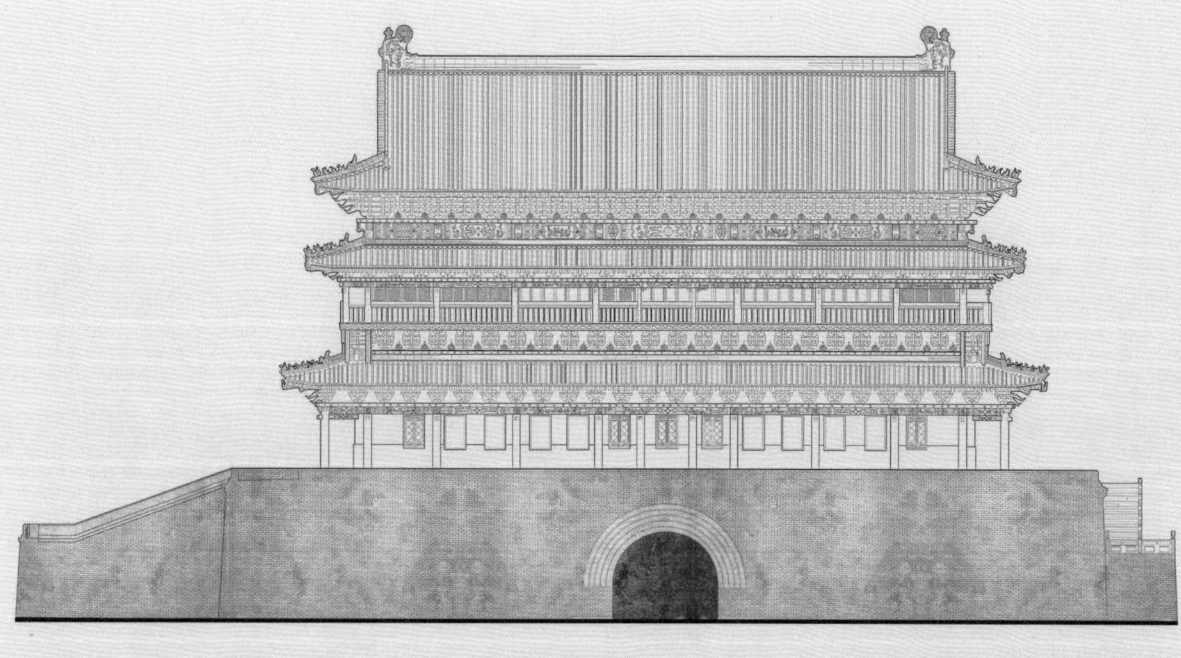

西安鼓楼南立面图

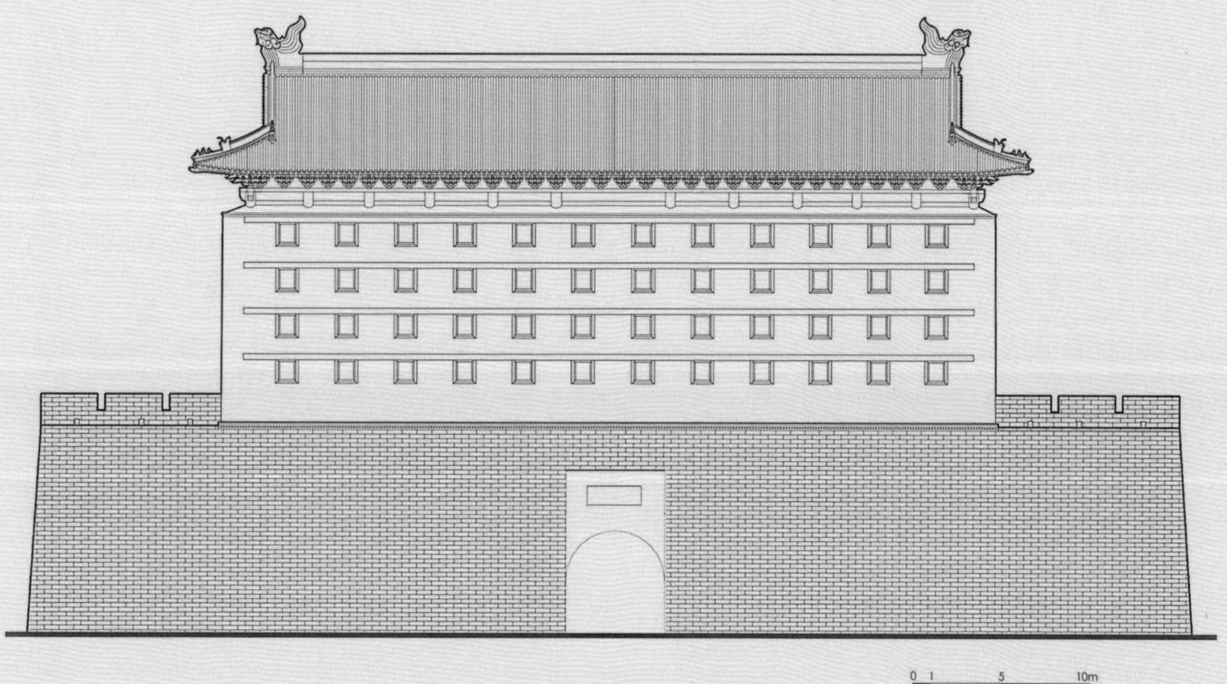

西安安定门箭楼西立面图

2.2.7 自成遗珍：大顺国文物

明崇祯青花

明崇祯十七年（公元 1644 年），农民起义军领袖李自成在西安宣布建国，国号大顺。是年三月十八日，军队攻克北京外城，次日崇祯帝自缢，明朝灭亡。但好景不长，大顺王朝很快被清朝所取代，成为中国历史上短暂而又具有重大意义的时间节点。

唐弘道元年，高宗李治敕令修建乾陵，开创了『因山为陵』的葬制，也是中国少有的一座夫妻皇帝合葬陵。

闯王“除暴安良”剑

李自成剑

蓝田玉李自成印

永昌元年蓝田玉“闯”印

白玉李自成印玺

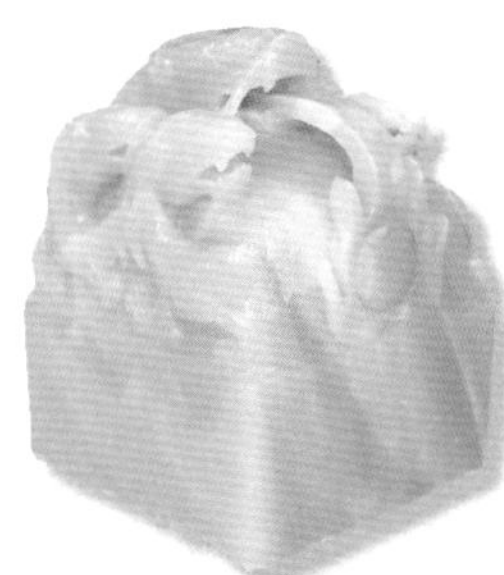
青白玉顺天倡义大元帅符

碧玉皇帝之印——王者至尊

碧玉制诰之宝

碧玉制诰之宝

闯王玉玺

石叟造错银观音

红木观音

永昌元年石观音

永昌元年铜观音

A.D. 2011
04 28

世界园艺博览会在西安浐灞生态区开园，是在西北地区举办的规格最高、规模最大的一次世界性展会。

清朝时期的大雁塔

“豳岐不乏耕织业，漆沮尚存蒐狩场。
重农藏富屡诏谕，雨旸时若歌丰穰。
雄兵超距贾馀勇，野老讴吟多宿粮。
要令遐陬沾湛露，讵以无事弛边防。”

——[清]康熙《长安行》(节选)

2.3 分治：清时期府城 1644—1911 年

清朝是中国最后一个封建专制王朝，新兴的满族在统治之初，显示了锐意进取、革新除弊的创国精神，“康雍乾盛世”强化中央集权。对内躬亲勤政，改革赋役，促使社会稳定发展；对外开疆扩土，统一全国，奠定了幅员辽阔的中国版图。西安作为清朝陕西省省会、西安府治所和西北地区最大的军事重镇，对于维护清朝统治、管理西北诸省具有决定性的战略价值。清廷于顺治年间，在西安城东北兴建“满城”，东南建“南城”，作为其集中屯驻防御之依托。“一城两区”的空间划分彻底改变了明代西安城的空间格局。这一时期，西安城内商品贸易繁荣，专业化市场分类聚集，商人会馆蓬勃兴起，成为西北重要的商业经济中心。清末，以兴办近代军事工业为开端，开始缓慢的近现代转型。

p.385

东晋太元十年，古羌首领姚苌在长安称帝，建立大秦，史称后秦，国祚34年。

2.3.1 三城并置：清代西安城图

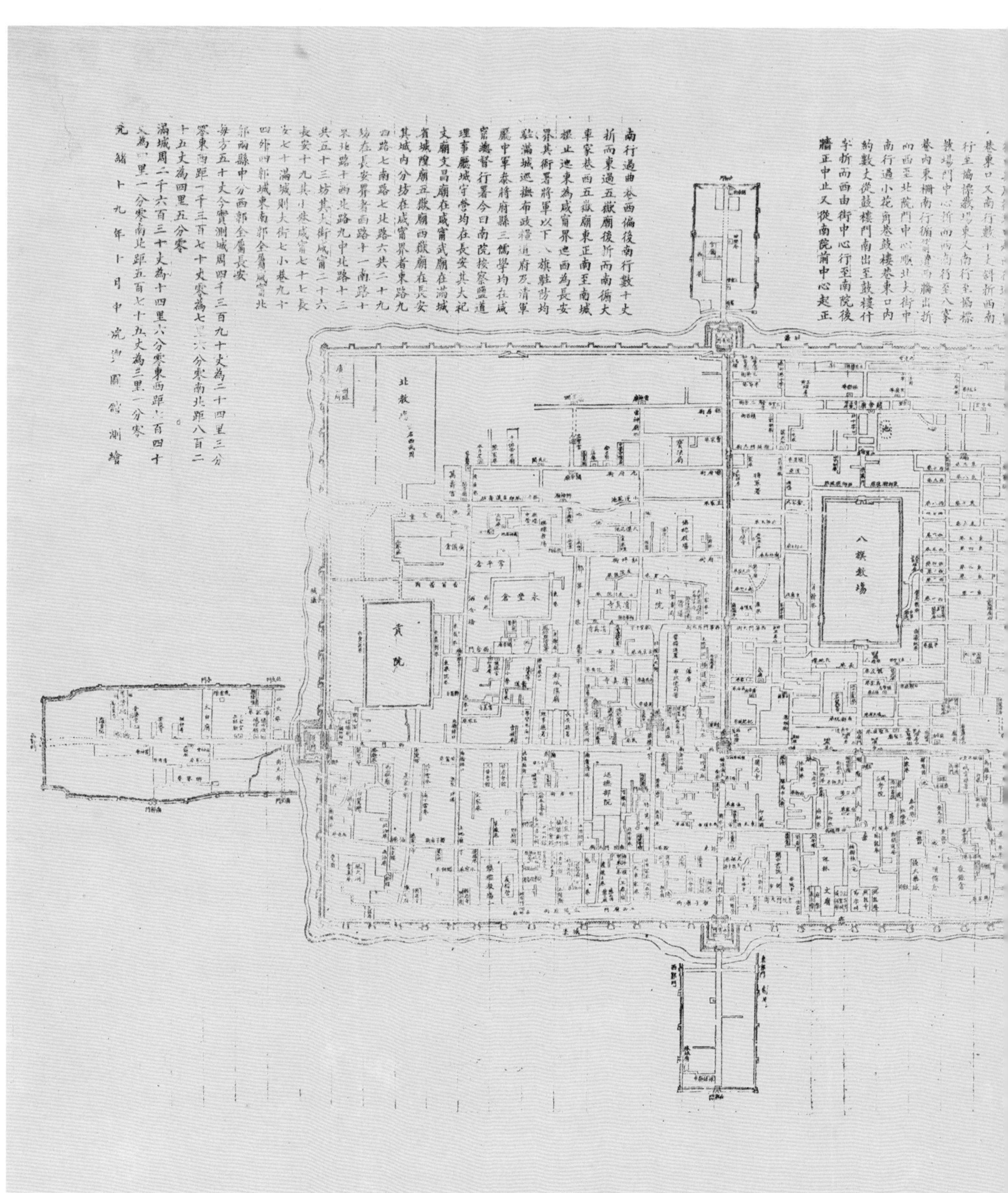

清代西安府城是在明城基础上营建的，为了建造军事驻防城，因此将整个西安城划分为三个相对独立的部分，即汉城、满城和南城，三城并置，总体上构成“一城两区”的空间态势。

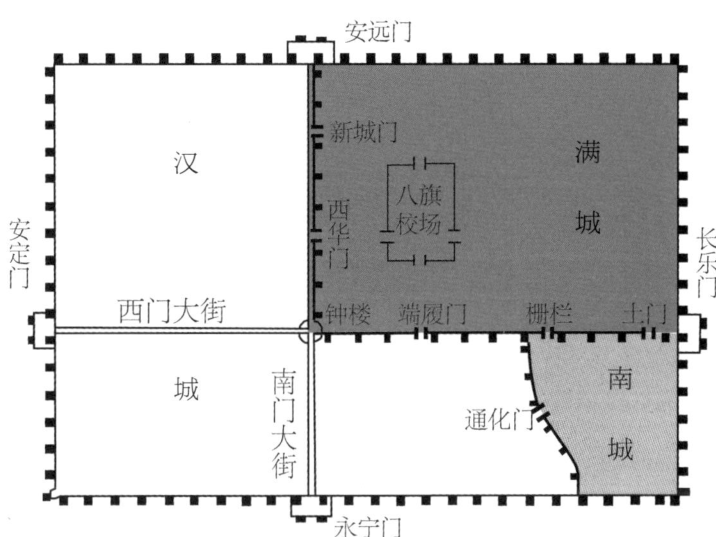

清代西安城市空间结构图

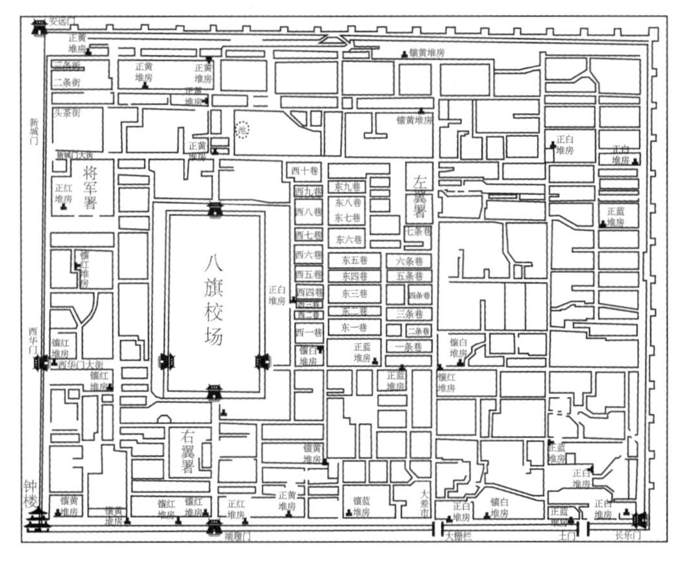

清代西安满城街巷分布与堆房示意图

陕西省城圖

清代陕西省城图，光绪十九年十月中浣舆图馆测绘

A.D.610

隋大业六年，医学家巢元方撰成《诸病源候论》，为我国第一部论述各种疾病病因、病机和症候之专著。

2.3.2 古城旧颜：清代西安城市风貌

清末北门.［德］恩斯特・柏石曼

随着社会分工的进一步扩大，尤其是关中地区农业和手工业的迅速发展，传统意义上的政治军事中心城市因此而焕发出新的生机与活力。主要表现为城市已经初步成为区域的经济和文化中心，对整个社会的发展起到了巨大的推动作用。

清末西安城墙长乐门

清末西安城墙

清末西安城墙西门

清末的西安街头

20 世纪初从钟楼看见的西安城墙城楼

A.D.319

305

东晋大兴二年，汉国相国刘曜即帝位，建立前赵，定都长安，徙万人并整修长安城，初改长安衰败面貌。

2.3.3 民风民情：清代城市生活场景

清代乾隆年间，皇帝颁旨命宫廷画师绘制长卷《百工图》，内容囊括了当时社会各行各业的生活状态，是一部记录社会民生的百科全书，被当时人称为清代的“清明上河图”。

唐龙朔三年，长安城的标志建筑含元殿落成，为唐王朝的皇权象征和国家标志。

百工图（壁画）.清.佚名

收藏：河北省张家口市蔚县西合营镇夏源村一处财神庙内

2008 05 06

《西安市城市总体规划（2008-2020年）》获国务院批准，确定关中—天水经济区和「一线两带」建设。

2.3.4 末代留影：清代西安市民照片

清末富贵人家三代男子合影

清代是满族贵族所建立的统治政权，也是中国最后一个封建王朝。从西安清代的大户人家合影中可以看出清代长幼有序、男尊女卑的意识形态，以及家族观念的延续和发展。

明洪武十七年，太祖朱元璋下令在鼓楼西迎祥观附近（今北广济街南口东侧）修建钟楼。

清末几代人全家合影

清末普通人家几代人合影

清末私塾师生合影

陕西农村纺织妇女

清末富贵人家一夫多妻现象

清末小脚女人合照

801

唐贞元十七年，政治家、地理学家贾耽编制的《海内华夷图》在长安绘成，开创了我国沿革地图的先例。

2.3.5 关中胜迹：清代古籍图志

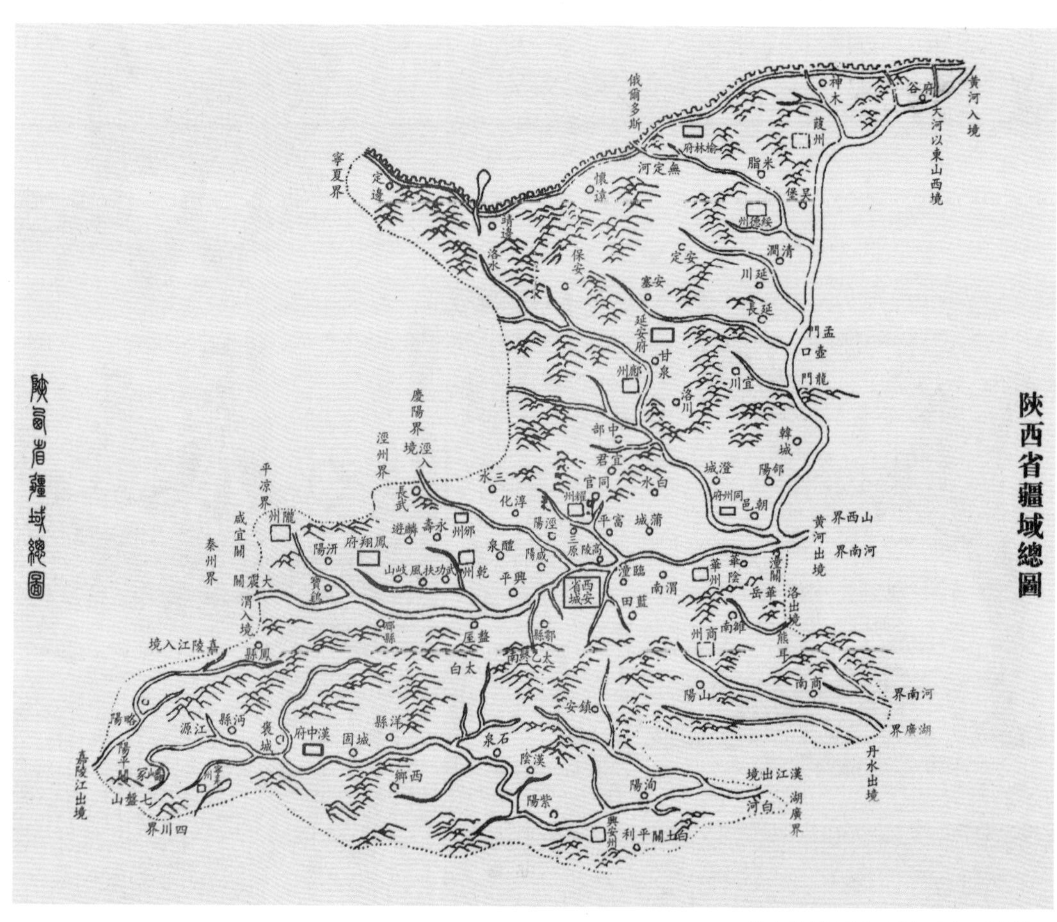

关中胜迹图志之陕西省疆域总图

清乾隆四十一年（公元 1776 年），历史地理文献集《关中胜迹图志》问世，为清代学者毕沅编撰，详细记录了陕西省的名胜古迹，是研究陕西历史地理及文物古迹，尤其是周秦汉唐史迹的重要文献，在学术界有“孤本难觏”之叹。

A.D. 1916
05 09

民国五年，皖系军阀陈树藩（陕西安康人）就任陕西护国军总司令，宣布陕西独立。

关中胜迹图志．輞川图

关中胜迹图志．唐华清宫

B.C. 28 05 10

西汉建始四年，《汉书·五行志》叙述了黑子出现的时间和位置，这是现今世界公认最早的太阳黑子记录。

2.3.6 关中窄院：清代西安民居建筑

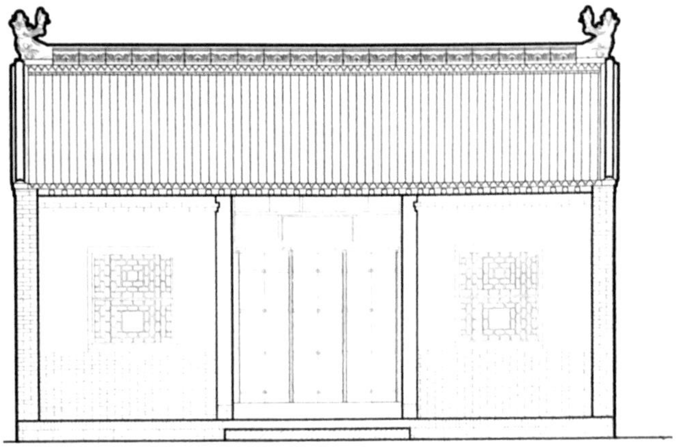

高培支旧居过厅背立面

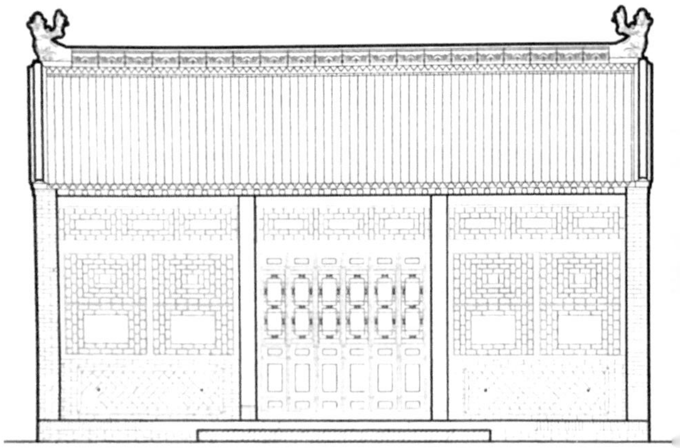

高培支旧居过厅正立面

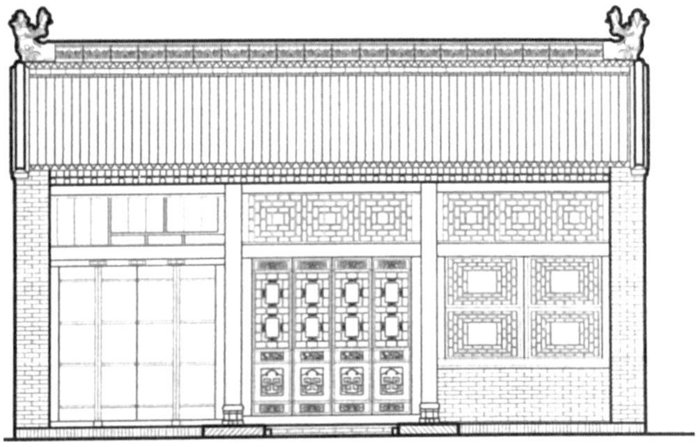

高培支旧居门房背立面

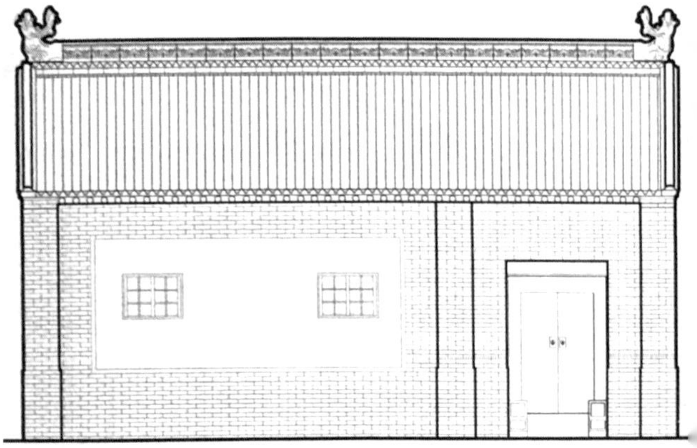

高培支旧居门房正立面

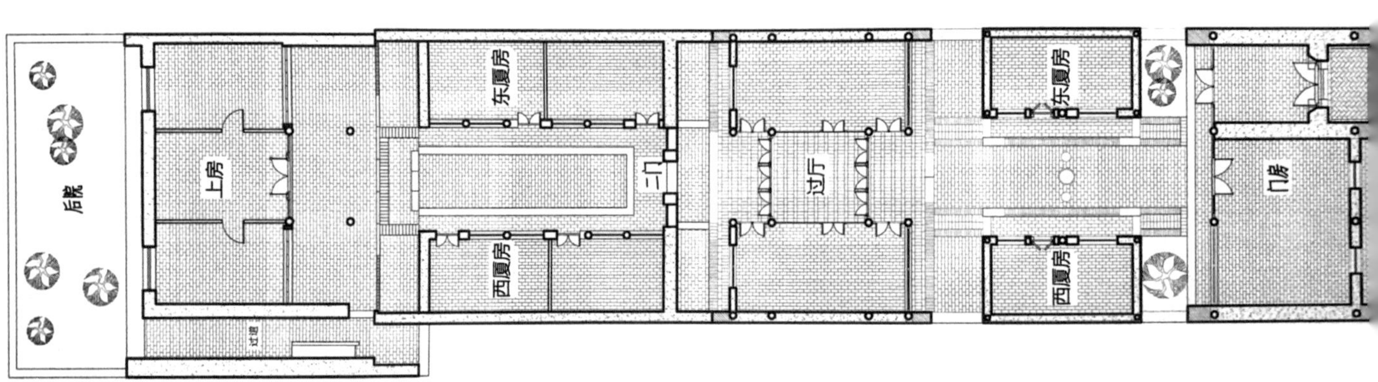

高培支旧居平面

高培支旧居，始建于清末；源自《西安民居》第2册

清代西安建筑早中期大体因袭明代传统的形式，即“一正两厢”窄合院，按南北纵轴线对称构筑房屋和院落，所谓“一正”即正房，“两厢”即东西厢房。关中寒冷地区的气候特征促使了“窄院”的出现，其延续了关中人民的生活方式，体现了早期建筑中的人居思想。

前秦太初九年，末代皇帝苻崇被杀，前秦灭，共历六主，享国44年。

2.3.7 纸媒首刊：清代西安报纸期刊

清代西安报纸《广通报》《秦中书局汇报》

报纸期刊的出现与发行始于清代，西安发行的第一份报纸为《广通报》，由阎培棠、毛昌杰、王执中等集资创办，是西北地区最早的民办木版印刷报纸，为陕西近代新闻事业的开端，展示了陕西近代新闻事业的最初发展水平。

A.D. 1896

05

清光绪二十二年，陕西布政使樊增祥购西安第一台铅字印刷机，并于今西安青年路开设秦中官书局。

A.D. 1999
05 14

国务院批复《西安市城市总体规划（1995 年至 2010 年）》，确立西安历史文化、科研教育等城市性质。

叁 革命——近代的追忆

民国西安城鸟瞰图

我们从古以来，就有埋头苦干的人，有拼命硬干的人，有为民请命的人，有舍身求法的人……虽是等于为帝王将相作家谱的所谓“正史”，也往往掩不住他们的光耀，这就是中国的脊梁。

——鲁迅《中国人失掉自信力了吗》

唐龙朔元年，高宗李治对大明宫进行扩建，规模与太极宫不相上下，为大唐修建新的政治中心。

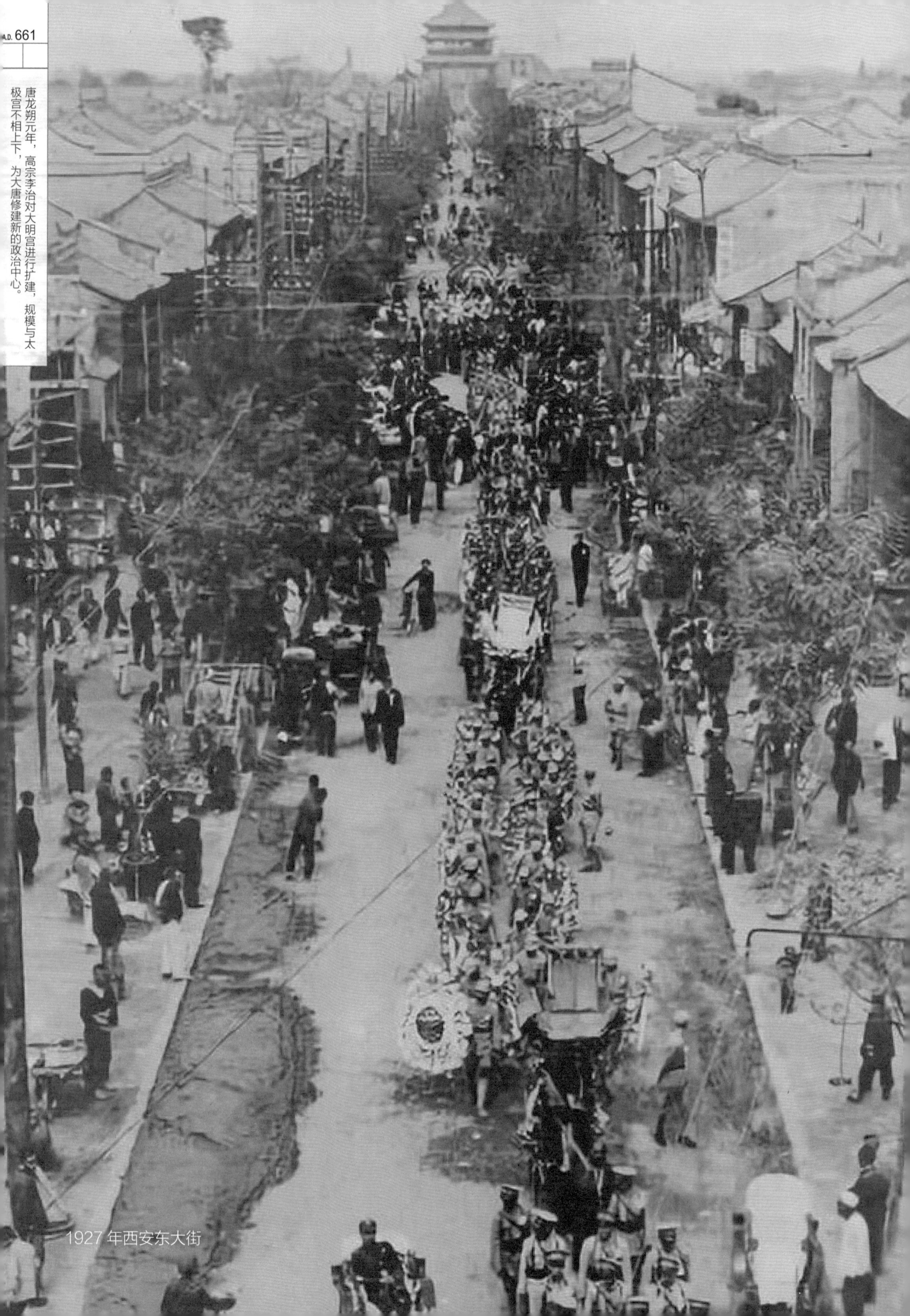

1927 年西安东大街

“各省皆变，排除满人，上征天意，下见人心。宗旨正大，第一保民，第二保商，三保外人。汉回人等，一视同仁。特此晓谕，其各放心。”

——《秦陇复汉军安民告示》

3.1 新生：民国 1912—1931 年

鸦片战争前后，西方列强用炮火打开国门，肆意妄为，激发了中华民族的爱国精神。民族存亡、民权自由、民生幸福的呼声日益高涨，也在一定程度上促进了民族资本主义的发展，中国工人阶级开始成长壮大。伴随着清王朝的覆灭，西安的满城和南城相继拆除，城市分治格局被打破，开启了城市现代转型之路。这一时期的西安受到军阀混战影响，政局动荡，战事频发，近代产业发展缓慢。经过社会贤达、仁人志士的引领带动、奉献拼搏，西安的社会经济、文化教育、政治军事、城市建设等诸项事业终于翻开新的一页。

A.D. 1998
05 18

以古迹保护与旧城更新为特征的钟鼓楼广场和地下工程同时竣工启用，成为西安的城市标志。

3.1.1 开化民智：民国报纸杂志

秦風日報

皖我攻壽縣迫合肥

襄河東岸我掃蕩大洪山殘敵

沿江焚燬敵船贛北犯敵受創

英美已成立協定

採取合作行

秦中公報

中華民國元年六月十九日

壬子年五月初五日

星期三

秦省都督府印鑄局發行

（第四十二號）

《秦风日报》　　《秦中公报》

封建时期的中国，从邸报到初期的新闻纸，都是统治机构政治权力功能的延伸，是上传下达的工具。直到维新运动时，大量真正意义上的报纸随着社会发展出现，成为重要的社会启蒙工具。西安在当时共创办了 305 家报纸和杂志，1912 年创办的报纸《秦风日报》和期刊《秦中公报》为其中的代表。

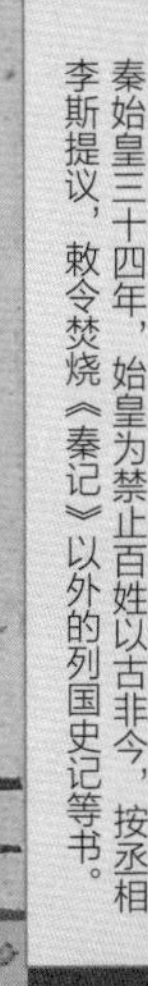

秦始皇三十四年，始皇为禁止百姓以古非今，按丞相李斯提议，敕令焚烧《秦记》以外的列国史记等书。

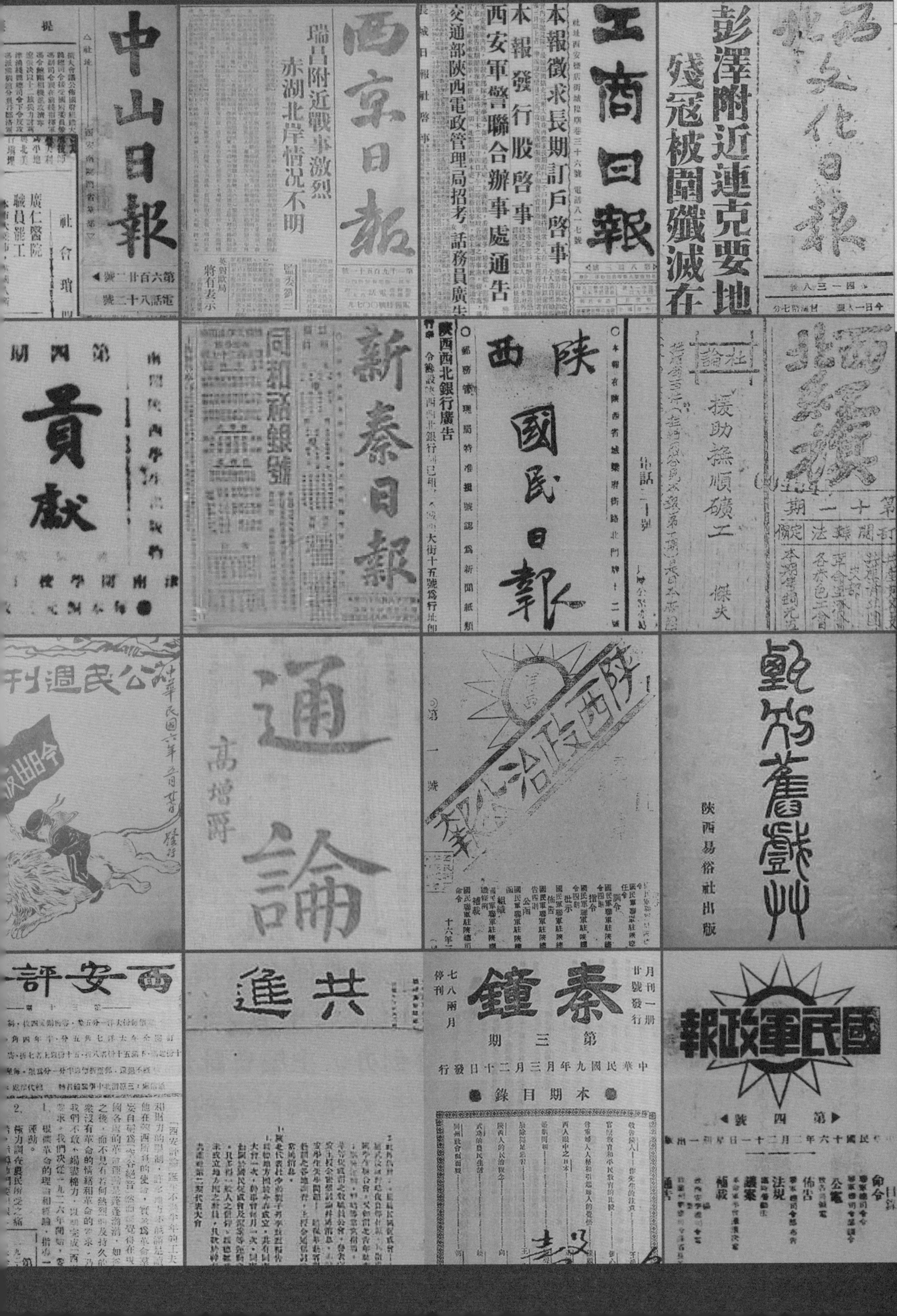

中山日報

西京日報

瑞昌附近戰事激烈

赤湖北岸情況不明

交通部陝西電政管理局招考話務員廣告

本報發行股啓事

西安軍警聯合辦事處通告

本報徵求長期訂戶啓事

工商日報

彭澤附近連克要地

殘寇被圍殲滅在

貢獻

同和裕銀號

新秦日報

陝西西北銀行廣告

陝西國民日報

社論 援助孫順礦工

公民週刊

通論

陝西政治公報

甄別舊戲草

陝西易俗社出版

西安評論

共進

秦鐘

第三期

中華民國九年三月二十日發行

本期目錄

國民軍政報

第四號

3.1.2 市民百态：民国城市生活场景

秦腔被列入首批国家非物质文化遗产名录，到目前为止陕西列入国家非物质文化遗产名录共145项。

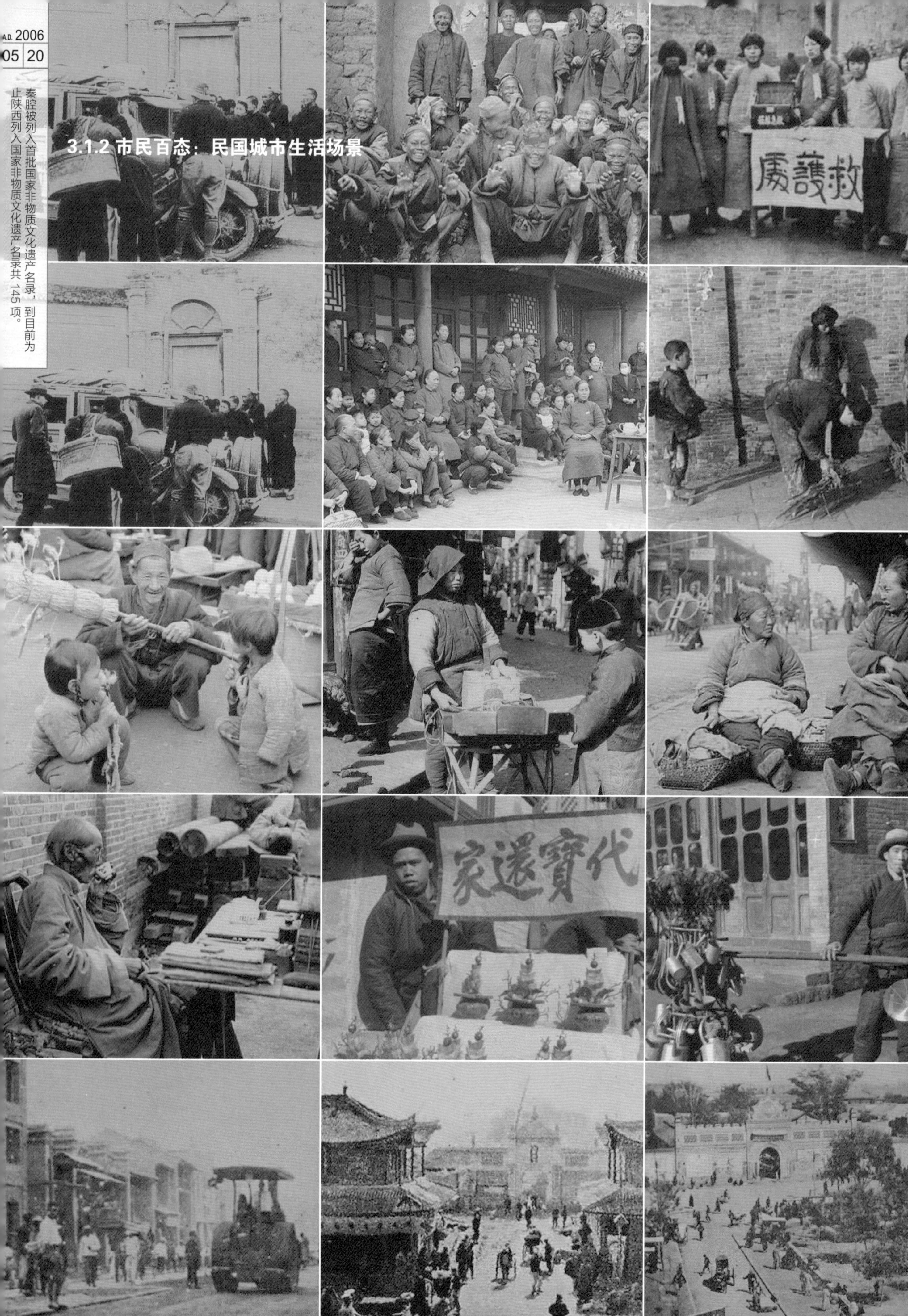

A.D. 194

05 2

第一野战军第六军举行解放西安入城仪式，受到市民热烈欢迎，西安城宣告解放。

明洪武二年，太祖朱元璋改奉元路为西安府，这是『西安』之名的第一次出现，沿用至今。

3.1.3 名士贤达：民国西安名人

阎甘园（1865–1942）
陕西蓝田人。陕西近代著名文人，曾推动秦腔改革。

于右任（1879–1964）
陕西三原人。中国近现代政治家、教育家、书法家。

康寄遥（1880–1968）
陕西临潼人。为西安的教育事业做了杰出贡献。

张子宜（1880–1964）
陕西兴平人。中国同盟会成员。1911 年发动西安起义。

寇遐（1884–1953）
陕西蒲城人。著名政治家和书法家。早年投身辛亥革命。

党晴梵（1885–1966）
陕西合阳人。曾任陕西省第一、二、三届委员会副主席。

张钫（1886–1966）
河南新安人。民国时期著名陕西将领。

井勿幕（1888–1918）
陕西蒲城人。陕西辛亥革命的先驱和杰出领导人之一。

胡景翼（1892–1925）
陕西富平人。著名爱国将领，中国同盟会成员。

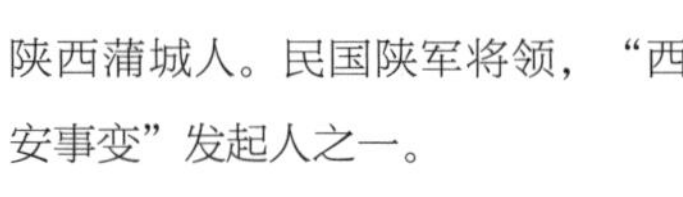

杨虎城（1893–1949）
陕西蒲城人。民国陕军将领，“西安事变”发起人之一。

赵寿山（1894–1965）
陕西户县人。曾参与“西安事变”，后任陕西省省长。

孙蔚如（1896–1979）
陕西灞桥人。曾参与发动西安事变。是陕军抗日主帅。

蓝田县公王岭发现中年女性猿人头骨化石，属距今约100万年左右的旧石器时代，定名『蓝田中国猿人』。

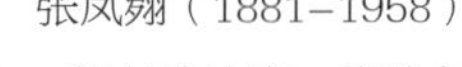

张凤翙（1881–1958）

陕西西安人。著名政治家，秦陇复汉军大统领。

李仪祉（1882–1938）

陕西蒲城人。我国现代水利建设的先驱。

冯玉祥（1882–1948）

安徽巢县人。1921年进驻陕西，修路为民，统一军政。

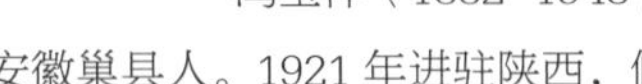

景梅九（1882–1961）

山西运城人。中国同盟会成员。《国风日报》创办者。

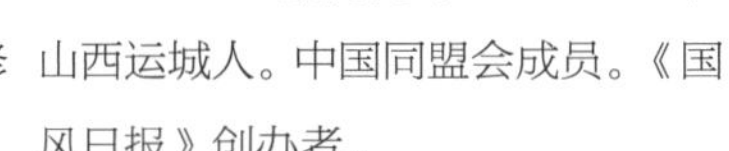

张季鸾（1888–1941）

陕西榆林人。中国新闻家，政论家。《大公报》接办人。

成柏仁（1889–1958）

陕西耀州人。革命家，中国同盟会成员。

李虎臣（1889–1954）

陕西临潼人。著名爱国将领，曾参与“二虎守西安”。

杨明轩（1891–1967）

陕西户县人。中国民主同盟中央主席，全国人大常委会副委员长。

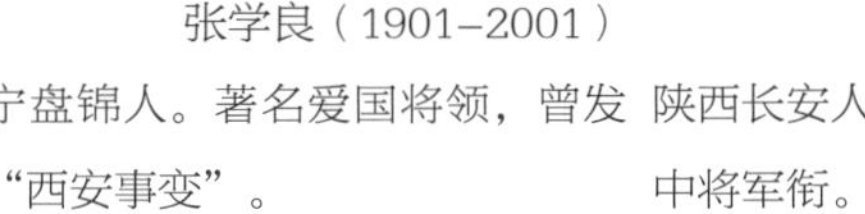

张学良（1901–2001）

辽宁盘锦人。著名爱国将领，曾发动“西安事变”。

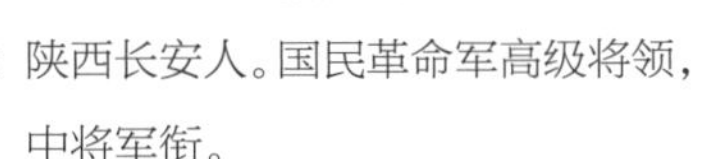

张灵甫（1903–1947）

陕西长安人。国民革命军高级将领，中将军衔。

杜聿明（1904–1981）

陕西米脂人。著名的抗日将领，国民革命军陆军中将。

关麟征（1905–1980）

陕西户县人。著名将领，国民党高官。

3.1.4 旧颜初更：民国西安城市风貌

民国西安航拍图

民国时期的西安城市是新文化、新思想、新理念的汇聚之地。随着西京陪都的设立，西安城市面貌发生了较大的变化，西方文化的输入改变了古城内道路、建筑、庭院等建设风格。

A.D. 1988
05 25

《平凡的世界》由当代作家路遥创作完成，全景式地表现中国城乡社会生活，获得第三届茅盾文学奖。

西安南大街　西安西大街　西安东大街

钟楼南面　钟楼西面　钟楼东面

西安安定门　西安永宁门　西安长乐门

西安街头小吃店　南院门　五味十字浙江会馆

南院门北正学街印刷作坊　“万益成号”布庄　西安东大街一角

663

唐龙朔三年，唐朝的政治中心和国家象征——大明宫建成，是史上规模最大的宫殿建筑群。

3.1.5 二虎守城：西安的 1926 年

李虎臣（1889–1954）

杨虎城（1893–1949）

1926 年 2 月，镇嵩军统领刘镇华召集十万人围攻西安城。国民三军第三师师长杨虎城、国民二军第十师师长李虎臣两位率全城军民坚守十个月，后冯玉祥军队援陕，西安得以解围。史称“二虎守西安”。1927 年 2 月为纪念死难军民，建革命公园，负土筑冢，建立烈士祠和革命亭，供市民凭吊。

秦昭襄王四十七年，秦国名将白起长平一战率军歼灭赵军，获大胜，奠定秦灭赵的基础。

國民革命軍舉行西北革命大祭文

沸空銃吹喧喧開革命之聲、繞地蒼茫、起起作招魂之祭、河迴嶽戛、亂重人勞、風捲雲馳、城圍戰合、中原銅馬、騰蹴踏以西來、半夜城烏、飛啄人而下瞰、斯時幽燕陷落、河洛分崩、舉三十萬之大兵、難攖衆怒、有八九年之戰績、莫救垂危、誰歸崤谷之尸、可掬黃河之指、喪元先軫、濺血王琳、信怨毒之難堪、遂喪亡之不少矣、乃若居庸關下、往日嚴疆、永定河頭、去年高壘、列長城為戰格、横大漠作軍台、抵抗東胡、支持南口、望神京不遠、旋師則拯拔生民、棄張北以行、改道則紆迴寧武、賀蘭山畔、有陣如雲、灞水軍前、魔騎若電、保長安於垂破、解八月之重圍、纍纍國殤、哀哀戰友、至於鬱陶久困之中、城雖無恙、然在慘惻盼援之際、人與偕亡、看骸骨之横撐、僅擁旗之未改、百年喬木、摧爲寒灰、一掬藏糧、翻成禍水、衣冠委蛻、街衢之餓殍縱横、樓堞滲頹、血肉之殘痕歷落、既九攻而不陷、將萬舍以為墟、得失係西北之安危、生死共東南之戰伐、蟲沙化盡、換來一片青旗、猿鶴傷多、始見中天白日、劫餘檢點、痛定悲呼、更有處處戰場、年年兵燹、自然流涕、況是仳離、野火紅飛、驚烏鳴而不定、游燐綠走、將狐首以難安、既棊廬井竈之無存、斯溝壘塹壕之必弔、辛苦則荆榛十日、艱難則風雪長途、問僂態之遺民、將髑髏而有語矣、況自改革以來、關河多故、萇弘化碧、豈僅三年、筑客懷鉛、蓋非一擊、或則高呼就義、東市駢捐、或則銜命渡河、西台慟頌、歃河嶽日星而不屈、遂囚牢桎楚以横終、有狙擊以成擒、有嬰城而死門、搴裳張儉、走死無歸、擊賊陳東、捐生已決、為畫策於軍門、旋遭疑忌、即投荒於巖畔、仍被搜除、凡茲志士仁人、同殉國民革命、抑有蘇聯健者來參建造之艱、並世勞民、遠作抗爭之助、辛勤贊畫、慷慨犧牲、今當風雷奮迅之時、並動士馬玄黃之念、瓜同蔓盡、草向城春、願起九原、咸嗟百贖、茲於 總理逝世二週紀念之辰、適在西北全境軍事奠戡之際、特舉行革命大祭於長安、負土成坟、象祁連為大塚、勒銘崇表、藏劍履以垂徽、上懸革命之雄旗、下種傷心之碧草、所冀史文興感、傳為皇開國之書、誓命如聞、作戒厲康時之氣、大告武成、同茲息壤、定想芻香一束、隨山川雷鼓以同臨、薤露九歌、並風日靈旗而振采、

《国民革命军举行西北革命大祭文》

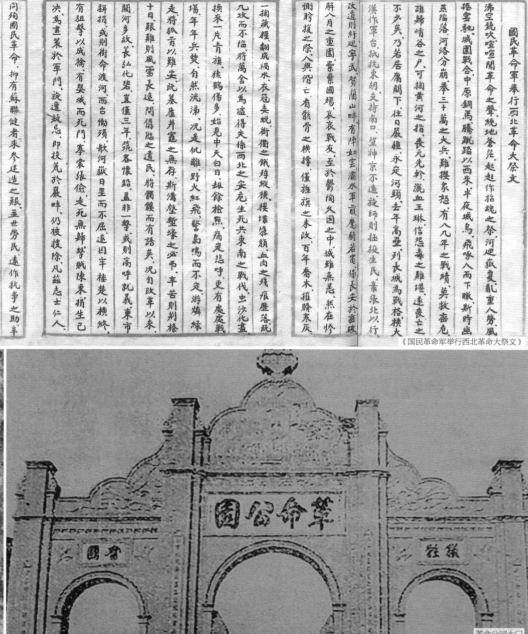

冯玉祥撰写的《革命公园国殇墓碑》

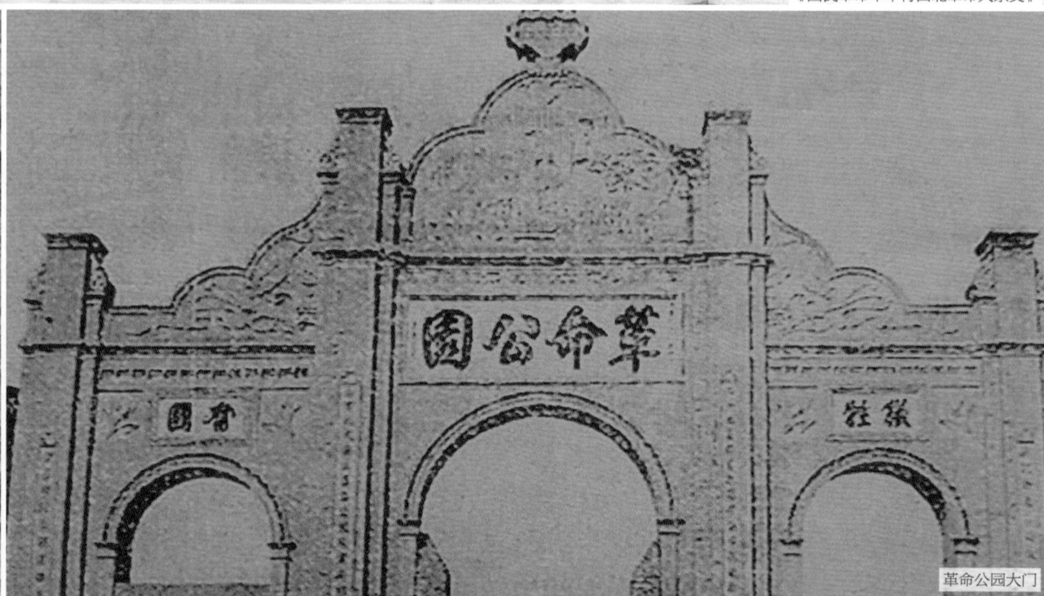

革命公园大门

革命亭

革命公园军民冢

西安市民追悼死难军民

西安市民追悼死难军民

新石器时代的杨官寨遗址被发现，为仰韶文化庙底沟时期面积最大、保存较好的大型环壕聚落遗址。

3.1.6 地方金融：民国陕西货币

陕西秦丰银行货币

陕西秦丰银行于 1911 年 11 月开办，发行有 7 种面额，主图案为单龙图和双龙图。

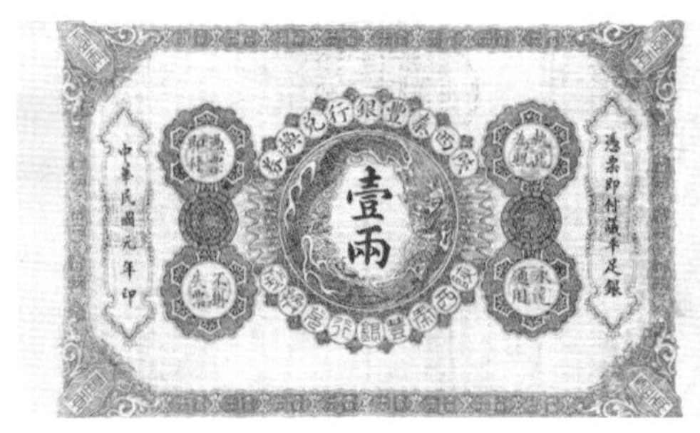

陕西富秦银行货币

陕西富秦银行由秦丰银行于 1918 年改组而成，曾归并富秦钱局，该行发行有银两票和银元票 。

西北银行货币

西北银行由冯玉祥将军于 1925 年 3 月设立。总行始设张家口，分行遍设于全国各地，于 1925 年正式印刷的西北银行券。

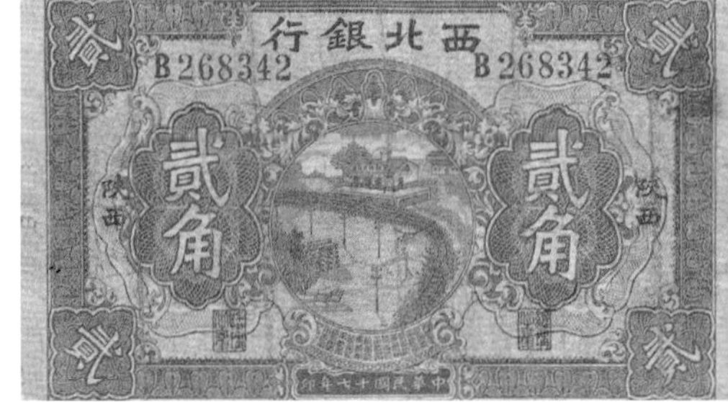

陕西省银行货币

陕西省银行是政府为解决当时货币流通问题于 1930 年创办的。在西北银行的基础上加盖陕西省银行名使用 。

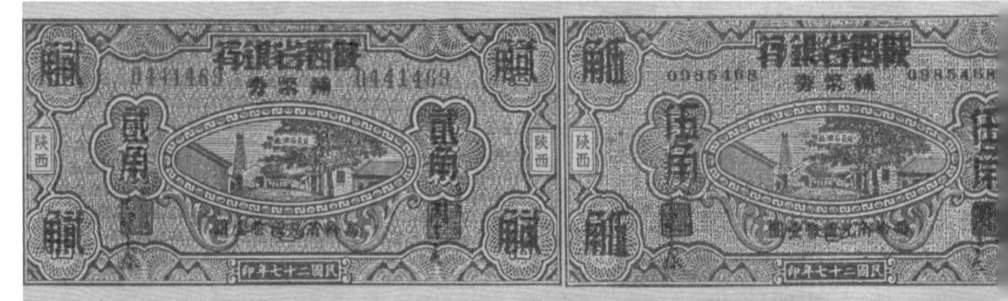

中央银行货币

中央银行在 1935 年随国民政府实行“法币政策”，至 1947 年，大面额的法币相继出笼，导致通货膨胀。

唐天佑四年，朱温篡唐，唐灭，共历二十一帝，享国289年，至此中国进入了五代十国时期。

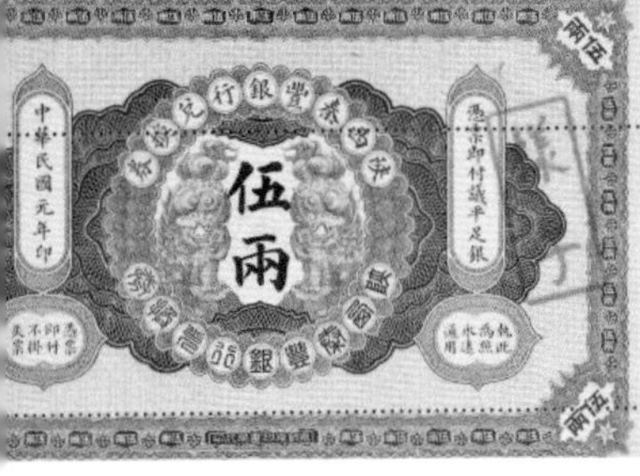

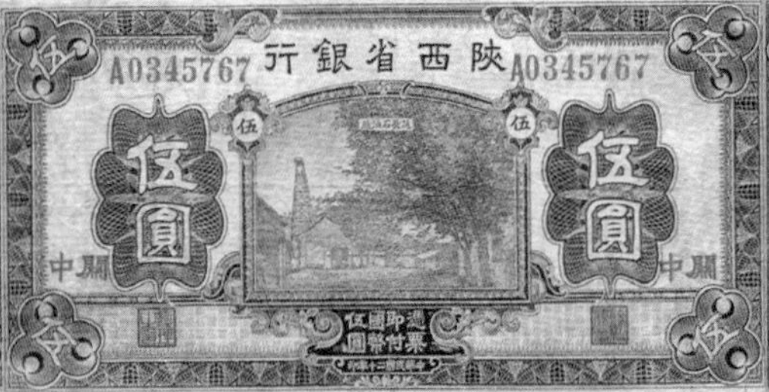

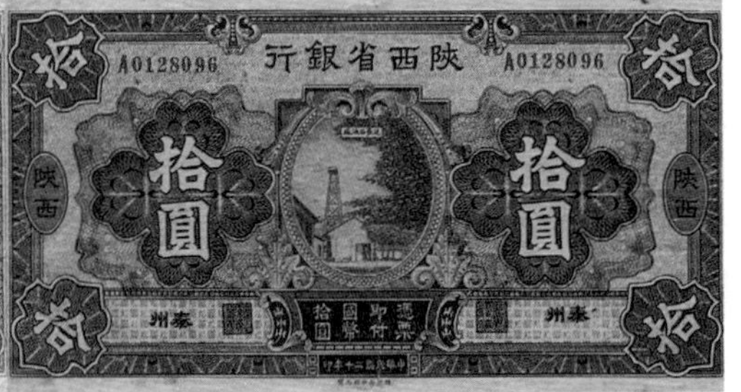

民国十七年，安定门北侧开辟城门，陕西省政府主席宋哲元为纪念冯玉祥将军，将之命名为玉祥门。

1932 年西京中国国货公司

"至于陪都之设定，在历史、地理及国家将来需要上，终以长安为宜；请定名为'西京'，并由中央特派专员担任筹备，从本年三月起，以一年为期，筹备完毕。"

——《国民党中央确定行都与陪都决议案》

3.2 动荡：民国 1932—1949 年

民国后期，西安被国民政府定为陪都，名"西京"。规划建设期间，引入现代城市规划的理念和方法，开展了地形测量、筑路修桥、水利建设、城乡绿化、古迹保护等系列工作，城市面貌有所改观，现代城市生活出现。与此同时，伴随陇海线的开通，城市人口持续增长，交通系统、工商业、文化教育等城市功能逐渐完备。虽然西京的"陪都"地位最终被取消，但经过十几年的规划建设，现代城市雏形初显，带领西安由封建落后的农业城市向近代开放的文明城市转变，这是西安发展历史上不可忽略的一部分，对其日后的发展建设影响深远。

3.2.1 西京陪都：民国西京城市规划与建设

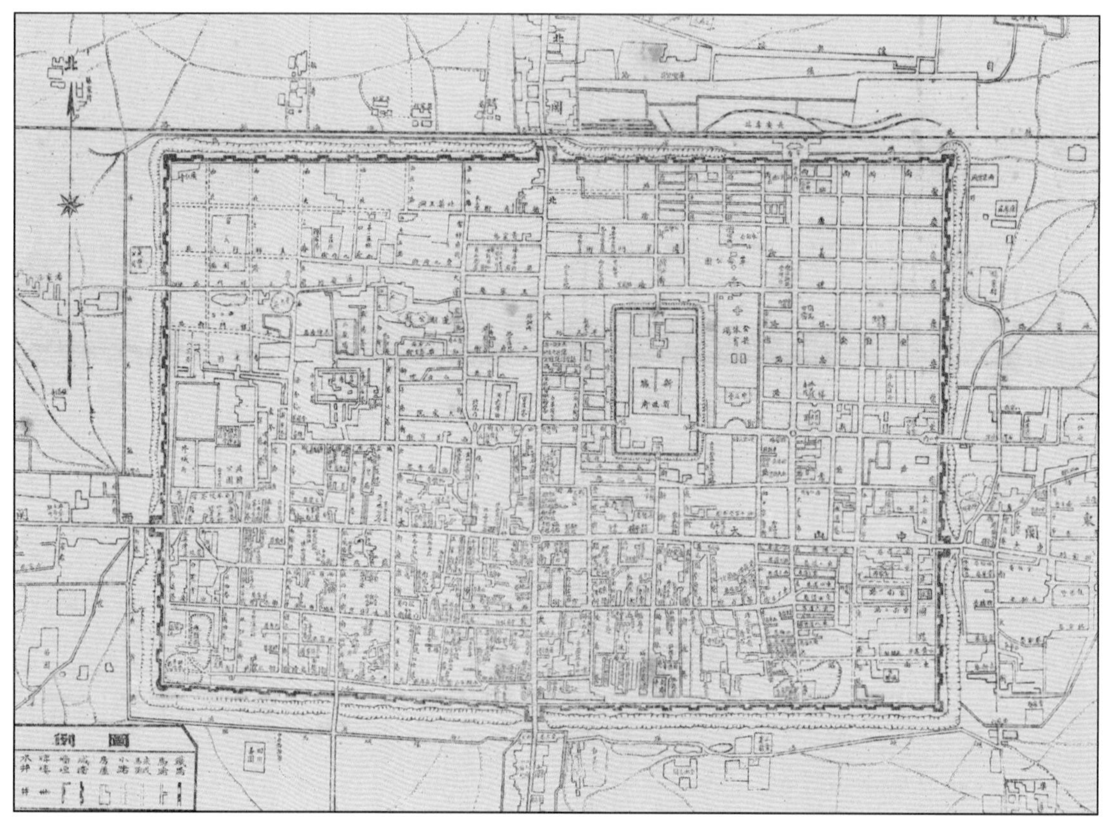

西京市城关形势图

1932–1945 年间，西安被设立为民国的“陪都西京”并制定了都城级的城市规划。陪都西京建设期间，西京筹备委员会、西京市政建设委员会共同开展了一系列地形测量、筑路修桥、水利建设、城乡绿化、古迹保护等工作，城市景观面貌发生了一定的变化，出现了丰富多彩的城市文化与市民生活。陪都西京的设立，开启了西安由封建城市向近代化转变的进程。

汉太初元年，武帝刘彻修改历法，以当年为太初元年，该历法是我国第一部比较完整的历法。

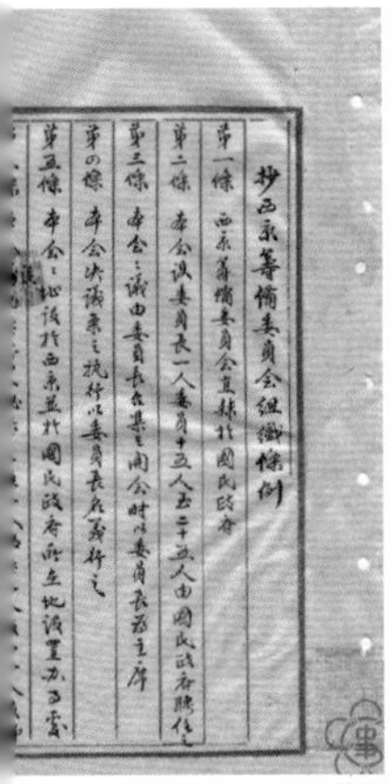

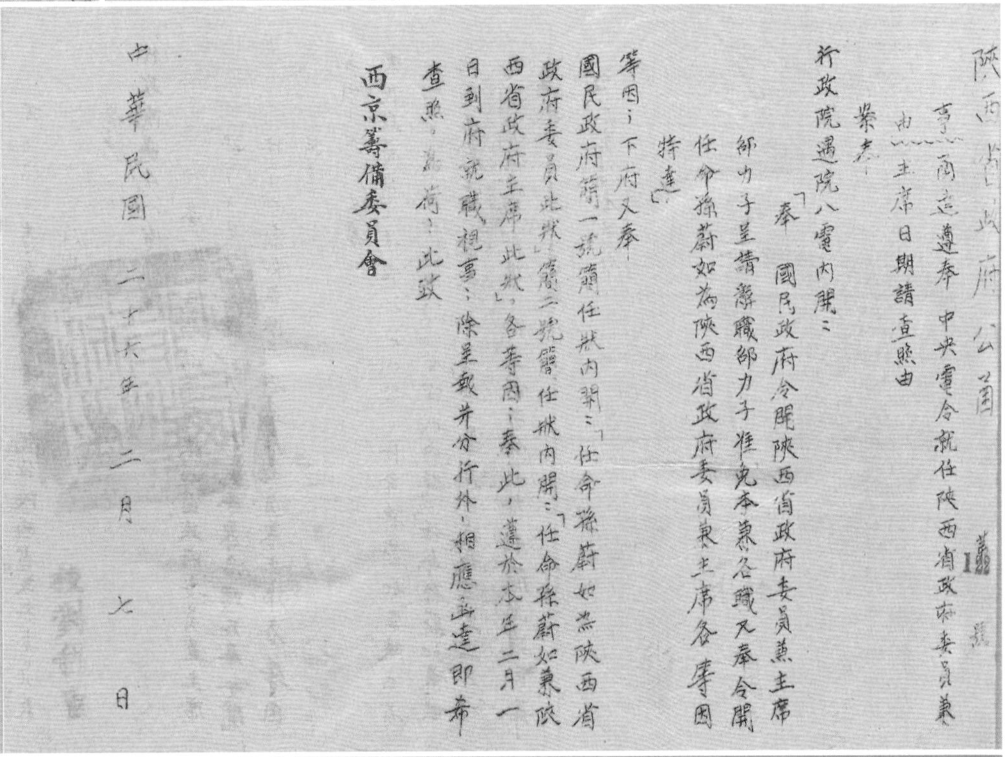

陝西省政府公函

事由：函達遵奉 中央電令就任陝西省政府委員兼主席日期請查照由

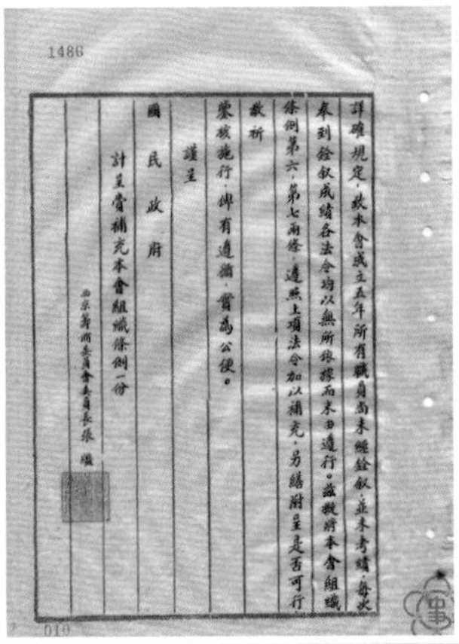

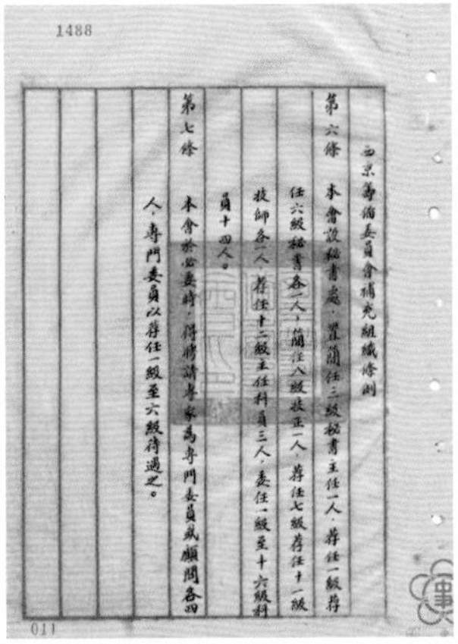

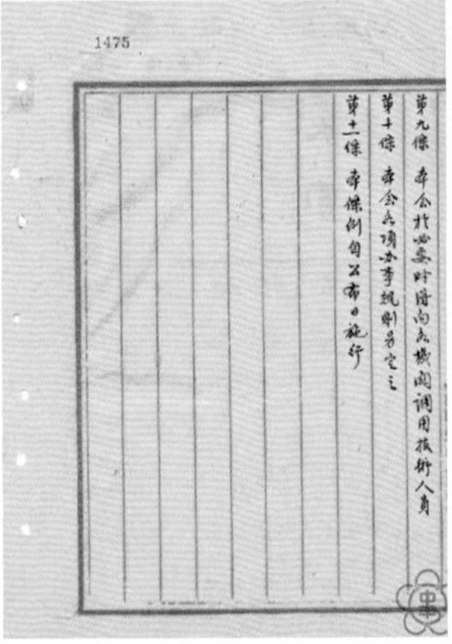

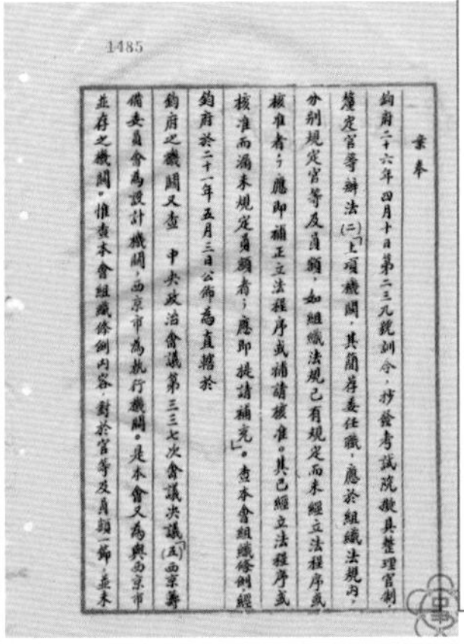

案奉
行政院遇院八電內開：「奉 國民政府令開：陝西省政府委員兼主席邵力子呈請辭職，邵力子准免本兼各職，又奉令開：任命孫蔚如為陝西省政府委員兼主席各等因，特達。」等因；下府又奉
國民政府蔣一號簡任狀內開：「任命孫蔚如為陝西省政府委員此狀」；蔣二號簡任狀內開：「任命孫蔚如兼陝西省政府主席此狀」，各等因；奉此，遵於本年二月一日到府就職視事；除呈報并分行外，相應函達，即希
查照，為荷！此致
西京籌備委員會

中華民國二十六年二月七日

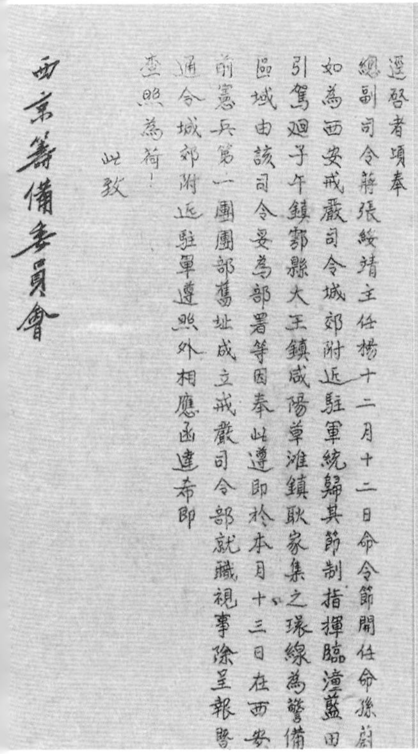

逕啟者：頃奉
總副司令蔣張綏靖主任楊十二月十二日命令，節開任命孫蔚如為西安戒嚴司令，城郊附近駐軍統歸其節制指揮，臨潼藍田引駕廻子午鎮鄠縣大王鎮咸陽草灘鎮耿家集之環線為警備區域，由該司令妥為部署等因，奉此，遵即於本月十三日在西安前憲兵第一團團部舊址成立戒嚴司令部，就職視事，除呈報暨通令城郊附近駐軍遵照外，相應函達，希即
查照為荷！
此致
西京籌備委員會

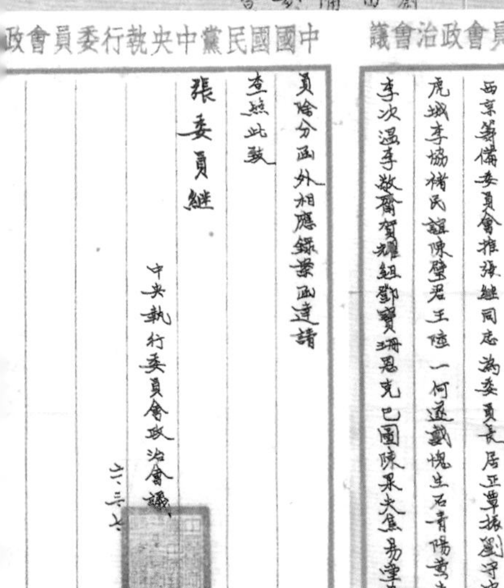

中國國民黨中央執行委員會政治會議

員除分函外相應錄案函達請
查照此致
張委員繼

中央執行委員會政治會議

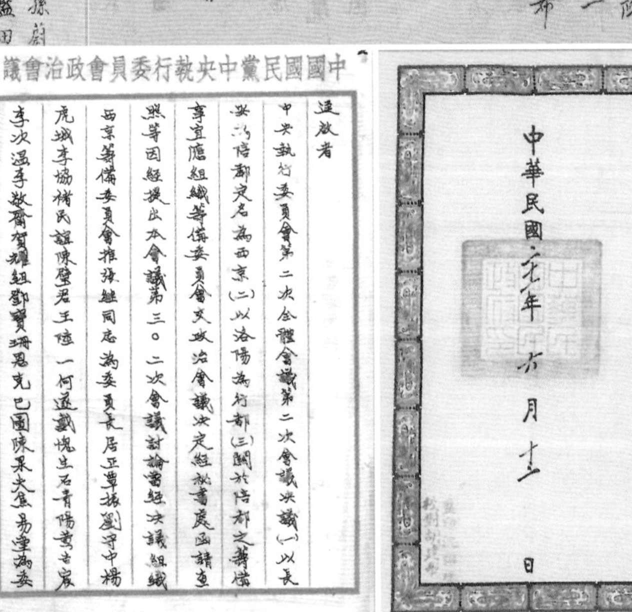

中國國民黨中央執行委員會政治會議

逕啟者
中央執行委員會第二次全體會議第二次會議決議(一)以長安為陪都定名為西京(二)以洛陽為行都(三)關於陪都之籌備事宜應組織籌備委員會交政治會議決定組織等條例函請查照等因經提出本會議第三〇二次會議討論當經決議組織西京籌備委員會推張繼同志為委員長居正覃振劉守中楊虎城李協褚民誼陳璧君王陸一何遂戴愧生石青陽黃吉宸李次溫李敬齋賀耀組鄧寶珊恩克巴圖陳果夫焦易堂為委

聘書

敦聘
張繼先生為西京籌備委員會委員長此訂

國民政府主席 林森

中華民國二十一年六月十一日

聘字第陸柒貳號

3.2.2 折中并蓄：民国建筑

张学良公馆

民国建筑保留了中国建筑的传统样式，又吸收了一些西洋传来的建筑风格，具有从传统走向现代的过渡阶段的特点。民国时期西安城市建筑集中在满城拆除后的新城区，新建建筑一般为砖混结构，风格上中西结合，或多或少带有着政治、文化上强加的色彩。

汉始元六年，昭帝刘弗陵发起『盐铁之议』，其后政策调整带来了『昭宣中兴』，汉朝统治又延续了近百年。

五星街西安府教堂

陕西省立一中

西安电信局营业部

西安车站

解放路民乐园

杨虎城止园

西安邮政局大楼

西京招待所

西安建设厅大门

革命公园牌坊

革命亭

南院门亮宝楼

五味十字西京医院

西安市私立尊德中学

八仙庵大门

唐武德八年，算历博士王孝通撰的《缉古算经》在长安成书，这是中国现存最早解三次方程的著作。

3.2.3 统一战线：西安事变

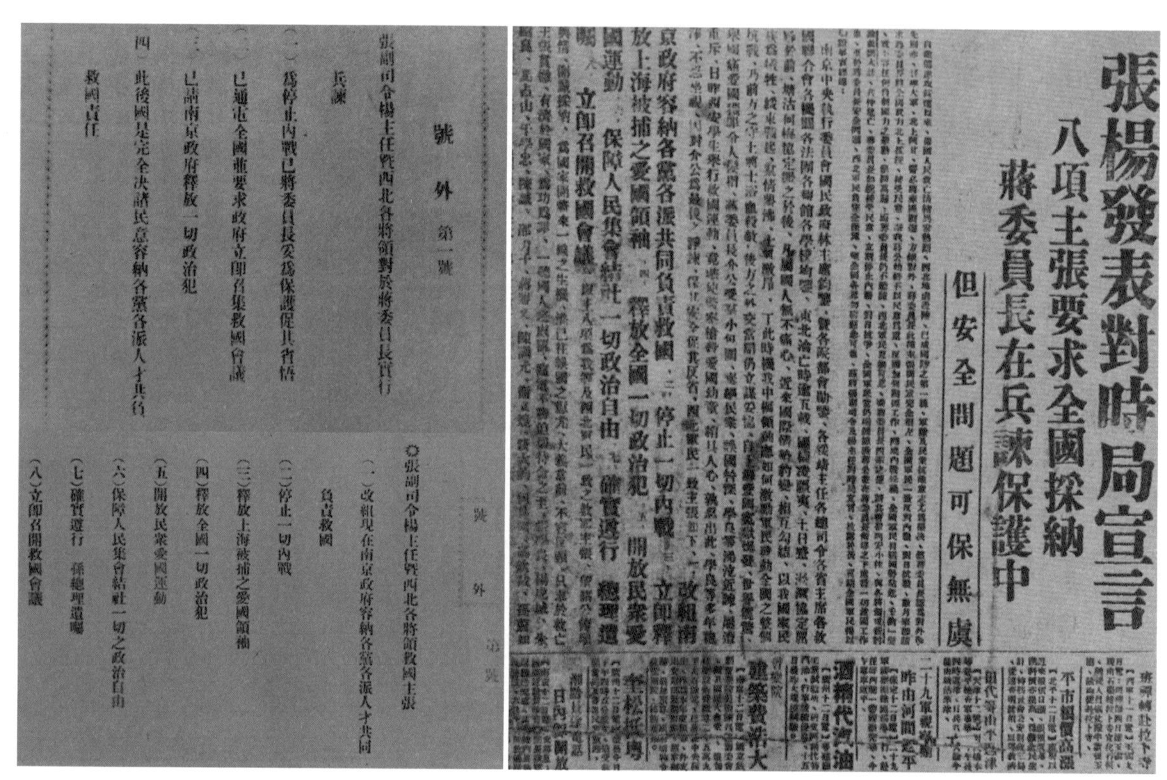
號外 第一號

張副司令楊主任暨西北各將領對於蔣委員長實行兵諫

（一）為停止內戰已將委員長妥為保護促其省悟

（二）已通電全國並要求政府立即召集救國會議

（三）已請南京政府釋放一切政治犯

（四）此後國是完全決諸民意容納各黨各派人才共負救國責任

號外

◎張副司令楊主任暨西北各將領救國主張

（一）改組現在南京政府容納各黨各派人才共同負責救國

（二）停止一切內戰

（三）釋放上海被捕之愛國領袖

（四）釋放全國一切政治犯

（五）開放民衆愛國運動

（六）保障人民集會結社一切之政治自由

（七）確實遵行 孫總理遺囑

（八）立即召開救國會議

張楊發表對時局宣言

八項主張要求全國採納

蔣委員長在兵諫保護中

但安全問題可保無虞

左图：西安事变当局发布的两号《号外》
右图：西安《解放日报》关于西安事变的报道

1936 年 12 月 12 日，“西北剿总副司令”张学良和“国民党第五届中央监察委员”杨虎城为了劝谏蒋介石停止内战，一致对外，在西安发动“兵谏”，并邀请以周恩来为首的中共中央代表团前来共商大计，迫使蒋介石放弃其“攘外必先安内”的误国政策。西安事变的和平解决为抗日民族统一战线的建立准备了必要的前提，是国内战争走向抗日民族战争的转折点。

唐天宝十一年，书法家颜真卿颜体代表作——楷书作品《多宝塔碑》由碑刻家史华刻石完成。

西安昨發生重大事變
張學良所統率部隊突然異動
中央各領袖深夜開緊急會議
國府命令張學良着褫職嚴辦
蔣委員長在西安被劫持
隴海路西行車開至潼關止西安電報不通

《中央日报》对西安事变的报道

爭取中華民族生存
張楊昨發動對蔣兵諫
通電全國發表救國主張八項
改組南京政府容納各黨各派
卅萬民衆歡騰鼓舞擁護民族解放運
張楊等通電全國
發表救國主張
救亡領袖
救亡領袖

《西北文化日报》对西安事变的报道

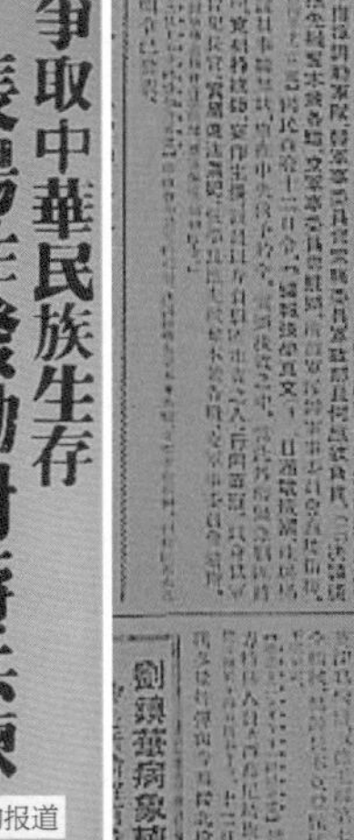

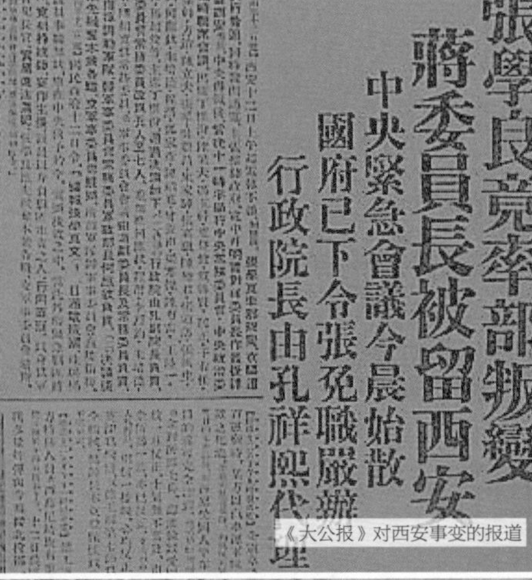

張學良竟率部叛變
蔣委員長被留西安
中央緊急會議今晨始散
國府已下令張免職嚴辦
行政院長由孔祥熙代理

《大公报》对西安事变的报道

蒋介石为策划“剿共”来西安

西安学生为“停止内战，一致对外”游行

西安事变中的张学良与杨虎城

西安事变中群众上街游行

事变后设立的“抗日联军西北临时军委”

西安事变中的中共中央代表团

杨虎城止园

张学良公馆

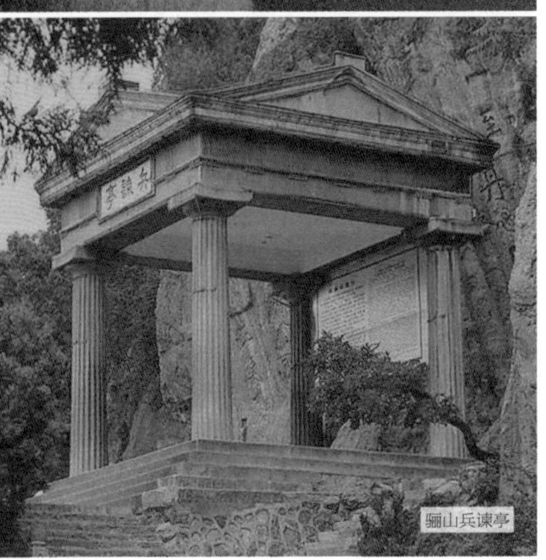

骊山兵谏亭

西晋建兴元年，怀帝司马炽被杀，愍帝司马邺被拥立称帝，迁都长安，延续西晋政权5年。

3.2.4 疏民通路：民国四小门与防空便门

14. 西北三路防空便门

民国中期为疏通城内交通、纪念重要人物，在西安原有四座城门：永宁门、安定门、安远门、长乐门的基础上又修建了四座小门——中山门、玉祥门、中正门、勿幕门。民国后期，为了躲避日寇飞机轰炸、疏散城中百姓，又特意在城墙上开了多处防空便门。

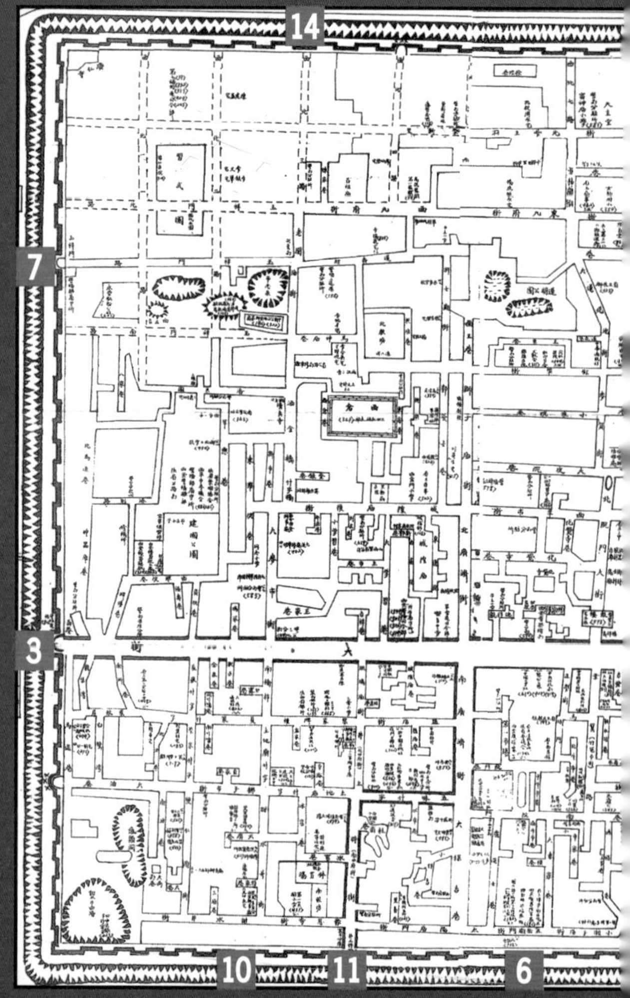

7. 四小门——玉祥门

3. 安定门

10. 甜水井防空便门

11. 五岳庙门防空便门

6. 四小门—

唐至德二年，诗人岑参随唐肃宗李亨出征，平定安史之乱，作《行军九日思长安故园》。

4. 安远门

8. 四小门——中正门

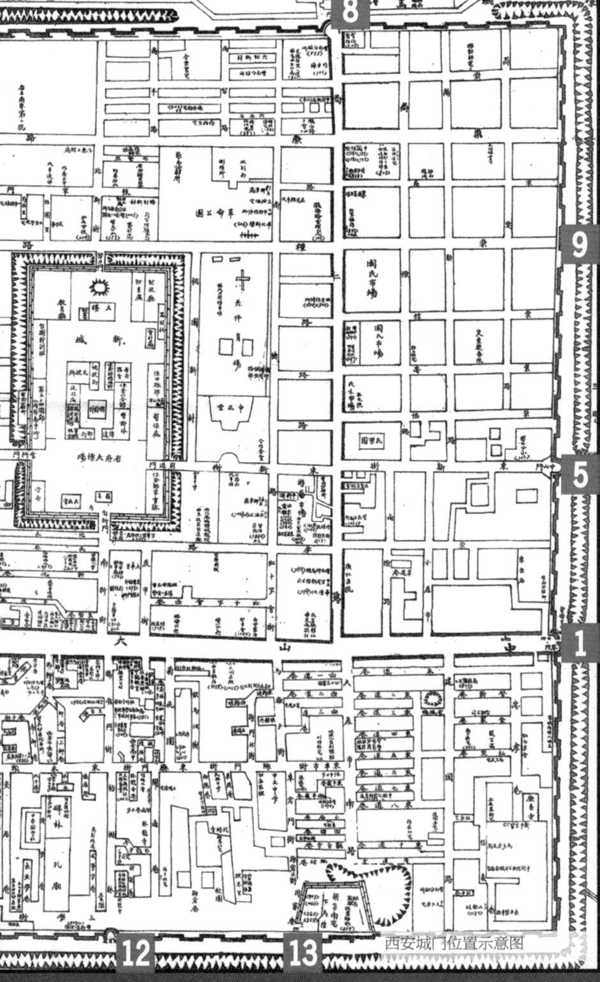

西安城门位置示意图

9. 崇礼路防空便门

5. 四小门——中山门

1. 长乐门

2. 永宁门

12. 柏树林防空便门

13. 大差市防空便门

清光绪二十三年，西北地区最早的民办木版印刷报纸《广通报》创办，于戊戌变法后停刊。

3.2.5 民族品牌：民国商标

民国人物类商标

民国动物类商标

位于西安市莲湖区许士庙街2号的高层建筑建成，为西安市的第一座高层建筑。

1923 年 5 月 4 日，北洋政府农商部商标局成立，它是历史上第一个正式成立的商标局，民国商标广告中，有相当一部分图片原稿出自画家之手，因此商标具有很高的艺术价值。民国商标，可让人们从民国寥若星辰的文化痕迹中，感悟到陈年往事中所表现的激情洋溢。

民国建筑类商标

民国植物类商标

秦二世三年，西楚霸王项羽和汉王刘邦在秦朝都城咸阳郊外的鸿门举行宴会，拉开了楚汉相争的序幕。

3.2.6 工业初兴：西安近代工业图谱

当时的近代工业，主要是出于军事需要，多为官办产业，其后才逐渐发展一些民族资本的近代工业，生产一些民用产品。

1869 年 — 1934

- **西安机器局（1869 年）**：西安乃至西北地区最早建立的近代工业企业——创办者：左宗棠
- **陕西机器局（1895 年）**：甲午战争爆发后，为生产军需用品，将陕西机器制造局改为陕西机器局——创办者：张汝梅
- **秦中书局（1896 年）**：西安最早的机械印刷企业，曾创刊陕西近代首份官报：《秦中书局汇报》
- 陕西保富机器织布局（1896 年）——创办者：刘古愚、邢延英等
- 陕西工艺厂（1904 年）
- **陕西火药局（1905 年）**：在停办的兰州机器局中留存的军火材料的基础上创办而成
- **陕西模范纺织工厂（1921 年）**：采用脚踏织布机和手摇纺纱机，是西安最早的官办手工纺织厂——创办者：董翰洲
- 庆泰铁工厂（1923 年）
- **新履制革厂（1924 年）**：规模较大，不仅生产各种皮革类的军需用品和工业皮革用品，还生产民用品等——创办者：刘履之
- 十七路军汽车修理厂（1929 年）——创办者：宋哲元
- **关中制药社（1929 年）**：西安第一家制药社，后在西安十月围城中惨遭破坏——创办者：赵少艇
- **平民工厂（1930 年）**：陕西省为提倡固有工业通令各县设立，以救济失业人群
- 华兴厚铁工厂（1932 年）
- **西安亚力机器铸造工厂（1933 年）**
- **西安义聚泰机器铸造工厂（1933 年）**
- **西安同发祥机器铸造工厂（1933 年）**
- **西安德记机器铸造工厂（1933 年）**

  1926 年之前，西安的铁器工业均为手工业，陇海铁路通车后，随着机器的运输，西安相继开设了多家大型的机器铁工厂。

  其中，四大机器铸造工厂分别为——亚力、义聚泰、同发祥、德记。

  他们经营模式基本相同，拥有的机器及产品均大同小异。
- **西京电厂（1933 年）**：陕西省第一座国营电厂，在西北的电力工业发展历史上具有重要的意义——创办者：中华民国建委会
- **西安集成三酸厂（1933 年）**：西北最大的化工企业，陕西第一个现代化工厂——创办者：窦萌三
- **西安利秦工艺社机器漂染厂（1934 年）**：西安最早的机器漂染厂——创办者：李绍白等

萌芽时期

冰峰汽水诞生，现成为一种故乡情结和陕味文化，与凉皮、肉夹馍合称「三秦套餐」。

铁路的通车改善了交通环境，外省客商纷纷到西安经商办厂，本地人士也踊跃投资兴办各类企业。

大华纺织厂（1935年） 曾是军需厂，西安第一个现代机器纺织工厂——创办者：石凤翔

国华肥皂厂（1935年）

中南火柴公司（1935年） 西安市最著名、影响最大的火柴企业，后改名为西安火柴厂——创办者：刘海楼

华峰面粉公司（1935年） 西安市最早的机器面粉厂

长安机车三桥车辆厂（1937年） 西安最早的铁道机械工业企业

西北化学制药厂（1937年） 结束了西北地区百年来没有西药制药的历史，为陕西制药业的发展奠定了基础——创办者：薛道五

手工纺织工场（1937年） 七七事变后，沿海商埠民族工业遭遇破坏，海外物资运输困难，故在西安、宝鸡等地设立以供补给

西北电池厂（1937年） 西安最早的电池厂

西北协兴造纸厂（1938年） 西北地区最早的机器造纸企业——创办者：王金寰等

启新印书馆（1938年） 当时西北最大最好的机器印刷企业，主要承办全省中小学课本及省银行账簿报表等

西安华西制药厂（1938年）——创办者：李子舟等

和合面粉公司（1939年）——创办者：毛虞岑

雍兴公司（1940年） 国民政府西北官僚资本企业，经营陕西、甘肃、河南等多省工矿事业——创办者：宋子文

秦丰烟草公司（1940年）

益群烟草公司（1940年）

由于战时军需民用物资极其匮乏，市场卷烟货源奇缺，故创办。——创办者：李子锡，王源凌

1942年

本地工厂多外迁、倒闭

利民米厂（1942年）

福豫面粉公司（1943年） 郑州所设分厂——创办者：贾玉璋

西安织布厂（1946年）

宏丰纺纱公司（1947年）

大恒纺织厂（1947年）

抗日战争胜利后，外地工业品和外国货大量涌入西安，本土工业多为外资投入生产模式。纺织工业多为战争服务，为生产和生活服务的比重较小。

1949年

发展时期

衰落时期

3.2.7 历史时刻：西安解放

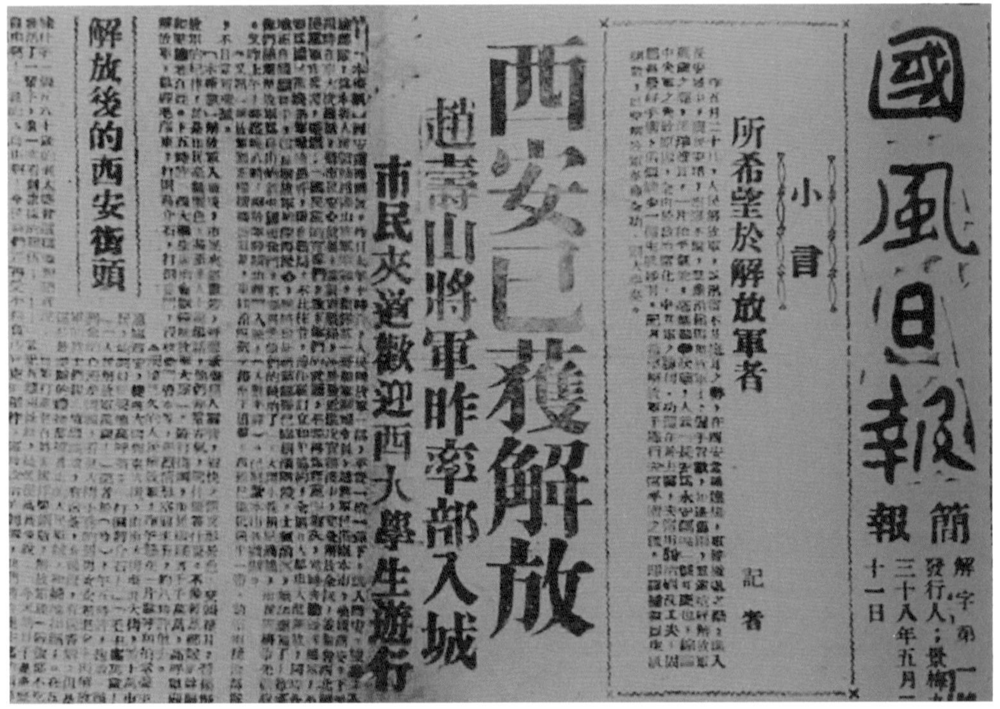

國風日報

簡報

解字第一號

發行人：張梅

三十八年五月二十一日

小言

所希望於解放軍者

記者

西安已獲解放

趙壽山將軍昨率部入城

市民夾道歡迎西大學生遊行

解放後的西安街頭

《国风日报》关于“西安解放”的报道

1949 年 5 月 20 日，中国共产党领导的人民解放军第一野战军强渡渭河，解放西安。自此，千年古都重回人民手中，古城西安重获新生。西安的解放，摧毁了国民党的西北防线，为解放大西北奠定了基础。

唐武德五年，孙伏伽在长安参加科举，状元及第。成为历史上有据可查的第一位状元。

毛泽东转战陕西途中

西北野战军挺进关中

西北野战军开赴前线

第一野战军渡渭河解放西安

解放军乘火车开赴西安

第一野战军攻进西安北门

第一野战军举行入城仪式

西安市各界民众游行庆祝解放

第一野战军向市民宣传党的政策

1949 年后新建西安市百货门市部

西安市人民政府成立

1949 年后开办的政策室

A.D. 1996

06 15

西安开元商城（原解放百货商场）购物中心落成开业，后连续 10 年跨入全国商业企业百强前列。

A.D. 1934

民国二十三年，因陇海线西安站建设，在北城墙开辟城门称中正门，1949 年后改名解放门。

肆 拓展——城市的进程

1976 年西安钟楼

1949 年 5 月 20 日，是西安解放的日子。这一天，在人类历史上，或许只是一个瞬间，而对于这座城市，却是一个永恒闪光的日子——中国共产党领导的人民解放军，用血与火照亮千年古都，扫荡历史阴霾，播洒明媚的春光。从此，芳草萋萋的古城墙，插上了五星红旗，西安就成了人民的城市。

——中共西安市委党史研究室

B.C. 91

汉征和二年，史学家司马迁历时 14年，撰写完成《史记》，为中国历史上第一部纪传体通史。

1960 年代西安报话大楼

"彼时的西安，
红旗、歌声、号角……
驱散了久驻古城的阴霾，
人民得到了解放，城市得到了新生。
伟大的十三朝古都，
从此掀开了崭新的一页。"

——1949 年《国风日报》

4.1 启程：新城建设 1949—1965 年

1949 年，中华人民共和国成立，结束了自鸦片战争以来一百多年的战乱，进入人民当家做主的崭新时期。中国从半殖民地半封建社会转向新民主主义社会，开辟了历史的新纪元。面对百废待兴的现实状况，中国全面推进土地制度和社会制度改革，国民经济逐渐恢复。建国之初，西安即被定为 12 个直辖市之一，经过三年的发展建设，逐渐治理复杂的遗留问题，改良旧有的社会风气，树立了社会主义新秩序，为之后"一五计划""二五计划"的实施奠定了基础。在苏联援建的支持下，西安完成了第一轮城市总体规划，确定了城市发展的目标与方向，开始进行第一次大规模城市改造与建设。

A.D. 805

唐永贞元年，被誉为唐宋八大家之一的柳宗元（出生于长安）创作五言绝句《江雪》，为后世传颂。

4.1.1 现代骨架：西安第一版总体规划

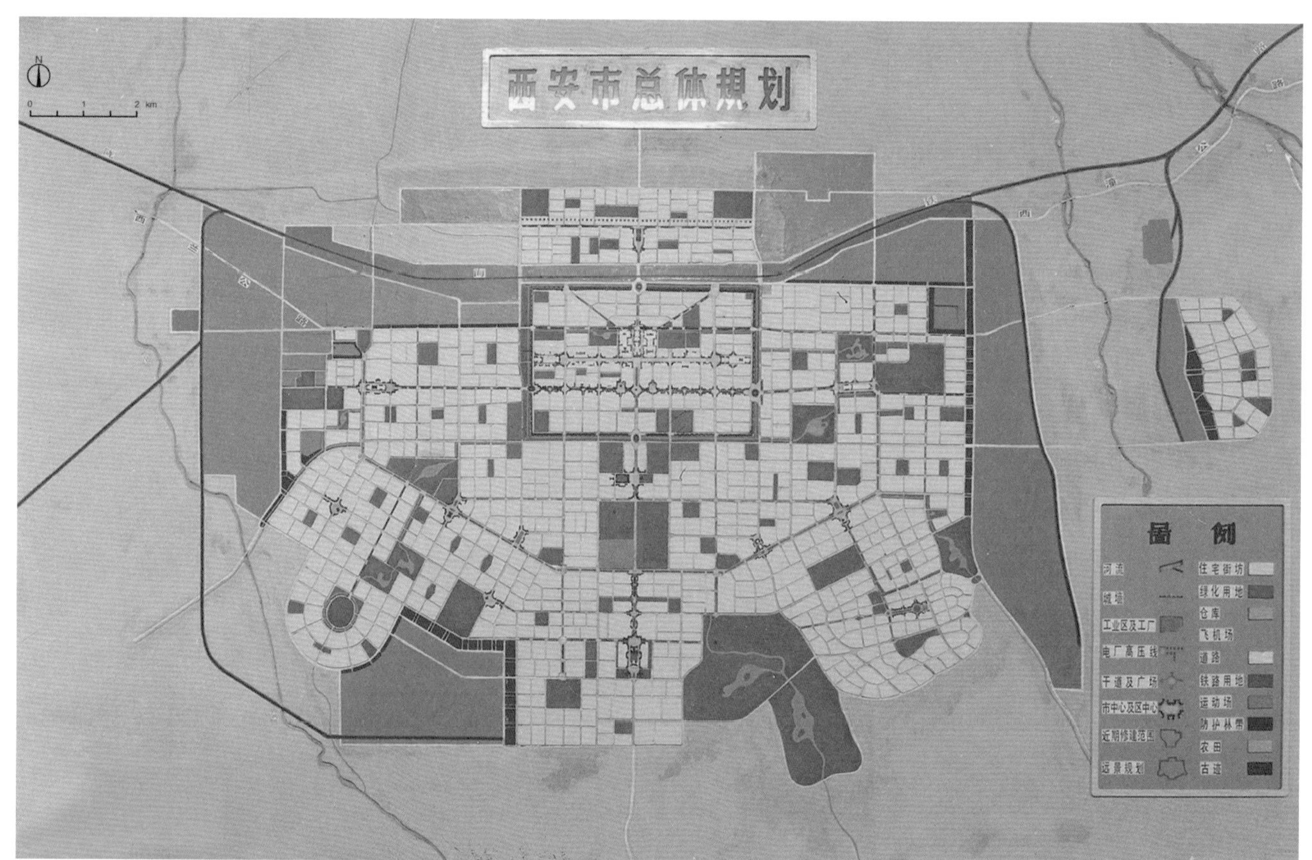

西安市第一版城市总体规划图（1953–1972 年）

城市性质：以轻型机械制造和纺织为主的工业城市。

城市规模：到 1972 年人口发展至 122 万人，城市用地 133 平方千米。

规划布局：以明城为中心，主要沿东、西、南三个方向向外发展。

功能分区：东部纺织城、西部电工城、南部文科教研区、北部文物保护区、老城行政商业区。

位于陕西省西安市雁塔区的中国第一座大型现代化博物馆——陕西历史博物馆，举行开馆典礼。

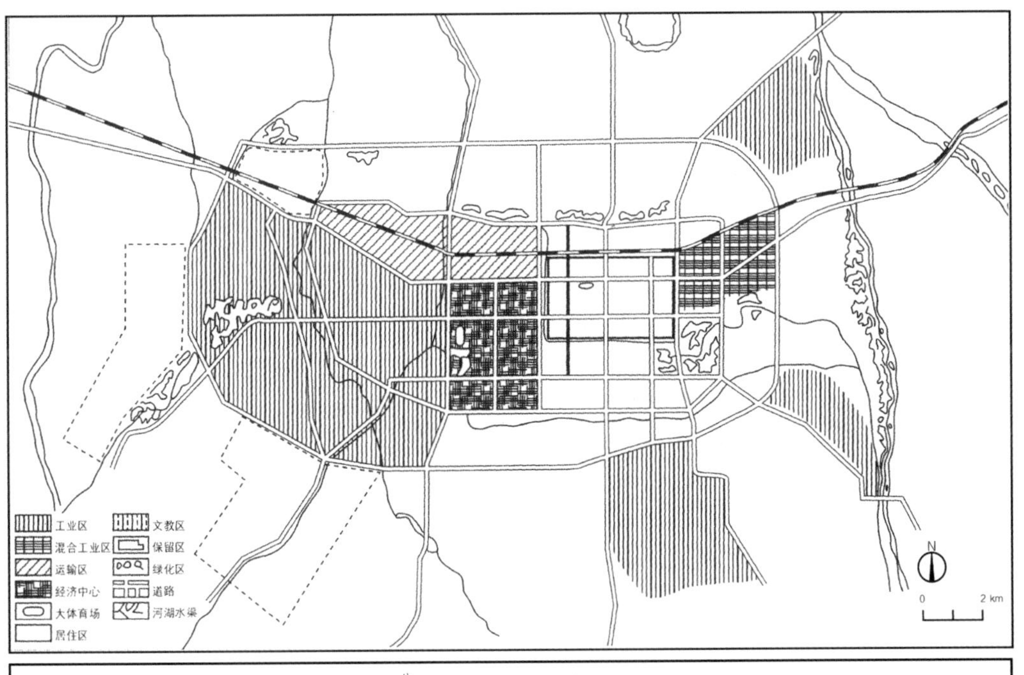

1950 年编制的西安市都市计划蓝图

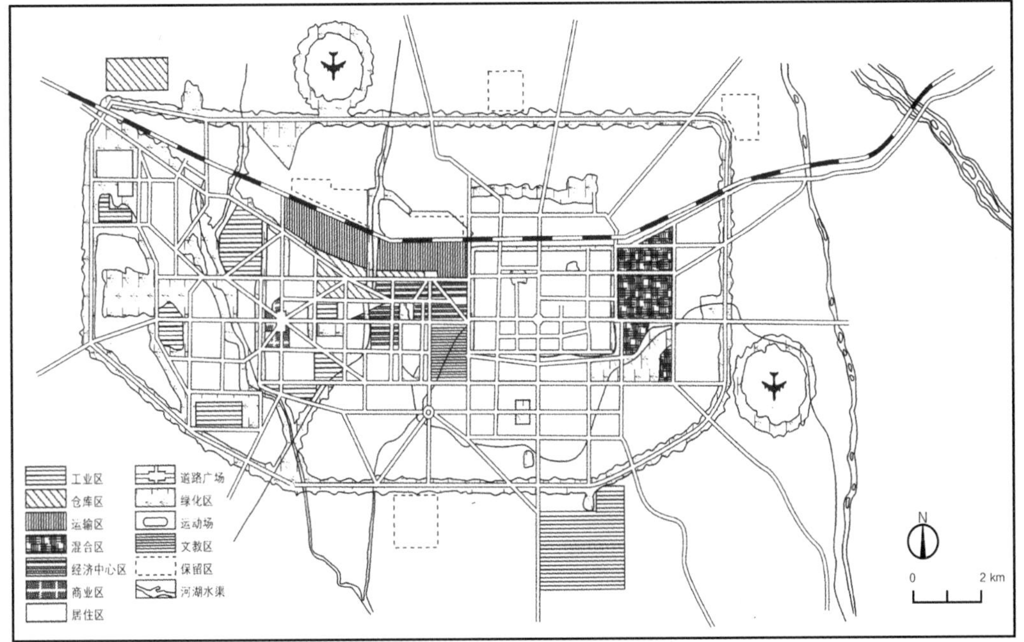

1951 年编制的西安市都市计划蓝图

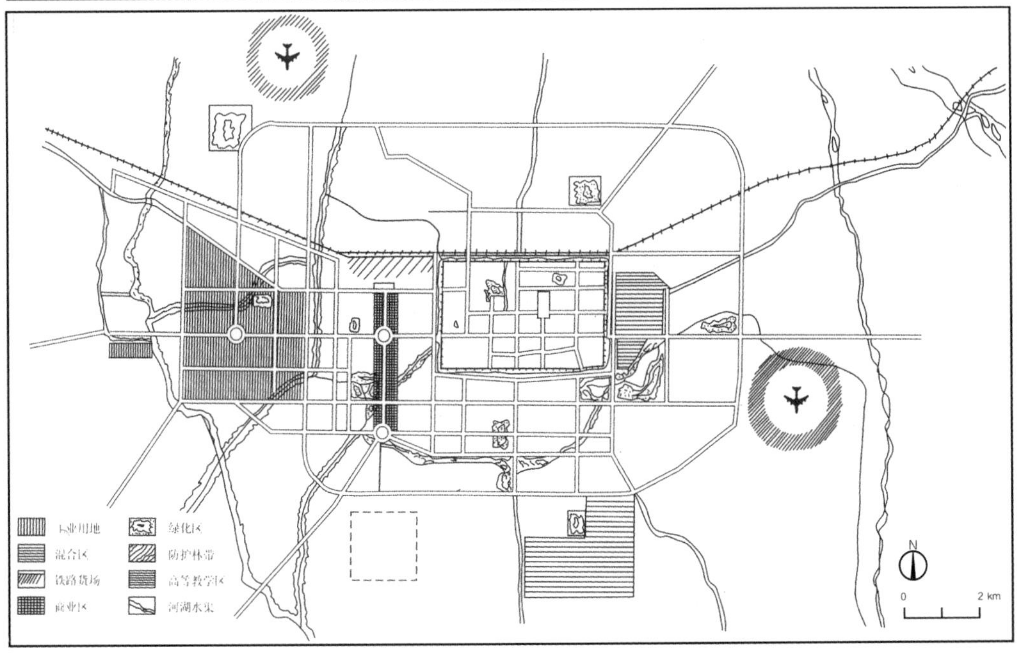

1952 年编制的西安市都市计划蓝图

唐贞观十五年，由唐代名臣长孙无忌监修的《五代史志》开始修编，于公元659年修成，后被编入《隋书》。

4.1.2 新城新貌：解放初城市风貌

新中国成立初期的城市建筑

A.D. 2014

06 22

汉未央宫遗址、唐大明宫遗址、大雁塔、小雁塔、兴教寺塔随『丝绸之路』项目被列入《世界遗产名录》。

新中国成立初期的城市公共空间

A.D. 1275

元至元十二年，意大利旅行家、商人马可·波罗行抵京兆府城，后来写成《马可·波罗游记》。

4.1.3 新政新舆：解放初宣传海报

唐贞观十七年，史学家李延寿在长安开始编纂『二十四史』之一的《北史》，后与《南史》称为姊妹篇。

动员 大办农业 为普及大寨县而奋斗
胸怀壮志 建设祖国
抗美援朝·保家衛

解放台湾统一祖国
们一定要解放台湾

统一祖国
我们一定要完成解放台湾统一祖国的神圣事

A.D. 556

西魏恭帝三年，权臣宇文泰病逝，其子宇文觉自立为帝，改国号为周，史称北周，西魏灭亡。

4.1.4 新风新象：1950 年代城市生活场景

A.D. 1986

西安五路口环形人行天桥建成投入使用，为西安市第一座环形人行天桥，于 2018 年 1 月 19 日拆除。

4.1.5 经典建筑：1950 年代西安十大建筑

钟楼盘道的钟楼邮电局，始建于 1958 年，苏联援建，老建筑仍在，正常使用。

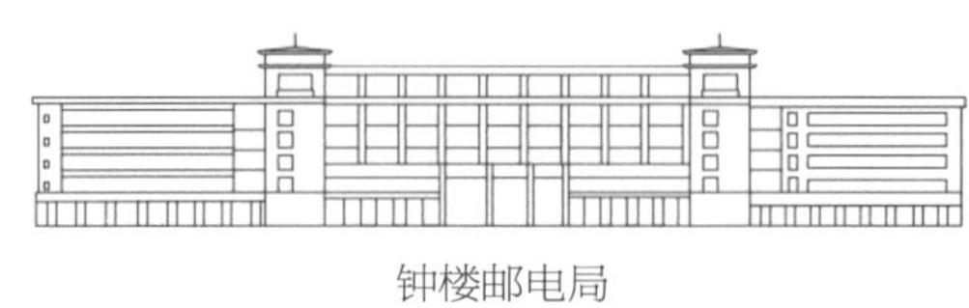

钟楼邮电局

西安报话大楼，1959 年动工，苏联援建，老建筑仍在，正常使用。

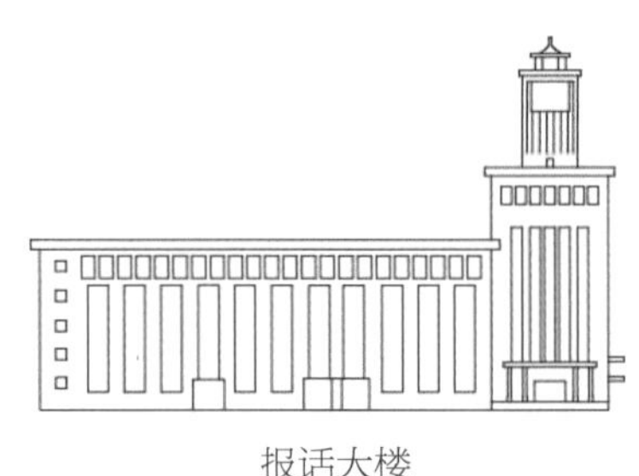

报话大楼

西安人民大厦，始建于 1953 年，设计受民族形式的影响，旧址仍在，老建筑仍在。

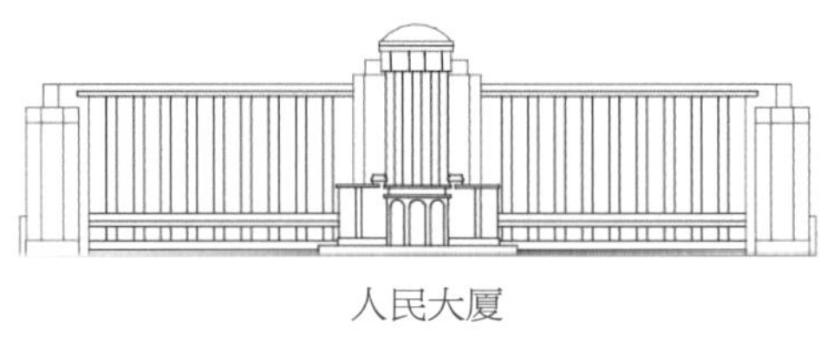

人民大厦

北大街的人民剧院，1954 年开业，1990 年进行内部改造后兼放映电影，正常使用。

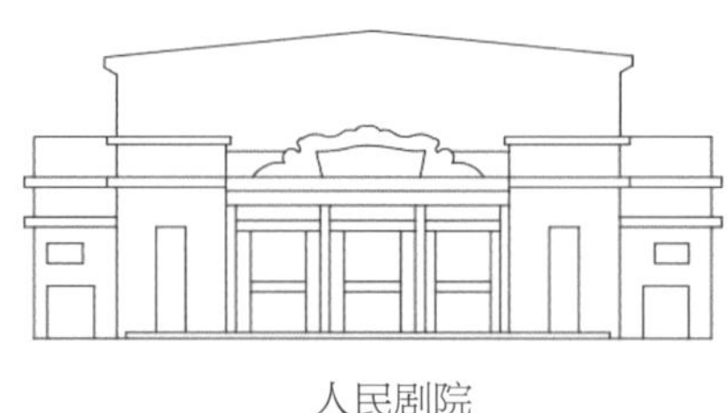

人民剧院

东大街的中国建设银行，苏联援建，今为饮食服务公司的西安皇城医院，老建筑仍在。

中国建设银行

明天启七年，王徵（今西安人）编译的《远西奇器图说》出版，对传播西方科学卓有贡献。

街的新华书店，苏联援建，老
仍在，而新华书店已搬迁，今
置。

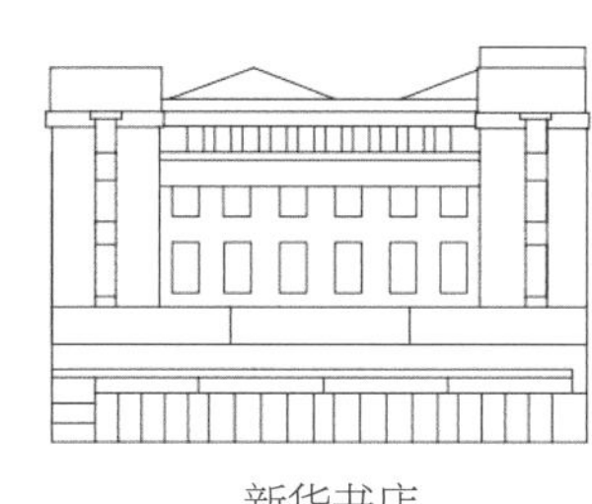

新华书店

街的西安和平电影院，老建筑
，正常使用。

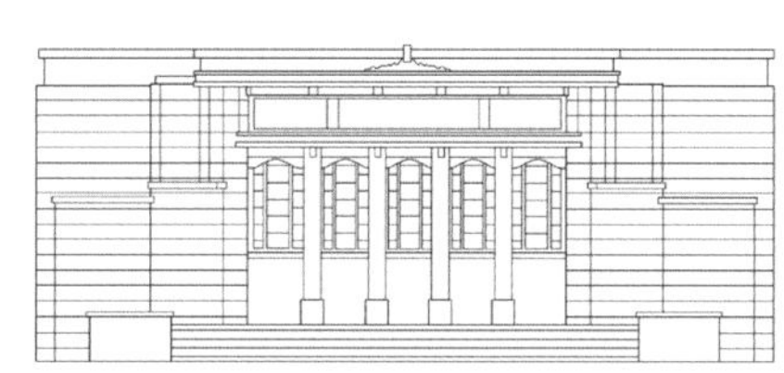

和平电影院

车站，1952 年恢复为西安车
如今仍是西安火车站，老建筑
980 年代拆除新建。

西安火车站

街的中山大楼，1953 年开业，
为华侨商店，老建筑于 2010 年
除新建。

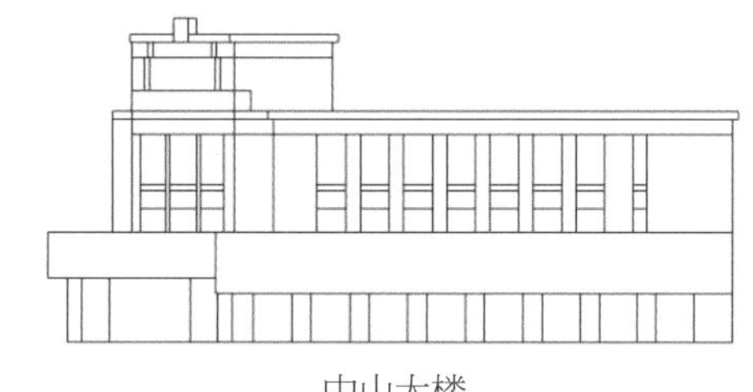

中山大楼

路的民生百货商店，曾为中国
商店之一，苏联援建，老建筑
980 年代拆除新建。

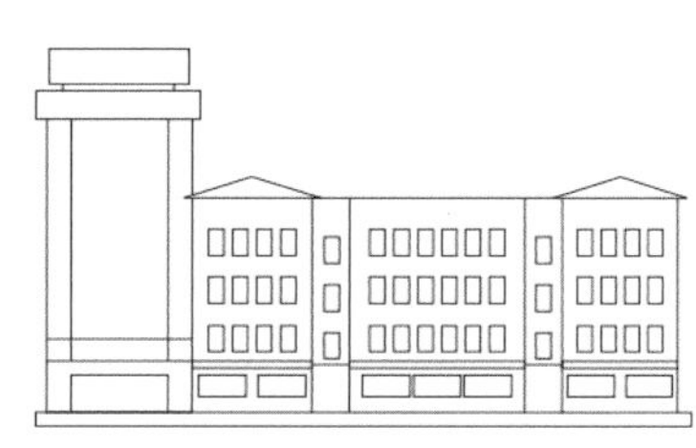

民生百货商店

4.1.6 存废之争：西安城墙

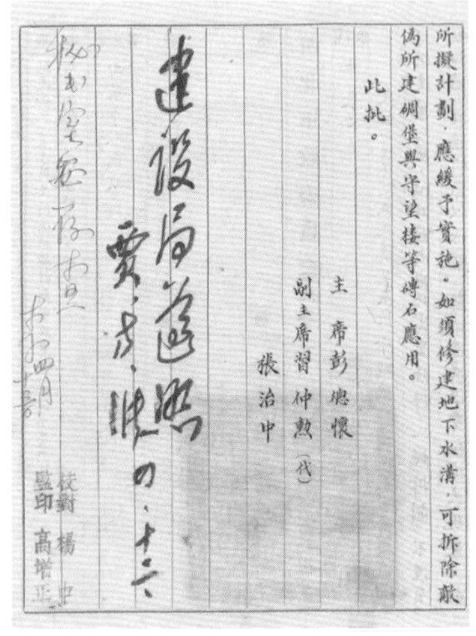

所擬計劃，應緩予實施。如須修建地下水溝，可拆除敵偽所建碉堡與守望樓等磚石應用。

此批。

主　席　彭德懷
副主席　習仲勳（代）
　　　　張治中

校對　楊
監印　高

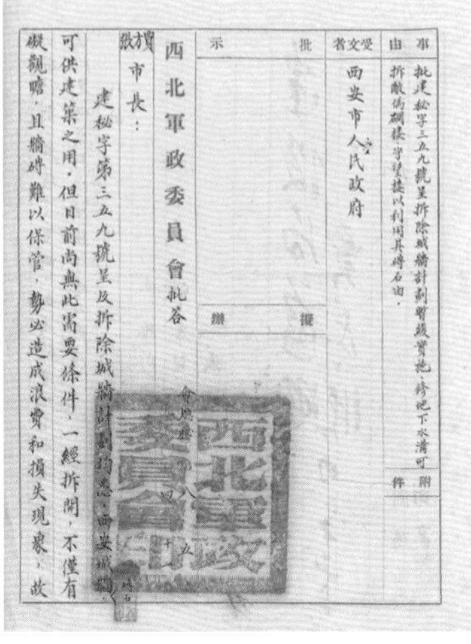

事由：批建秘字三五九號呈拆除城牆計劃暫緩實施，修地下水溝可拆敵偽碉樓、守望樓以利用其磚石由。

受文者：西安市人民政府

西北軍政委員會批答

賈市長：

建秘字第三五九號呈及拆除城牆計劃均悉。西安城牆可供建築之用，但目前尚無此需要條件，一經拆開，不僅有礙觀瞻，且牆磚難以保管，勢必造成浪費和損失現象，故

西北军政委员会批答城墙拆除

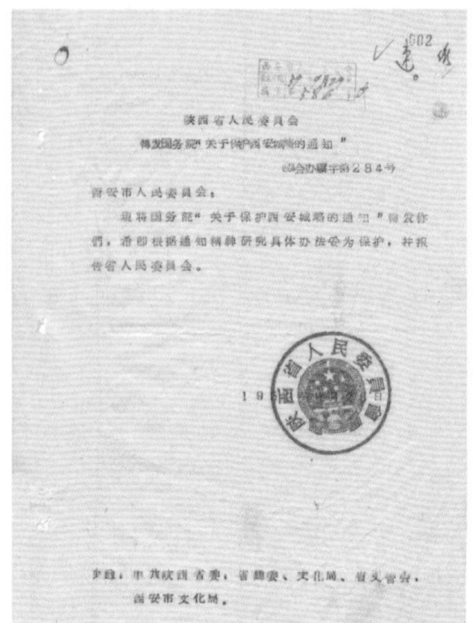

陕西省人民委员会
转发国务院"关于保护西安城墙的通知"

西安市人民委员会：

现将国务院"关于保护西安城墙的通知"转发你们，希即根据通知精神研究具体办法妥为保护，并报告省人民委员会。

抄送：中共陕西省委，省建委、文化局、省文管会，西安市文化局。

陕西省人民委员会保护城墙的通知

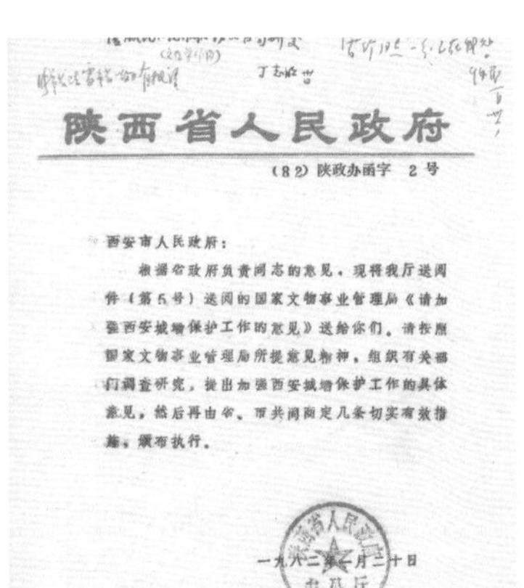

陕西省人民政府

（82）陕政办函字　2号

西安市人民政府：

根据省政府负责同志的意见，现将我厅送阅件（第5号）送阅的国家文物事业管理局《请加强西安城墙保护工作的意见》送给你们。请按照国家文物事业管理局所提意见精神，组织有关部门调查研究，提出加强西安城墙保护工作的具体意见，然后再由省、市共同商定几条切实有效措施，颁布执行。

一九八二年一月二十日
办公厅

陕西省人民政府关于保护城墙的意见

文化部关于保护西安城墙的建议

告知陕西省政府保护城墙的意见

新华社关于城墙拆废的报道

中国西部高新技术最密集、规模最大的工业科技园区——西安电子工业城建设工程全面开工。

1940 年代勿幕门（小南门）

1950 年代末城墙墙体

1950 年代西门内城墙

1960 年代末城墙瓮城

1960 年代顺城巷段城墙修复前

1960 年代顺城巷段城墙修复后

1960 年代东门城楼与箭楼

1960 年代西安城墙

民国元年，位于土地庙什字小学（后迁武庙街即今西一路）的易俗伶学社（简称易俗社）创立。

4.1.7 新款新票：建国初期的人民币

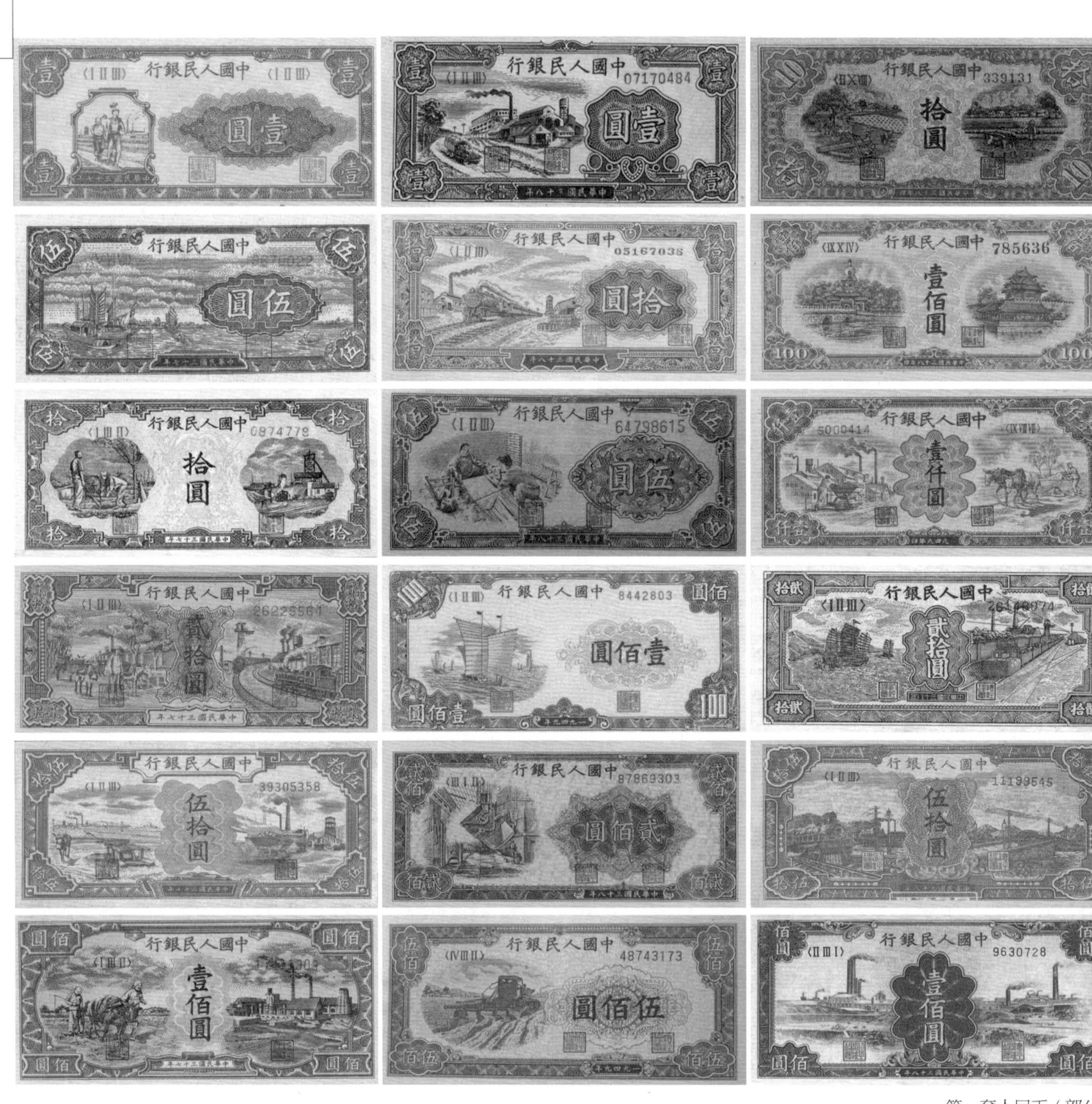

第一套人民币（部分

第一套人民币是在中国共产党的领导下、中国人民解放战争胜利进军的形势下，由人民政府所属国家银行在 1948 年 12 月 1 日印制发行的法定货币。

为改变第一套人民币面额过大等不足，提高印制质量，进一步健全中国货币制度，1955 年 2 月 21 日，国务院发布命令，决定由中国人民银行自 1955 年 3 月 1 日起发行第二套人民币， 同时收回第一套人民币。

第二套人民币（部分）

A.D. 582

07

隋开皇二年，文帝杨坚敕令于汉长安城东南的龙首原建新都，因其曾被封大兴公，建成后便以『大兴』命名。

1968 年火车站前“文革”运动场景

A.D. 644

唐贞观十八年，中国四大皇家园林之一的华清宫在骊山脚下营建，唐玄宗李隆基赐名华清宫。

“要以文化大革命为纲，一手抓革命，一手抓生产，保证革命和生产两不误。”

——1966 年《人民日报》

4.2 动乱：停滞阶段 1966—1977 年

1966 年，无产阶级“文化大革命”爆发，十年动乱期开始。国家社会、经济、文化等各方面受到严重冲击，长期处于经济衰退、社会动荡的漩涡里。西安城市发展也受到影响，经济停滞不前，城市建设无序。明城墙也面临多次拆废危机。围绕“三线”建设，大批重要工业项目落子西安，大量干部、工程技术人员和工人内迁，城市原有经济结构发生转变，国防科技工业和科研教育创新发展进程加快。西安从满足温饱的1950年代过渡到“解决吃穿用”的“三五计划”，自行车、手表、缝纫机等物件开始出现在人民的生活当中，大众生活水平日益提高，城市面貌也展现出新的活力。

中共西安市委在原西安工商报纸《经济快报》的基础上创办了《西安日报》，为《西安晚报》前身。

4.2.1 城市形态：1967 年西安样貌

1967 年的西安明城区航拍 . 陶光明摄

西安城市整体形态格局的发展基本上延续了民国后期的发展方向，明城区整体建筑肌理格局呈现均质化的发展形态，城内建筑的主体主要是以居住和商业建筑为主。随着社会和经济的发展，明城区内建筑肌理密度的变化也体现出了一定的时代特征，并呈现出多样性的倾向。

秦庄襄王三年，庄襄王嬴子楚薨，十三岁的嬴政被立为秦王，二十一岁亲政，开始其政治生涯。

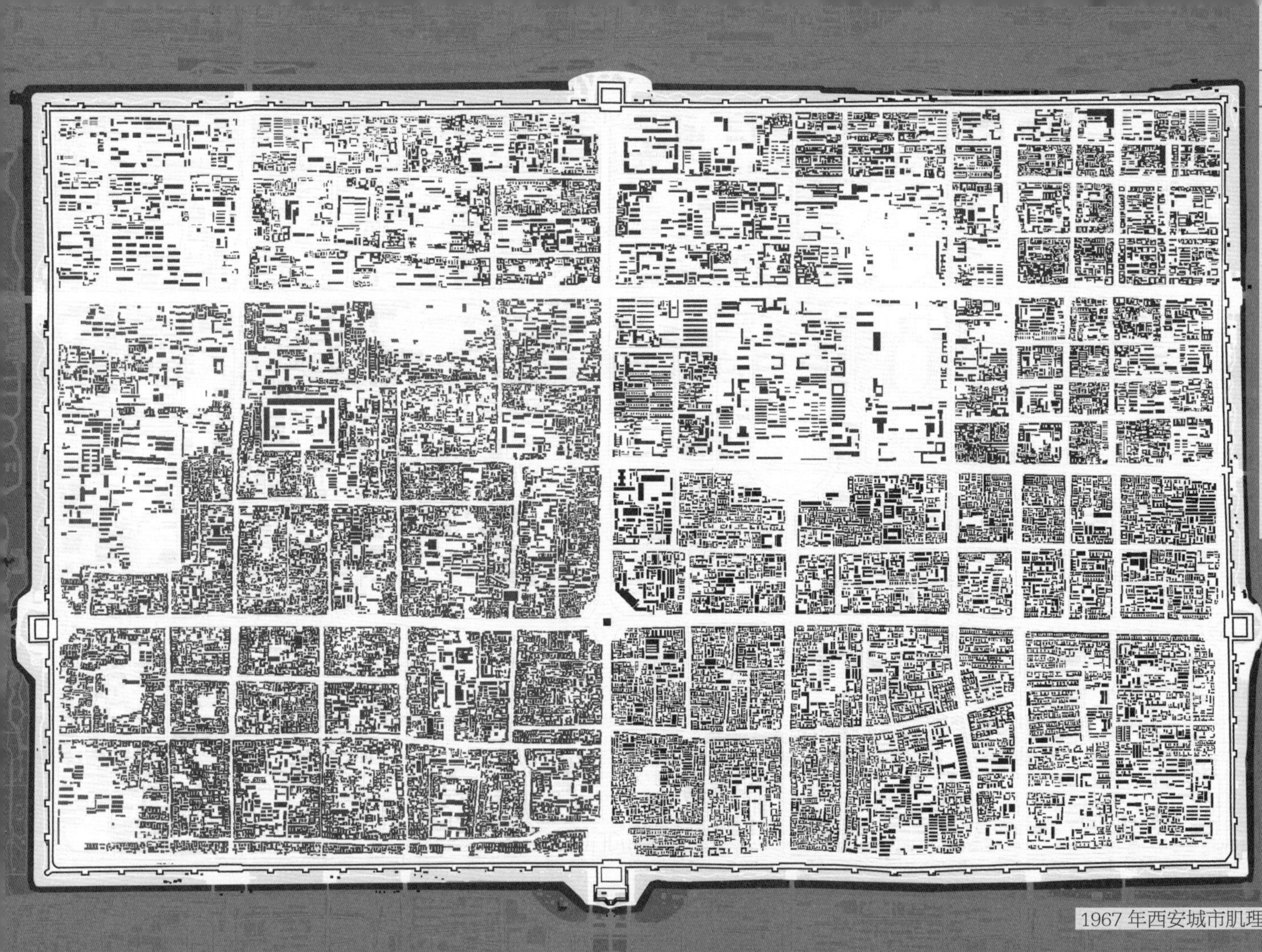

1967 年西安城市肌理图底

1967 年西安城市肌理航拍图

陕西第一条彩色电视机生产线在『一五』重点工程——国营黄河机器制造厂投入试生产。

4.2.2 全民运动：1970 年代西安城市生活场景

AD.2007
07 08

曲江新区的曲江池遗址公园、唐城墙遗址公园、大唐不夜城贞观文化广场三大项目举行奠基仪式。

A.D. 1645

清顺治二年，秦王府外城萧墙被拆毁，在西安城内东北隅修八旗驻防城。

4.2.3 锅碗瓢盆：1970 年代日常生活用具

竹编簸箕

搪瓷盆

友谊雪花膏

搪瓷盘

熨斗

暖壶

搪瓷缸

鸡毛掸子

蒲扇

手电筒

唐贞观二十年，高僧玄奘口述、其徒辩机编成《大唐西域记》，明代小说家吴承恩据此写成《西游记》。

座钟

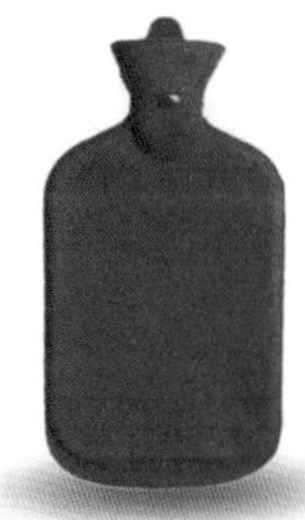

热水壶

口琴

搪瓷痰盂

电话

暖脚壶

铝锅

铝饭盒

军用水壶

算盘

4.2.4 简朴家居：1970 年代室内家具

1970 年代的大立柜

清乾隆四十四年，由舒其绅修、严长明纂的『纂辑派』典型代表作品《西安府志》80 卷印行。

1970 年代的五斗柜

4.2.5 三转一响：1970 年代结婚大件

自行

收音

东周显王九年，秦孝公嬴渠梁任用商鞅变法，秦国经济、军事得以强化，为秦统一六国创造了条件。

缝纫机

手表

4.2.6 火红年代：样板戏

《沙家浜》

《智取威虎山》

《白毛女》

《红灯记》

唐武德四年，名将李靖率兵攻打梁王萧铣，其军事才能崭露头角，其后战功赫赫，得封卫国公。

《红色娘子军》

《海港》

《奇袭白虎团》

《杜鹃山》

A.D. 1387

明洪武二十年，太祖朱元璋下令于东城门内修建都城隍庙，宣德八年（1433年）移建西大街现址。

后秦弘始三年，高僧鸠摩罗什入长安，翻译百余部经律论传，为中国佛教八宗之祖。

伍 改革——当代的发展

1980 年代西安新城广场 . 刘一

这是一场根本改变我国经济和技术落后面貌，进一步巩固无产阶级专政的伟大革命。这场革命既要大幅度地改变目前落后的生产力，就必然要多方面地改变生产关系，改变上层建筑，改变工农业企业的管理方式和国家对工农业企业的管理方式，使之适应于现代化大经济的需要。

——邓小平 1978 年 10 月 11 日
中国工会第九次全国代表大会上致辞

唐元和元年，诗人白居易到马嵬驿附近游览时，念及唐玄宗李隆基与杨贵妃，作《长恨歌》以记之。

1987 年，西安庙后街

“再多的沧桑，苦难，总是掩不住人性中那些美好的东西，即使蒙尘，美总能再次喷薄而出，芳华绽放。”

——电影《芳华》

5.1 开拓：市场体制 1978—1989 年

1978 年，“对内改革、对外开放”政策实施开启了新的发展之路。促使原有的计划经济体制向社会主义市场经济体制转变，国民思想得到全面解放，社会欣欣向荣。改革初期，计划经济的影响尚在，民营经济又处于起步阶段，西安城市发展没有太大起色。随着改革深入，城市经济发展逐渐步入正轨，新气象充满西安的大街小巷，百货商店、综合市场、流动摊贩、公共电车、自行车群等均渲染出了这个年代的独特气息。人们的精神面貌焕然一新，时刻洋溢着希望与憧憬，努力工作，拼尽全力追求自己的梦想。

5.1.1 城市新拓：西安第二版城市总体规划

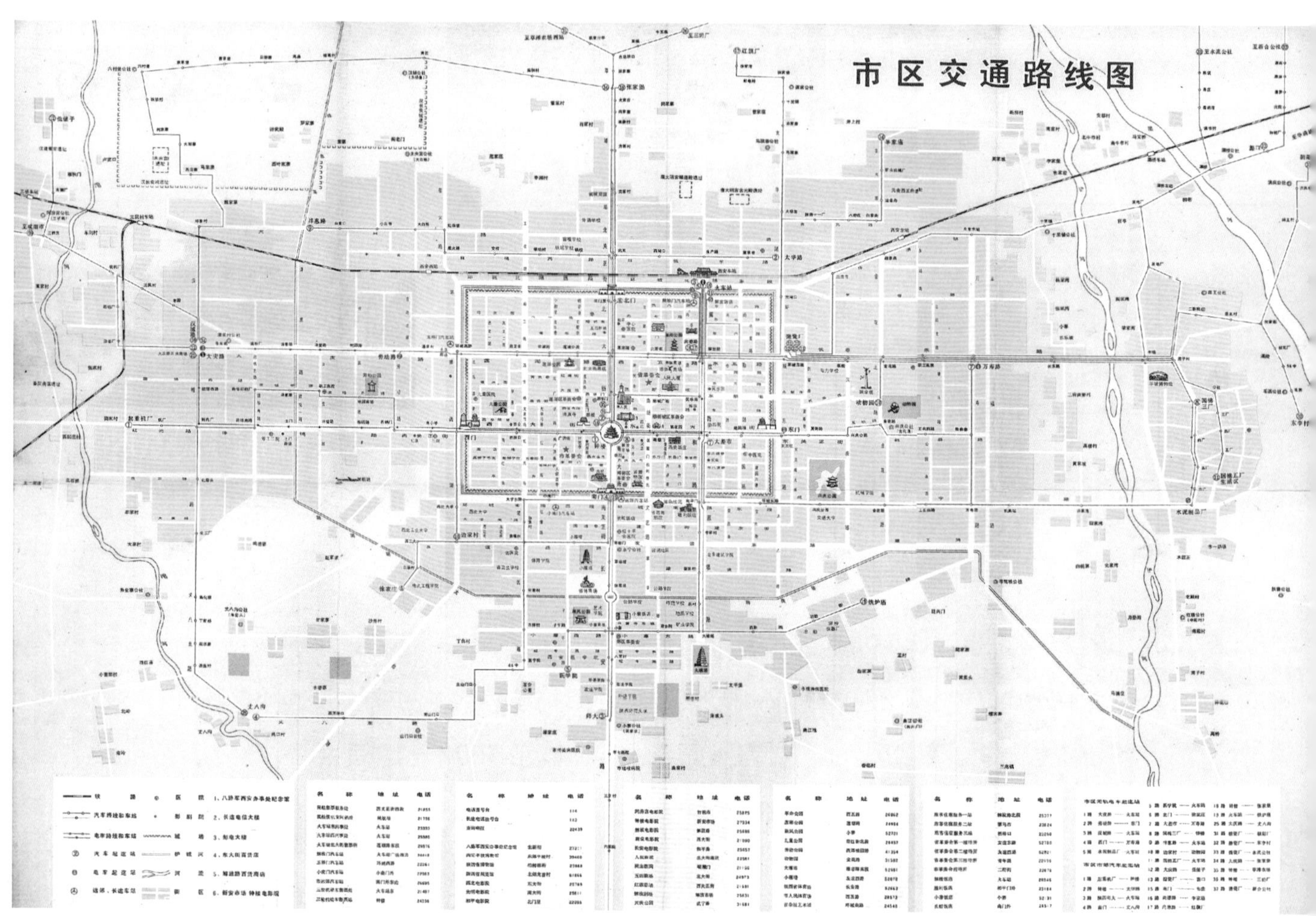

1978 年西安市市区交通路线图

唐开元年间，玄宗李隆基为道教祭献创作了中国著名唐代宫廷乐舞曲《霓裳羽衣曲》，杨贵妃为之编舞。

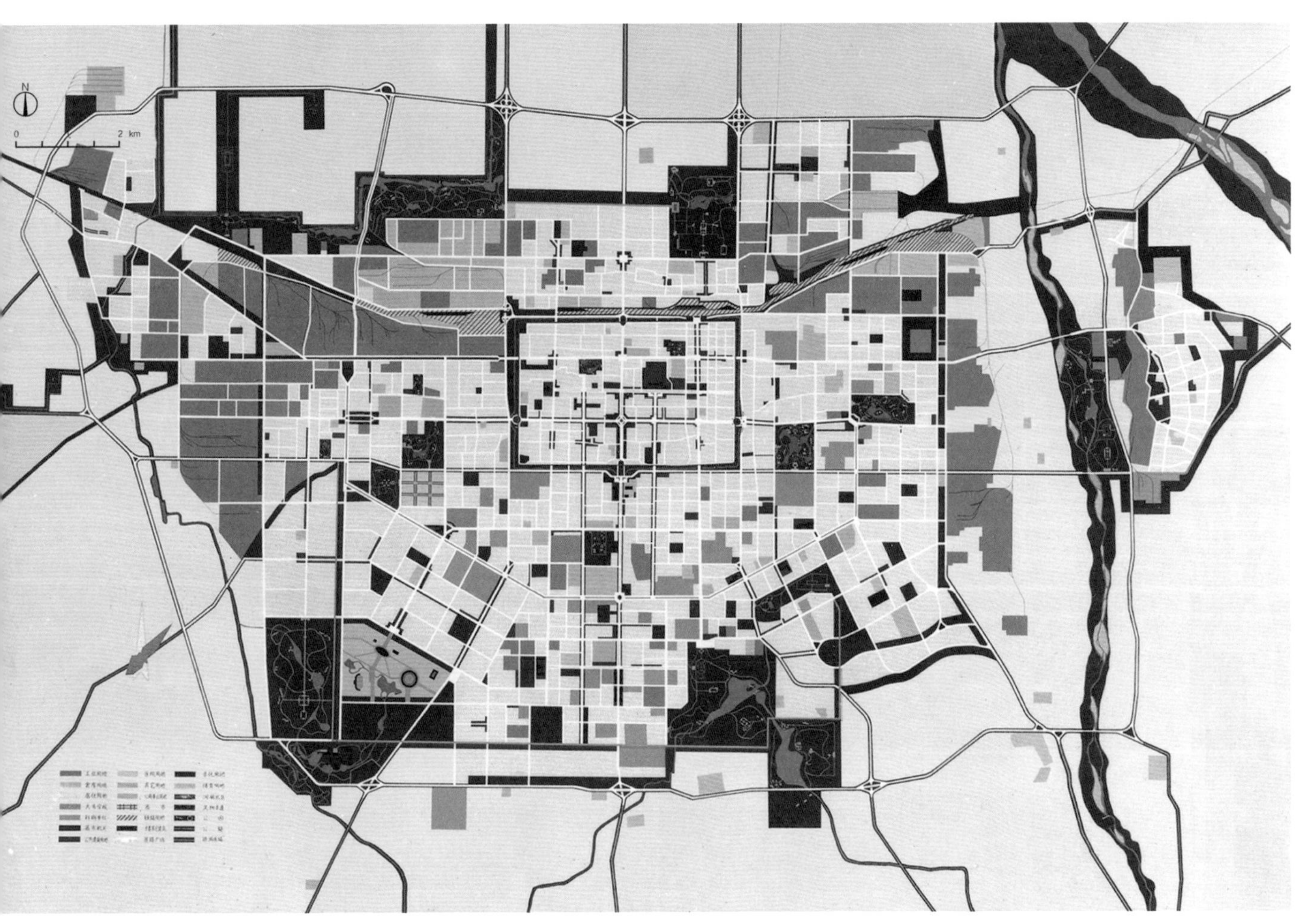

西安市第二版城市总体规划图（1980–2000 年）

城市性质：西安是我国历史文化名城和陕西省的政治、文化中心，应在保持古都风貌的基础上，逐步把西安建设成为以轻工业、机械工业为主，科研、文教、旅游事业发达，经济繁荣、环境优美、文明整洁的社会主义现代化城市。

城市规模：到 2000 年人口发展至 180 万，用地为 162 平方千米。

规划布局：以明城为中心，在 1950 年代的规划范围基础上，着重向城市西北部及东部发展。

功能分区：老城行政商业区、北部文物保护区、南部文科教研区、西部工业区、东部纺织城。

A.D. 1370

07

明洪武三年，太祖朱元璋敕令在西安城东北隅为其次子朱樉建秦王府城。

5.1.2 万象更新：1980 年代城市生活场景

晋永和七年，前秦开国皇帝苻健建都长安，称天王、大单于，国号秦，次年称帝，建立前秦政权。

1922

民国十一年，明清西安的大、小莲花池被开辟为莲湖公园，这是近代西安第一座公园。

5.1.3 太平李家：西安原住民的 50 年影像

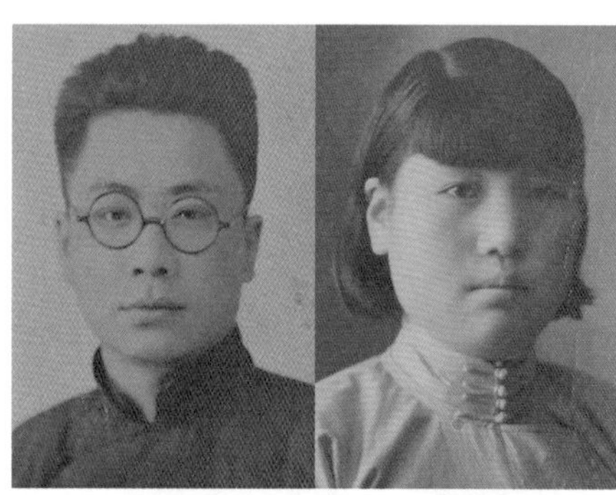

李家为西安明城区老户，1949 年前住盐店街，门口两个旗杆。李家太爷先后娶两房妻室，育三子七女，1949 年后以文博考古为业，入职碑林博物馆。1960 年代定居东木头市太平巷 3 号，1990 年代老屋拆迁。50 年的家族影像映射西安普通市民的生活变迁。

1940 年代

隋开皇二年，文帝杨坚下令修筑大兴城的外郭城，此后外郭城又经历了多次增筑和修葺。

5.1.4 朴实无华：1980 年代的家居场景

左图：1980 年代西安家具单品图
右图：1980 年代西安家居摆设图

1980 年代，西安居民的家具材料多以木质为主，样式大多由木匠定做。但随着经济发展水平的不断提高，电视机、缝纫机、洗衣机、冰箱开始走入人们的生活，成为家庭经济水平提高的象征。家具摆设以使用方便为前提，简洁整齐的摆设布局镌刻着一代人质朴、真实的记忆。

西北地区规模最大的民用和工业建筑设计单位——西北建筑设计院在西安成立。

清光绪二十年，广东人罗栋材创设的西安首家照相馆——罗庆云照相馆在南院门开办。

5.1.5 交通票证：1980 年代的出行记忆

1980 年代西安公共汽车及公共汽车票图

国家文化部授予的首个国家级文化产业示范区——曲江新区于西安市东南部成立。

1980 年代初西安城市交通快速发展，对内公交运营体系不断完善，人们日常出行更加便利，对外西安通往全国许多城市的火车开通，火车成为人们长途出行优于长途汽车的选择。

1980 年代西安火车站及火车票图

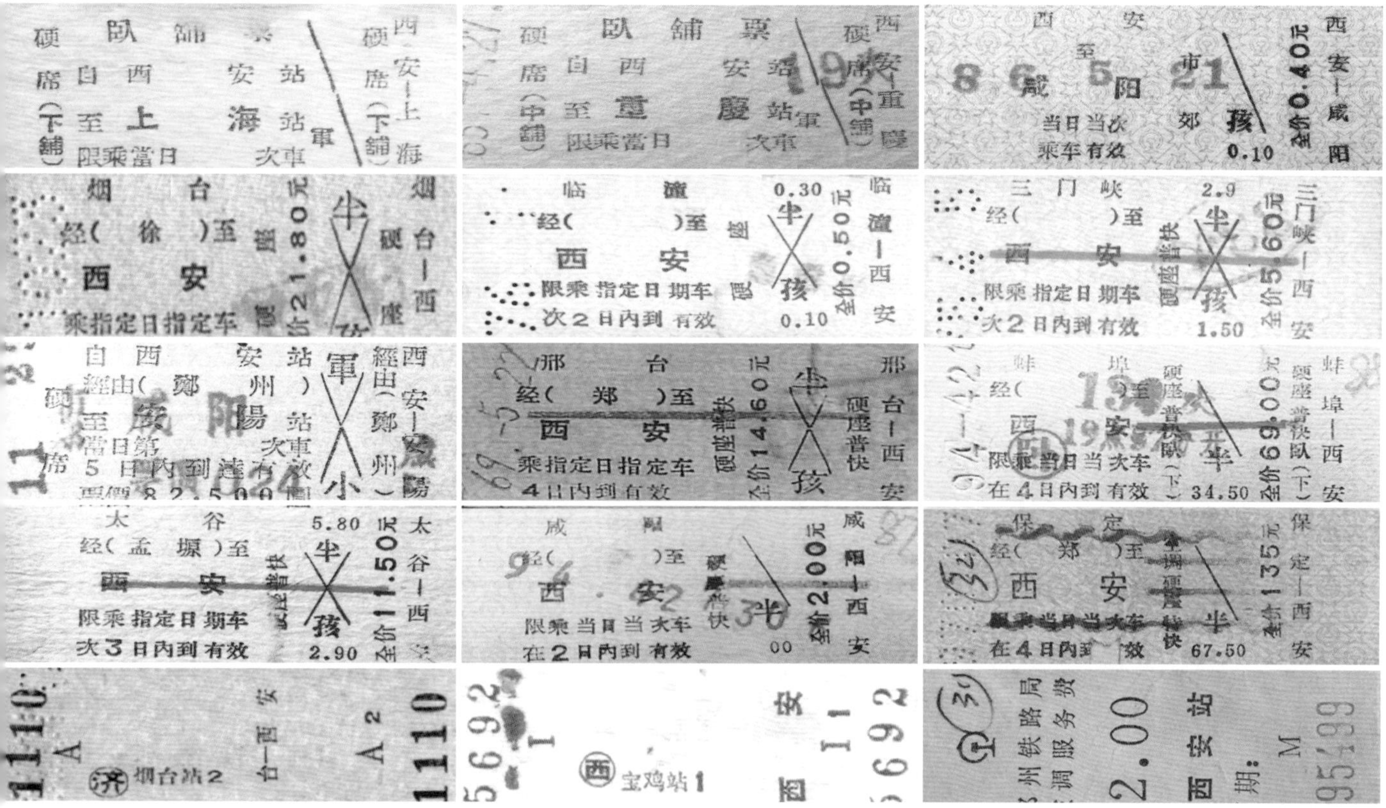

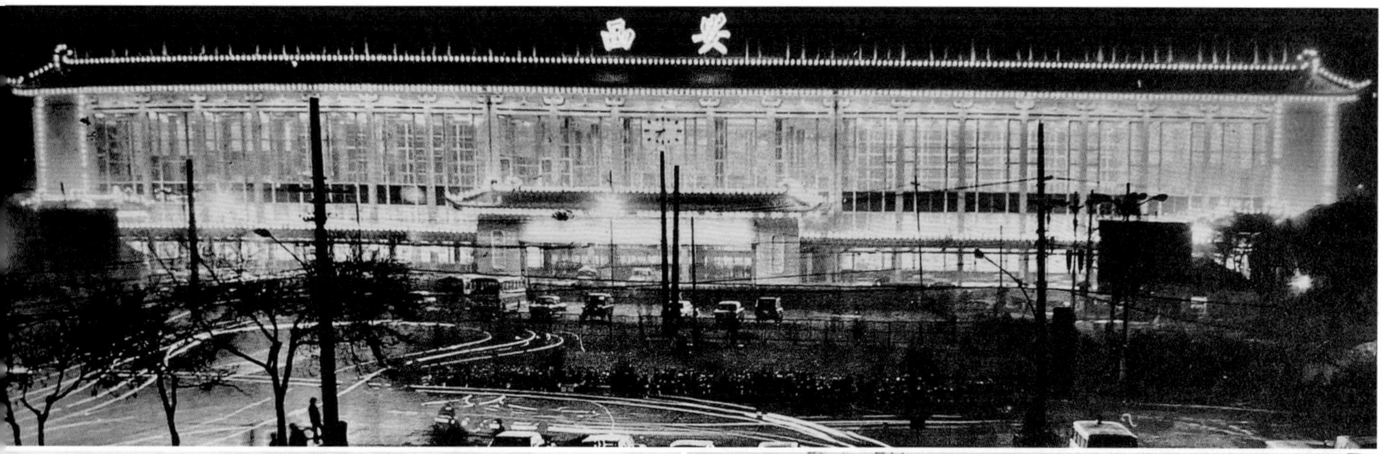

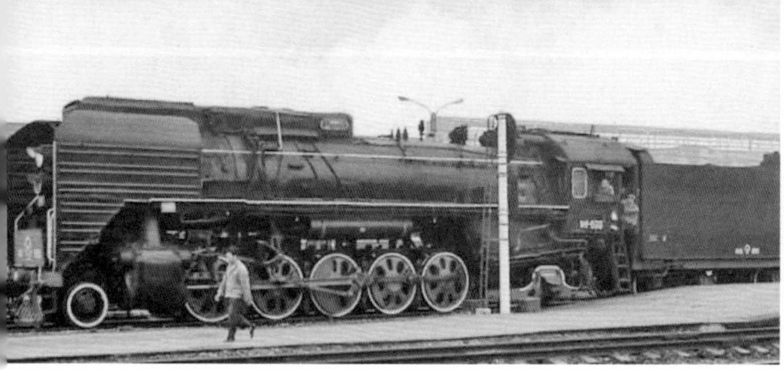

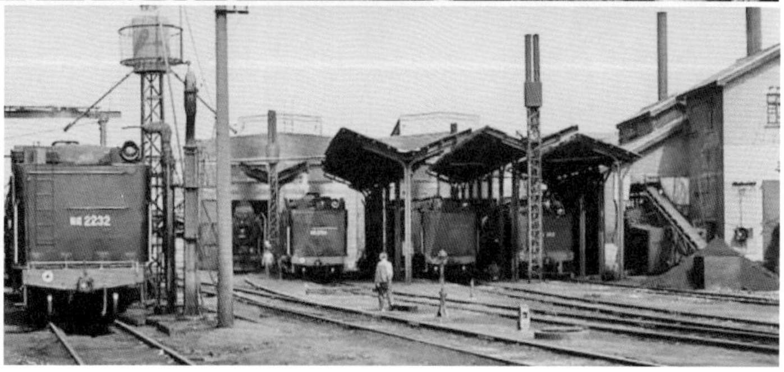

B.C. 119

西汉元狩四年，名将霍去病在漠北之战中消灭匈奴左部主力7万余人，封狼居胥，使漠南再无王庭。

5.1.6 自得其乐：1980 年代的休闲娱乐

1980 年代洋片、连环画等儿童玩具和玩乐场景

A.D. 1909
08 01

清宣统元年，西安第一所公立图书馆——陕西省图书馆成立。

1980 年代录音机、磁带和青年玩乐场景

5.1.7 全民收集：西安邮票、火花、糖纸收集

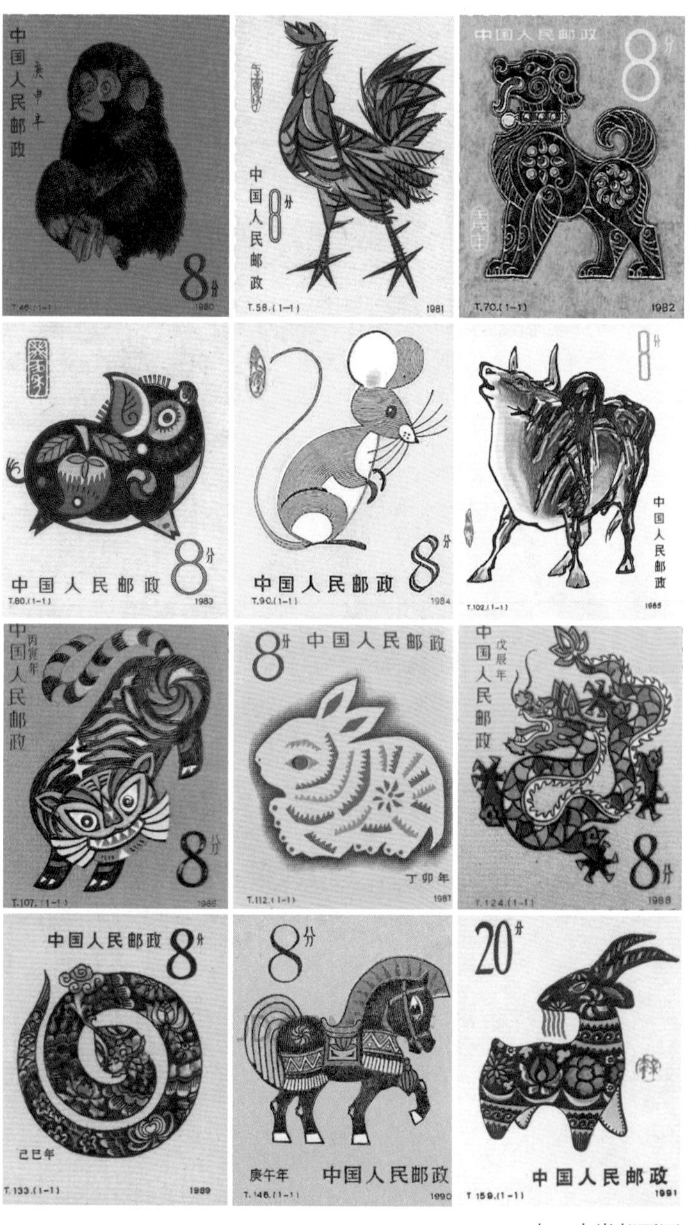

十二生肖邮票图

1980 年代西安糖纸图

国务院为支持西部社会经济发展、改变高等教育布局不合理的现状，决定将上海交通大学内迁至西安。

昭陵六骏火花图

秦兵马俑火花图

西安名胜火花图

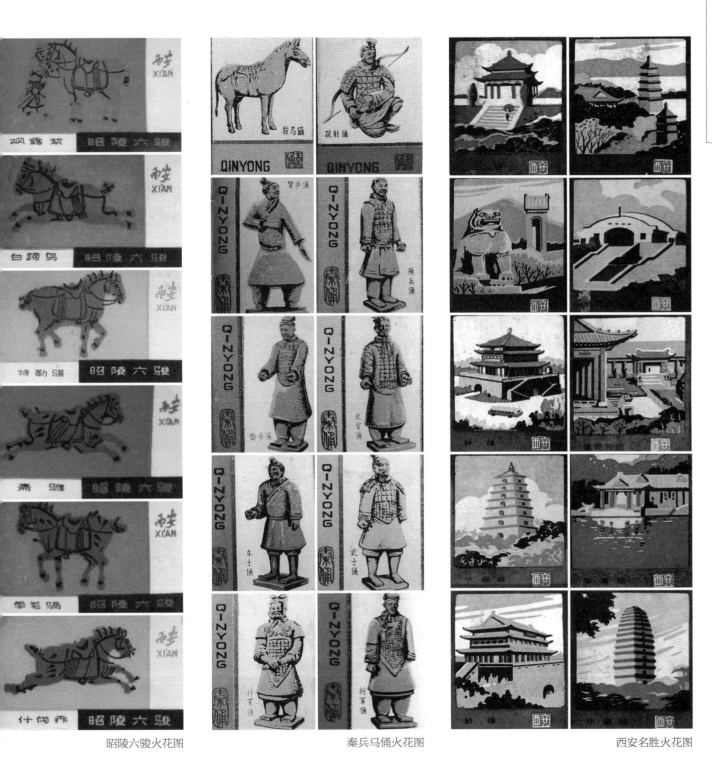

1980年代，我国国民经济处于发展初期，商品经济不发达，国民购买力较低，在当时通信、娱乐方式都比较单一的时代背景下，精美的邮票、漂亮的糖纸、多样的火花图案都成为人们工作之余的主要闲暇爱好，收藏之风盛行。

唐武德四年，高祖李渊为整治混乱的币制，废隋钱，开铸『开元通宝』，影响后世钱币形制。

5.1.8 文艺争鸣：1980 年代的期刊读物

清康熙二十二年，朝廷于端履门以东、东大街以南至城墙的东南隅修筑汉军八旗驻防城，是为南城。

西汉元狩四年，名将卫青远征漠北和匈奴相遇，以弱胜强击败单于主力，战功卓著，后加封大司马。

20 世纪 90 年代西安街景

“城市和人一样也有记忆，因为它有完整的生命历史。从胚胎、童年、兴旺的青年到成熟的今天——这个丰富、多磨而独特的过程全都默默地记忆在它巨大的城市肌体里。一代代人创造了它之后纷纷离去，却把记忆留在了城市中。”

——冯骥才

5.2 创新：转型时代 1990—1999 年

1990 年代是中国社会发展的重要阶段，计划经济票证制度的取消为市场经济提供了更大的空间。移动通信、电子计算设备等科学技术的兴起为人们日常生活带来了极大便利。社会经济的增长促进了大众文化消费生活的发展。“从变形金刚看到灌篮高手，从任天堂玩到索尼机，从街机玩到网吧，从录音机到随身听再到 CD 机，从恋曲 1990 听到谢谢你的爱 1999，从 BB 机到大哥大，从七宝一丁吃到小浣熊……”成为这个年代孩子们成长历程的缩影，也是城市生活不断变迁的见证。这一时期的西安，大力开展旧城改造与新城建设运动，城市面貌发生巨大的变化。

A.D. 1934
08 08

民国二十三年，西京筹备委员会、全国经济委员会西北办事处、陕西省政府组成西京市政建设委员会。

5.2.1 组团外拓：西安第三版城市总体规划

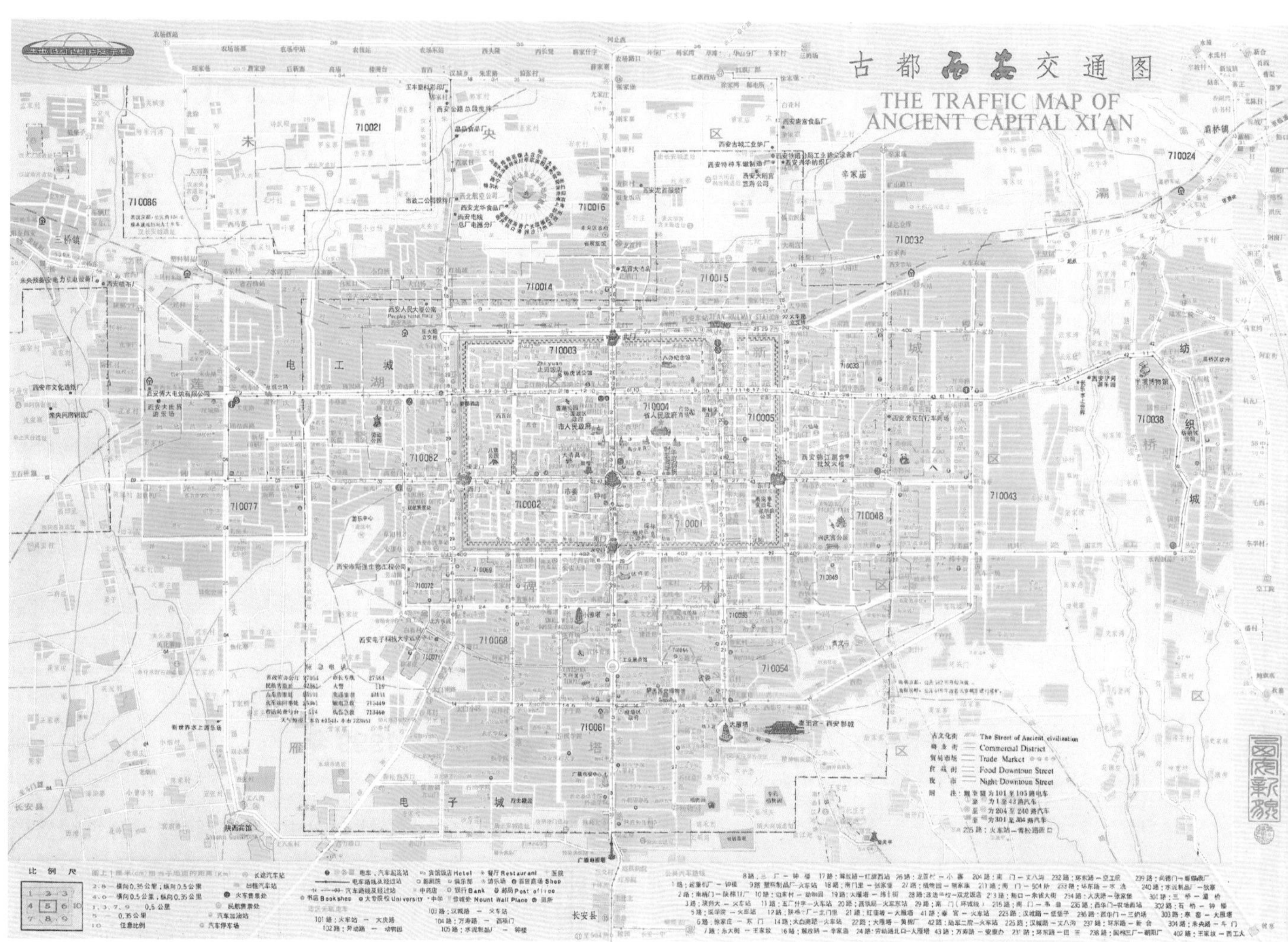

西安城市交通图 (1993 年

唐长庆三年，牛李党争，反映了唐末宦官专权、政治腐败的状况，加深了唐朝后期的政治危机。

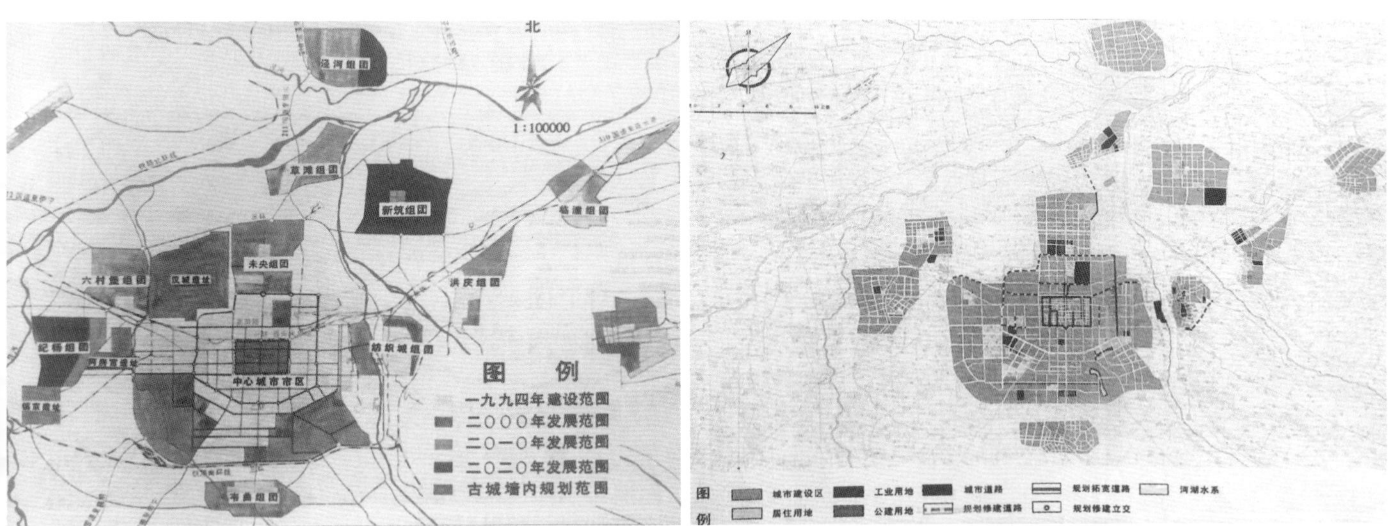

城市发展示意图（1995–2010 年）

近期建设总图(1995–2010 年）

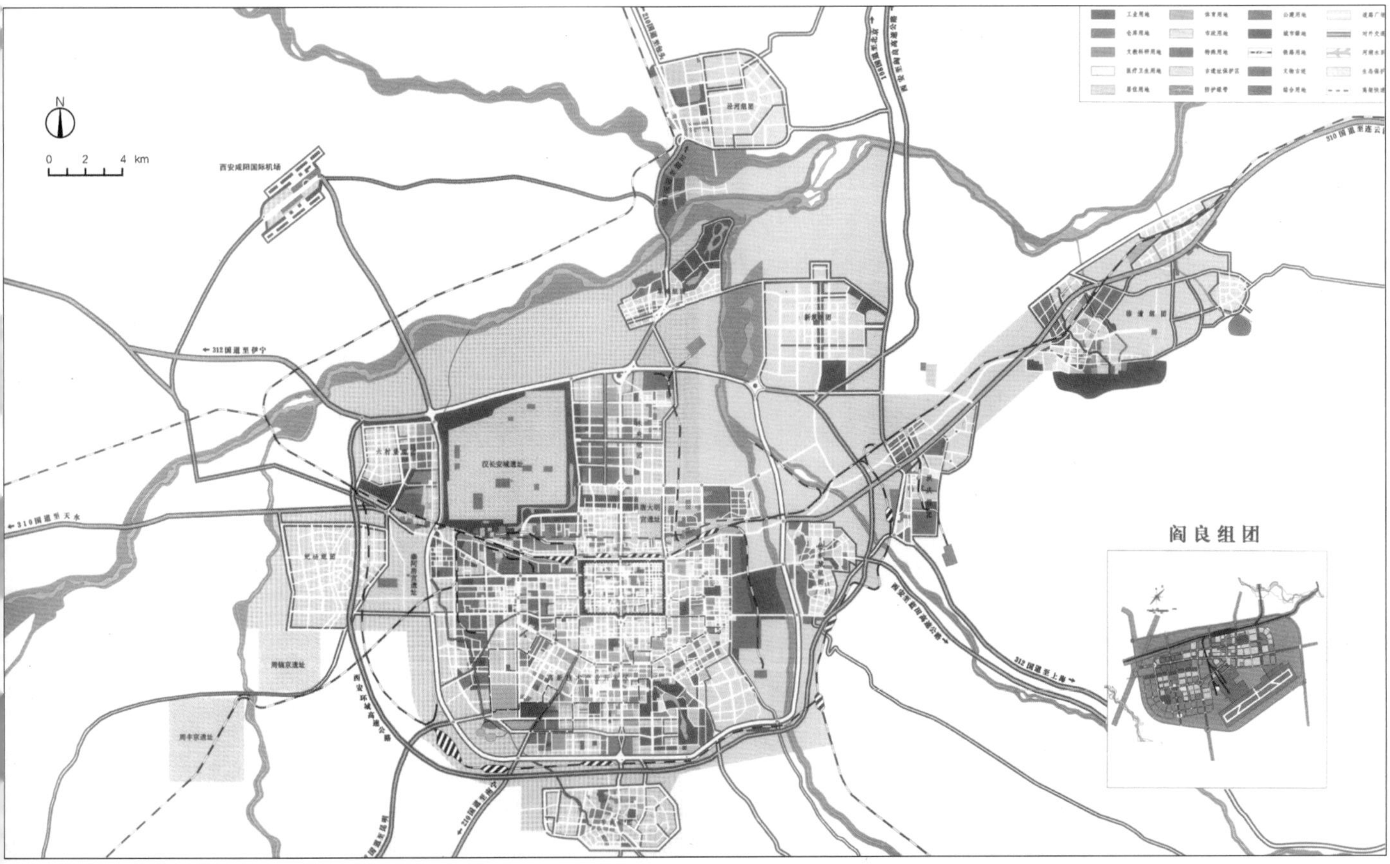

西安市第三版城市总体规划图（1995–2010 年）

城市性质：西安是世界闻名的历史名城，我国重要的科研、高等教育及高新技术产业基地，北方中西部地区和陇海兰新地带规模最大的中心城市，陕西省省会。

城市规模：中心城市用地 275 平方千米，其中中心市区面积 175 平方千米，到 2010 年规划人口达 310 万。

规划布局：中心集团、外围组团、轴向布点、带状发展的新格局。

功能分区：中部城市核心区、北部文化区、南部商贸文教居住区、西部工业仓储区、东部物流商贸区。

5.2.2 蓄势待变：1990 年代城市生活场景

2007.08.10 西安地铁二号线全面开工建设，为西安第一条投入运营的地铁线路。

B.C. 102

汉太初三年，武帝刘彻为求神仙降临，于长乐宫北修建明光宫。

唐武德年间，高祖李渊以《开皇律》为基础制定颁布了《武德律》，为唐朝立法的开端。

5.2.3 拼贴并置：1990 年代的城市风貌

1990 年代初期西安钟楼片区鸟瞰图

随着西安经济的快速发展和城市建设进程的不断推进，1990 年代造型简洁直率的现代建筑遍布在古城的大街小巷，形式丰富、造型新颖的新建筑不断改变着城市形象。大体量商业建筑的兴起丰富了城市的天际线，也挑战历史建筑的尺度。

东汉建初七年，史学家班固在其父班彪《史记后传》的基础上，写成中国第一部纪传体断代史《汉书》。

钟楼　华侨商店　报话大楼　开元商城

和平电影院　光明电影院　钟楼电影院　新华书店

炭市街市场　八仙庵　陕西省博物馆　鼓楼

西京医院　省政府办公大楼

陕西省图书馆　钟楼邮局

明嘉靖二十一年，陕西巡抚赵廷瑞修，学者马理（三原籍）、吕柟（高陵籍）编纂的《陕西通志》刊印。

5.2.4 公共空间：西安钟鼓楼广场建成

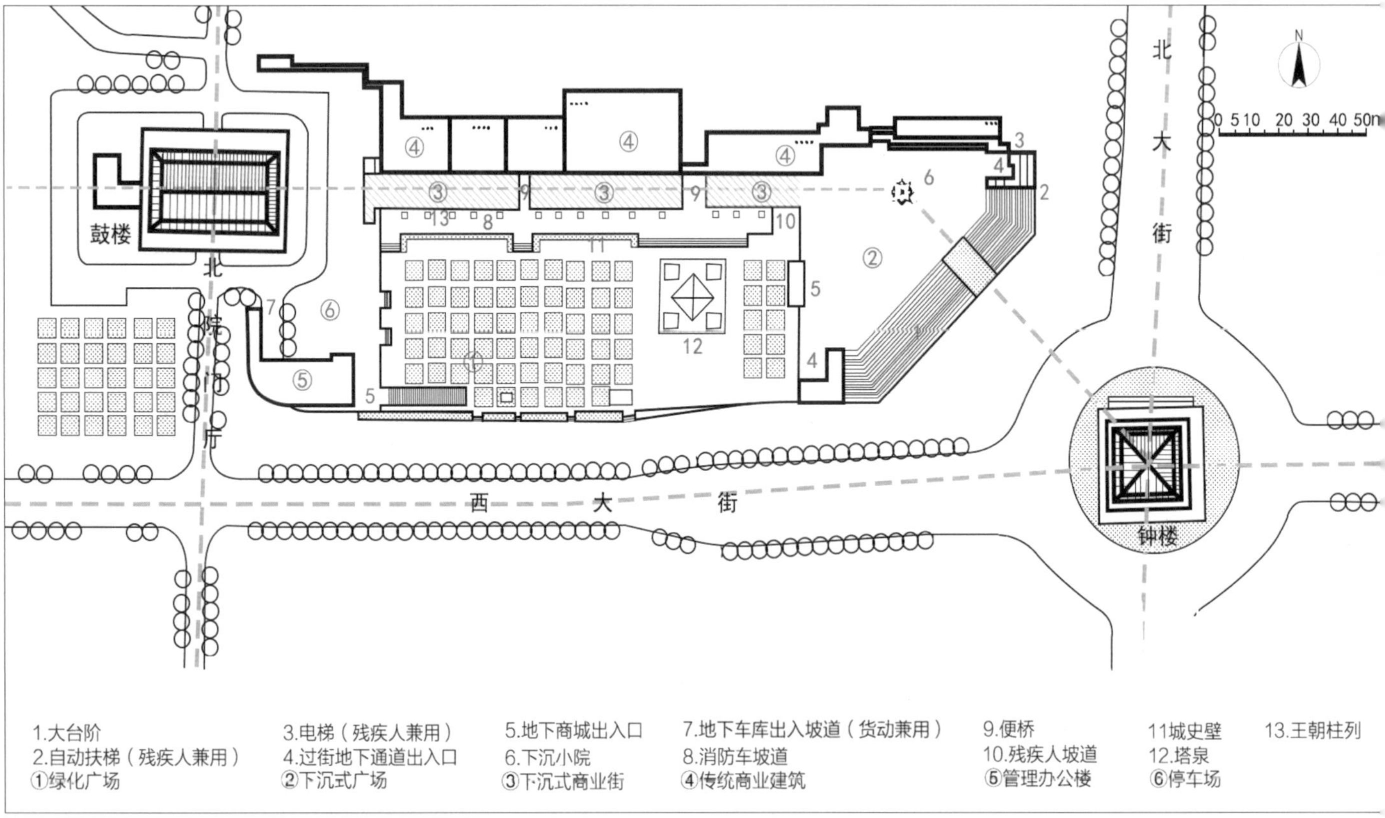

鼓楼
北院门
北大街
西大街
钟楼
N
0 5 10 20 30 40 50m
1.大台阶
2.自动扶梯（残疾人兼用）
①绿化广场
3.电梯（残疾人兼用）
4.过街地下通道出入口
②下沉式广场
5.地下商城出入口
6.下沉小院
③下沉式商业街
7.地下车库出入坡道（货动兼用）
8.消防车坡道
④传统商业建筑
9.便桥
10.残疾人坡道
⑤管理办公楼
11城史壁
12.塔泉
⑥停车场
13.王朝柱列

1990 年代钟鼓楼广场总平面图

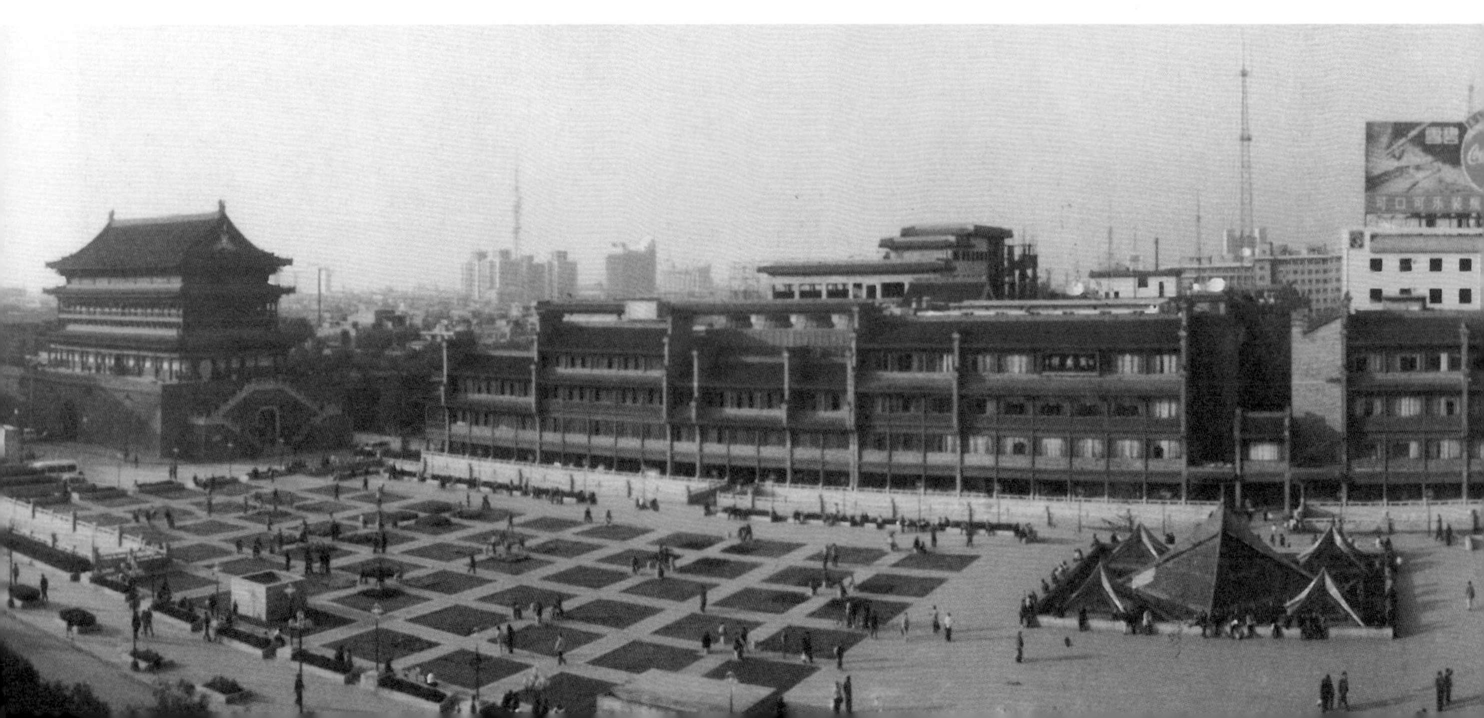

为应对 1990 年代大众消费生活需求的日益增长，城市公共空间建设成为重点。钟鼓楼广场作为明城区的大型公共空间，是当时西安旧城更新的重点工程。并于 1995 年 11 月破土动工。设计以钟鼓楼的建筑形象为主体，创造出一个完整的、富有历史内涵而又面向未来的城市公共空间。

1990 年代钟鼓楼广场绿化广场鸟瞰图

1990 年代钟鼓楼广场全景鸟瞰图

唐兴元元年，诗人韦应物（今陕西西安人）任滁州刺史期间，作《观田家》，反映春耕场景。

5.2.5 市场经济：最后的票证

从中华人民共和国成立初期开始，中国进入计划经济票证时代，因为市场商品供应不足，为保证群众基本生活需要，国家决定实行“计划经济”，发放各种商品票证来分配商品。这些票证通常分为“吃、穿、用”三大类，直到 1990 年代受到市场经济蓬勃发展的冲击，计划经济票证逐步退出经济舞台。

计划经济制度下全国通用票证和陕西西安票证图

5.2.6 科技生活：1990 年代的电子产品

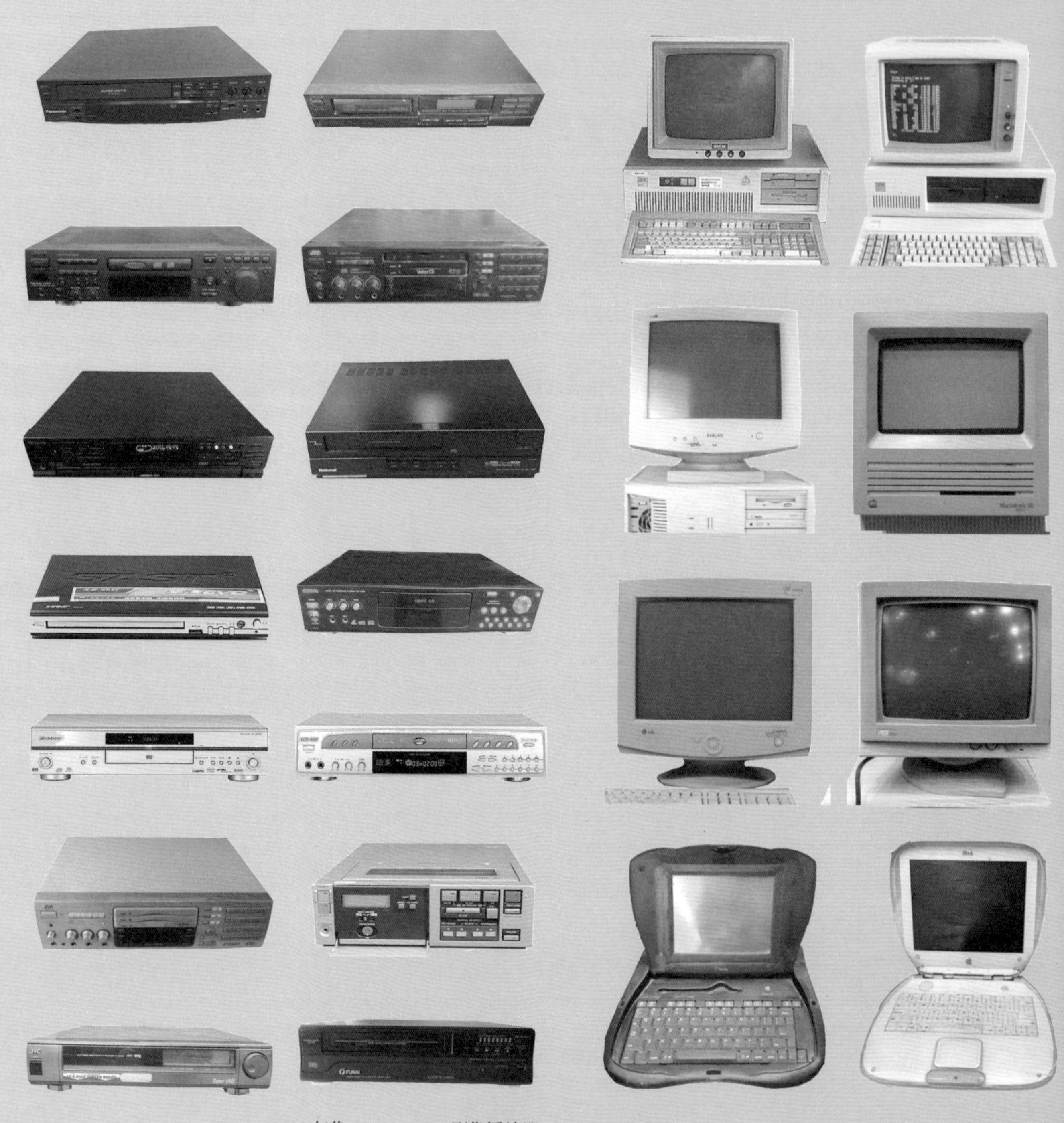

1990 年代 DVD，VCD 影像播放器

1990 年代电脑计算机图

1990 年代，DVD 和 VCD 开始普及，西安街头随处可见拉着音响大声放着音乐走街串巷卖碟的人。

1990 年代，计算机开始进入中国家庭，但由于价格较高，并未在老百姓家庭中得到广泛普及。

唐天宝二年，浪漫主义诗人李白作《清平调词三首》，留下『云想衣裳花想容，春风拂槛露华浓』的名句。

1990 年代传呼机

1990 年代，市面上的传呼机类型多样，其中摩托罗拉产品最受人们的欢迎。直到 1995 年，手机开启了大众化消费的时代，传呼机的消费开始走下坡路。

5.2.7 多姿多彩：1990 年代的休闲娱乐

流行音乐

黎明。今夜妳會不會來

忘情水 劉德華

失戀陣線聯盟 GRASSHOPPER'S CLUB BROKEN HEART

小虎隊

鄭鈞 赤裸裸?!

春节晚会

1989 年春晚

1990 年春晚

1991 年春晚

1992 年春晚

1993 年春晚

1994 年春晚

1995 年春晚

1996 年春晚

唐开元年间，玄宗李隆基励精图治，唐朝进入全盛时期，中国封建社会达到顶峰，史称『开元盛世』。

电影作品

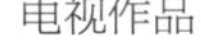
电视作品

A.D. 1921

08 22

民国十年，冯玉祥将军被北洋政府任命为陕西督军，为陕西地方发展作出重要贡献。

陆 时代——世纪的变迁

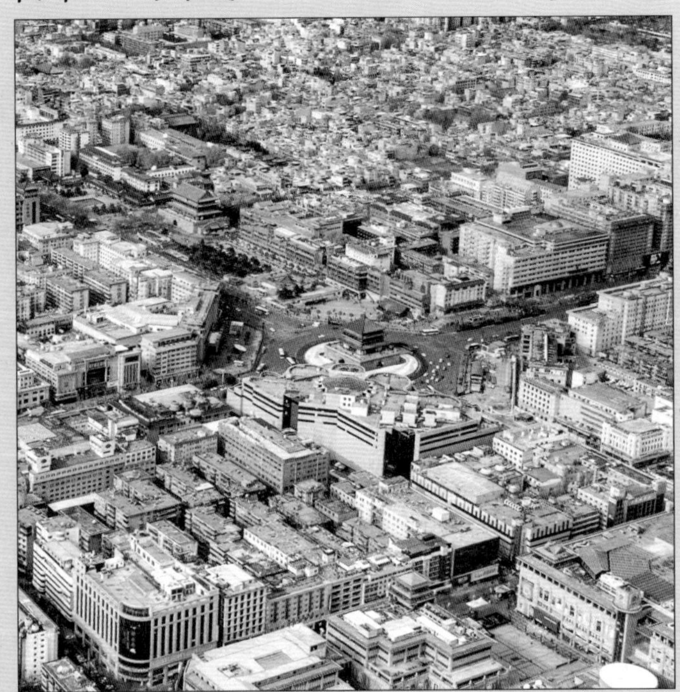

2000 年代西安钟楼片区城市风貌

中国的城市化与美国的高科技发展，将是深刻影响 21 世纪人类发展的两大主题。

——[美] 约瑟夫·斯蒂格利茨（诺贝尔经济学奖获得者）

A.D. 997

北宋至道三年，西安由雍州改为京兆府，隶属于关西道，为陕西路的路治。

西安永宁门城墙一角

民国七年，于右任（陕西三原人）出任陕西靖国军总司令，与冯玉祥、刘觉民等联合解救西安之围。

“如果大家想了解中国是从哪里来，那么大家就到陕西去看一看……如果大家要了解中国今后向哪里去，我建议大家也要到陕西去，去亲眼目睹古丝绸之路起点。”

——中国外交部部长王毅向世界推介陕西

6.1 多元：新时代的序幕 2000—2009 年

21 世纪以来，国家为扭转东西部差距，改变西部落后状况，促进区域经济协调发展，做出实施西部大开发的战略决策。这一时期，现代信息技术迅速发展并得到广泛应用，极大推动了社会经济发展和人类文明进步，也强化了城市之间的交流与互动。西安作为西部大开发的桥头堡，在政策支持和技术推动的背景下，迎来了新的发展机遇。第四版总体规划将西安的城市骨架彻底打开，强化其作为国家重要科研教育工业基地的重要性。西安以建设具有历史文化特色的现代城市为目标，在“九宫格局、棋盘路网、轴线突出、一城多心”的总体空间格局引导下，谋划新局。

A.D. 753

唐天宝十二年，现实主义诗人杜甫作《丽人行》，揭露安史之乱前夕荒淫腐朽的朝廷现实。

6.1.1 九宫格局：西安第四版总体规划

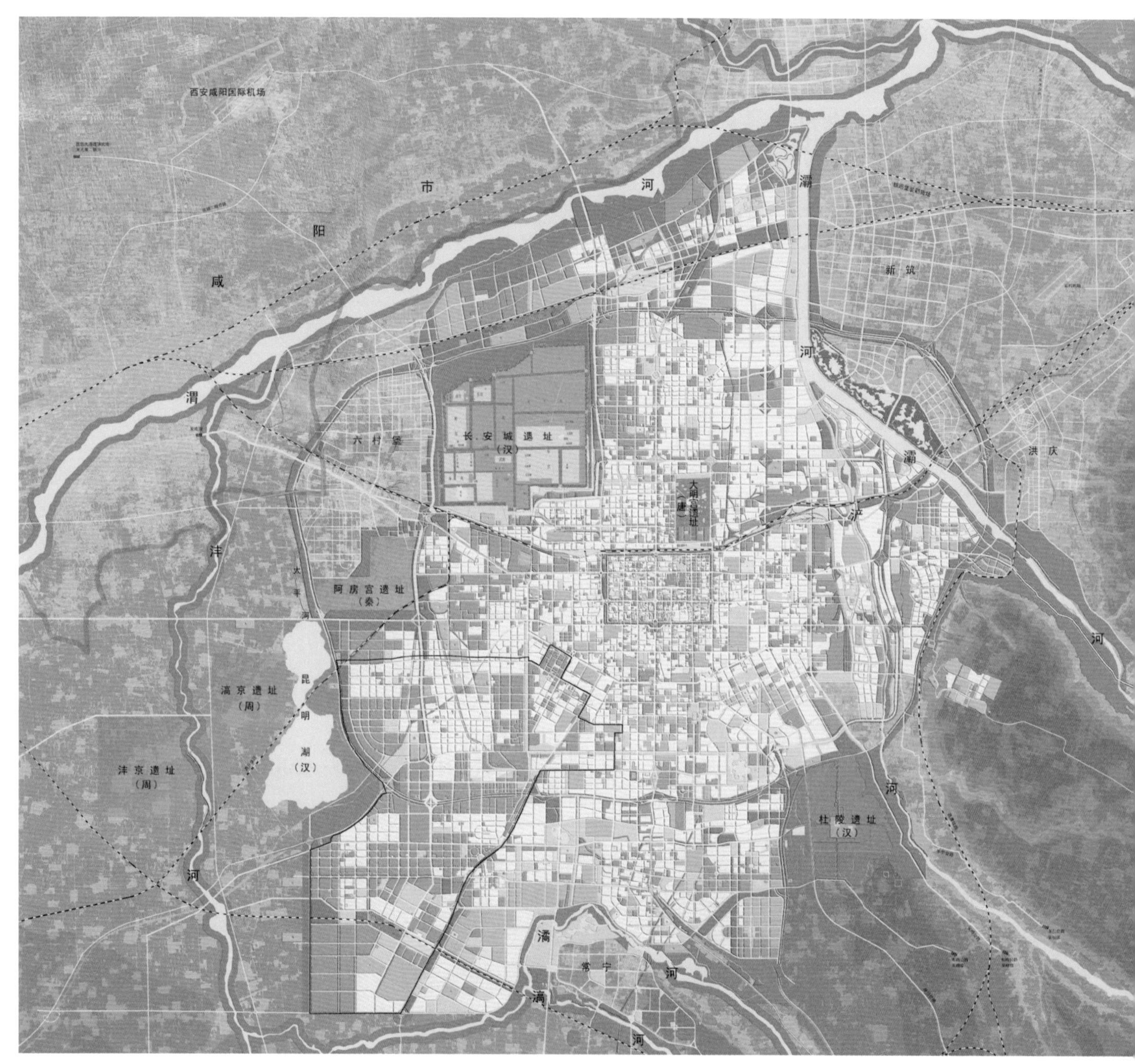

西安第四版城市总体规划（2008–2020 年）土地利用规划图

城市性质：西安是陕西省省会，国家重要的科研、教育和工业基地，我国西部地区重要的中心城市，国家历史文化名城，并将逐步建设成为具有历史文化特色的现代城市。

城市规模：全市城镇建设用地规模 865 平方千米，人口 1 070.78 万人；主城区城市建设用地规模 490 平方千米，人口 528.4 万人。

规划布局：九宫格局、棋盘路网、轴线突出、一城多心。

功能分区：一城、一轴、一环、多中心。

建筑面积 1.61 万平方米的陕西体育馆在南门外建成，该工程被评为全省 1980 年代十大优秀建筑之一。

明洪武十一年，长兴侯耿炳文奉旨以元代陕西诸道行御史台署旧址为基础建造秦王府，建成竣工。

6.1.2 千年回眸：西安城市建设历史总览

A.D. 1986
08 29
西安市政府正式命名国槐为市树、石榴花为市花，并决定每年5月4日至10日为爱护市树市花活动周。
杨官寨遗址
阳陵
秦始皇陵
姜寨遗址
明城区
京兆府
霸陵
杜陵遗址
安城
发展机遇：丝绸之路经济带
世界中心
秦
都长安
D386
西魏
定都长安
AD534
北周
定都长安
AD557
隋
定都长安
AD581
唐
定都长安
AD618
明
西安府
AD1369
清
建立玄满城
AD1645
中华人民共和国成立
1949
全国第一批历史文化名城
1982
西部大开发
1990
关天经济带
2002

清道光二十六年，林则徐抵陕上任陕西巡抚，严缉捕以靖地方，为陕西发展做出了积极贡献。

6.1.3 欣欣向荣：2000 年代城市生活场景

城墙内外的市

A.D. 1915

民国四年，"洪宪皇帝"袁世凯拨给督理陕西军务的威武将军陆建章两部汽车，为西安最早出现的汽车。

公共空间内的市民生活

6.1.4 城墙闭环：西安城墙四位一体合龙

环城公园文艺路桥西侧透视

环城公园东南角景点透视

环城林入口方案一

环城林入口方案二

1980 年代西安环城建设环城公园景观设计方案

1980 年代，西安市环城建设启动，以城墙为主，将城（城墙）、河（护城河）、林（环城林）、路（环城道路）组成“四位一体”的绿环，对城墙整体保护、环城地带景观风貌提升改造具有重要意义。2004 年 12 月，西安城墙火车站段顺利合龙，至此残缺了 60 余年的西安古城墙实现了完整连接，作为西安城市建设和文物保护发展史上一个里程碑式的事件，对展示古都风貌、提升文化品位、发挥文物资源优势具有重大意义。

A.D. 1959
09 02

西安市第一条无轨电车线路——钟楼至火车站建成通车，是现在611路公交车的最前身。

土方处理

墙体处理

城墙墙体包砖

城墙上部连接

施工人员进行混凝土灌浆

城墙火车站段成功连接

6.1.5 皇城天街：西大街改造

西大街改造

2001 年开始，西安市人民政府历时 4 年、投资 35 亿元对西大街进行了综合改造。改造后的街道全长 2 000 米，宽度拓宽为 50 米，以唐风建筑为西大街的新风貌，并新建了鼓楼西广场、安定门北广场、文化广场和若干个街头绿地。

A.D. 626
09 04

唐武德九年，高祖李渊退位，唐太宗李世民在显德殿登基，从此开创「贞观之治」。

于西安市临潼区姜寨发现新石器时代的仰韶文化遗址，是迄今发掘的中国新石器时代面积最大的遗址。

6.1.6 通信时代：2000—2009 年的手机款式

2000

2001

2002

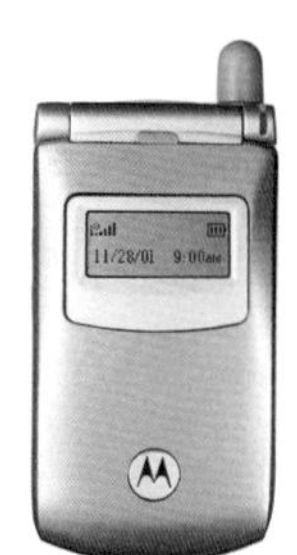

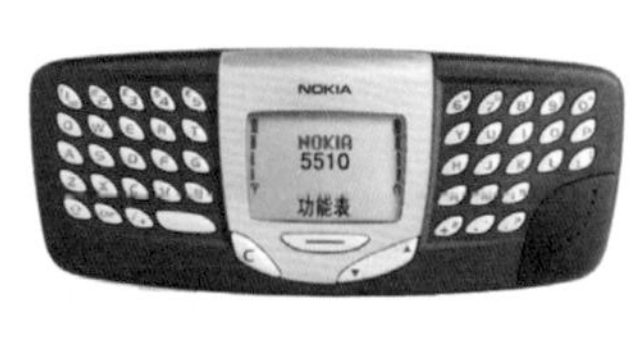

2003

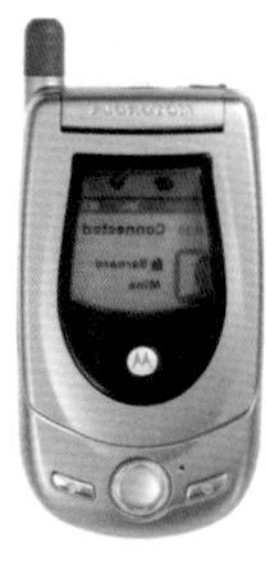
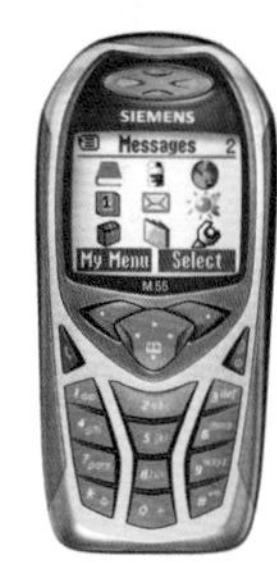

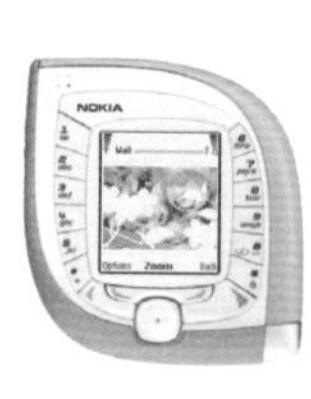

2004

周幽王六年，目前记载中最早的、有明确日期的『朔日』（日食）纪录，反映了西周时的天文观测水平。

2005

2006

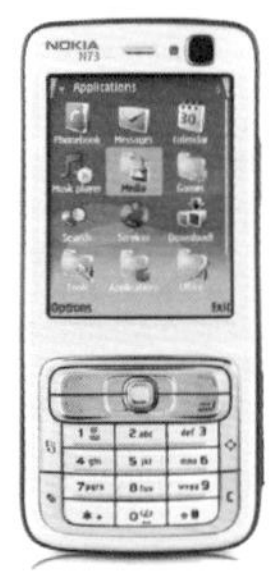

2007

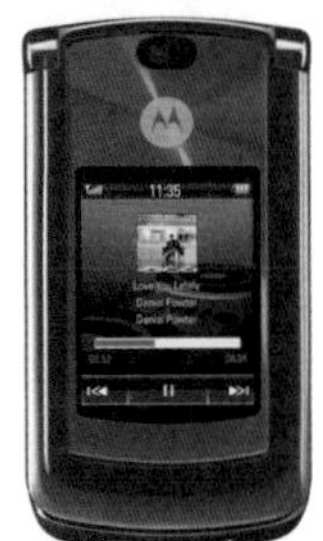

2008

2009

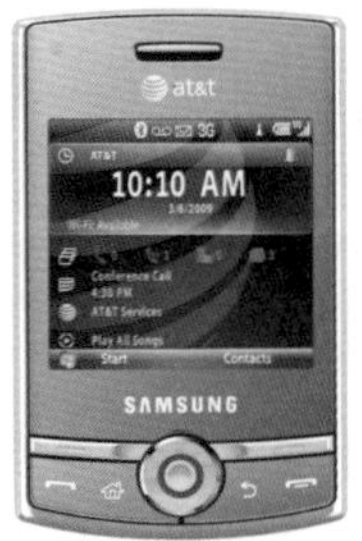

清光绪二十二年，陕西布政司文案吴廷锡创办西安第一张期刊型官办报纸《秦中书局汇报》，两年后停刊。

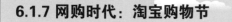

6.1.7 网购时代：淘宝购物节

航空运输

海路运输

亚洲最大网络购物平台

推出支付工具“支付宝”

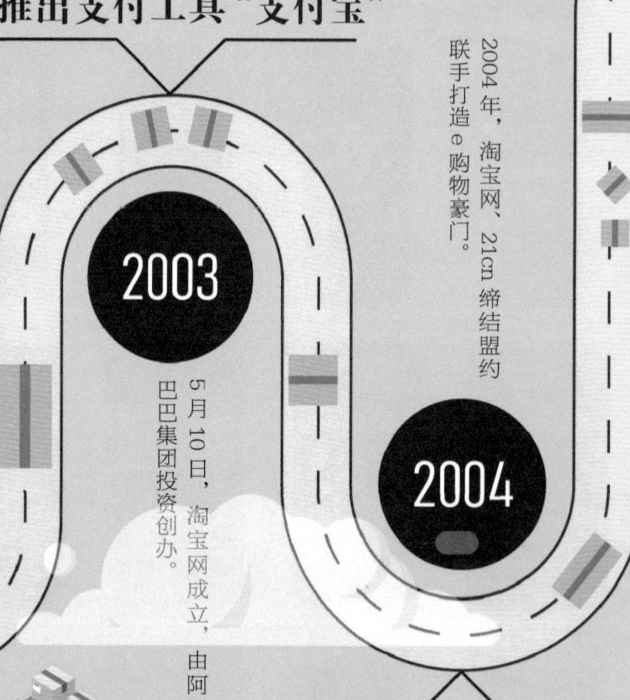

5月10日，淘宝网成立，由阿里巴巴集团投资创办。

2004年，淘宝网、21cn缔结盟约联手打造e购物豪门。

推出“淘宝旺旺”

2005年，淘宝网成交额破80亿元，超越eBay易趣，沃尔玛，并且开始把竞争对手们远远抛在身后。

淘宝网成为亚洲最大购物网站，中国网民突破1亿，第一次在中国实现了一个可能——互联网不仅仅是作为一个应用工具存在，它将最终构成生活的基本要素。

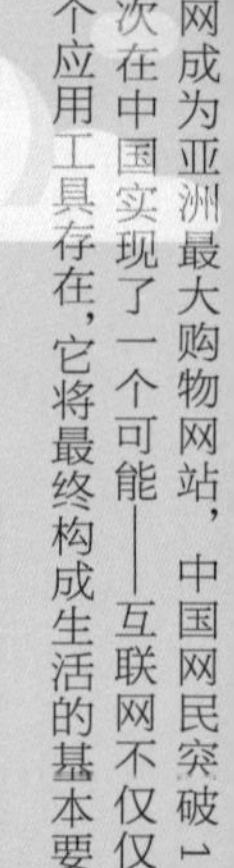

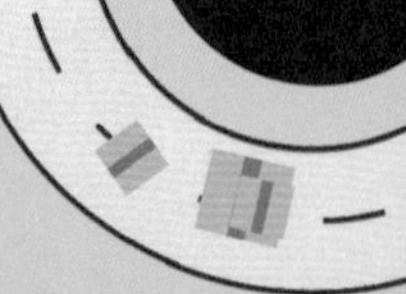

亚洲最大购物

2 271万

10亿

80亿

169亿

位于西安未央区和灞桥区的开发区——浐灞生态区成立，为全国唯一获得国家级生态区称号的开发区。

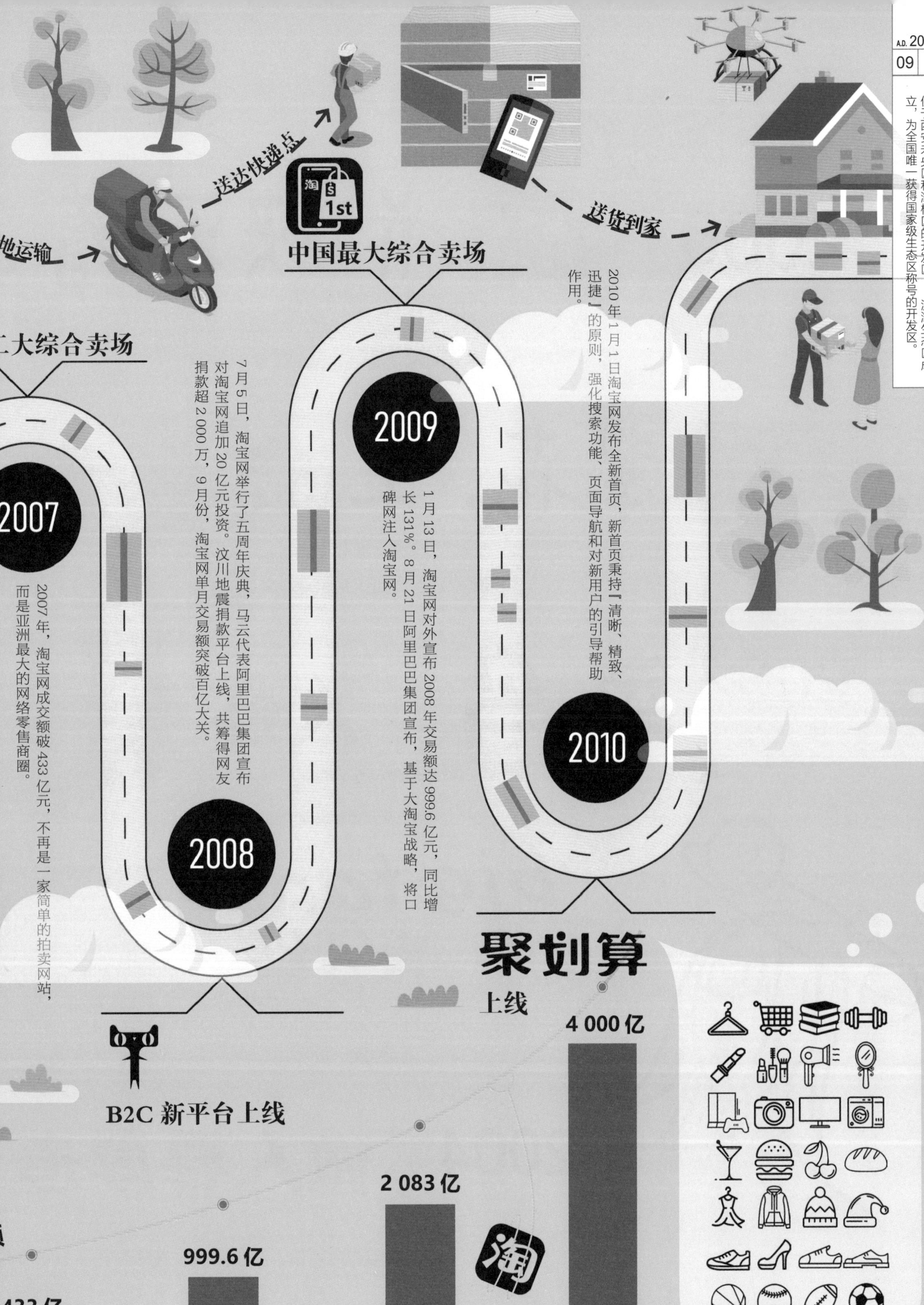

地运输
送达快递点
淘 1st
中国最大综合卖场
送货到家
二大综合卖场
2007
2007年，淘宝网成交额破433亿元，不再是一家简单的拍卖网站，而是亚洲最大的网络零售商圈。
2008
7月5日，淘宝网举行了五周年庆典，马云代表阿里巴巴集团宣布对淘宝网追加20亿元投资。汶川地震捐款平台上线，共筹得网友捐款超2 000万，9月份，淘宝网单月交易额突破百亿大关。
2009
1月13日，淘宝网对外宣布2008年交易额达999.6亿元，同比增长131%。8月21日阿里巴巴集团宣布，基于大淘宝战略，将口碑网注入淘宝网。
2010
2010年1月1日淘宝网发布全新首页，新首页秉持『清晰、精致、迅捷』的原则，强化搜索功能、页面导航和对新用户的引导帮助作用。
聚划算
上线
B2C 新平台上线
额
433亿
999.6亿
2 083亿
4 000亿
淘

唐元和四年，诗人白居易作《卖炭翁》，反映了『宫市』积弊成蠹、官吏衙役鱼肉市井的社会现实。

6.1.8 十年回顾：2000—2009 年网络十大流行语

2000 痛并快乐着

来源于同名畅销书籍。
在当年雅虎搜索引擎中有4 960个网页与“痛并快乐着”相关。

2001 翠花，上酸菜

东北话，翠花代表美丽的东北姑娘。
出自歌手雪村“东北人都是活雷锋”中的歌词。

2002 菜鸟 大虾

“菜鸟”来自闽南语，是网络新手的网上称呼。
“大虾”是超级网虫的网上称呼。

2003 big fans 粉丝

英语“fans”谐音。
指崇拜明星的一类人群
多是年轻人，
也叫追星族。

2004 做人要厚道

电影《手机》里的台词，用来数落不发下文的此东晋咸和四年，后赵大军挥师入关占据长安，前赵太子刘熙被杀，前赵灭，国祚12年。

2005 出来混，迟早要还的

电影《无间道》的台词，指得到报应的意思。

2006 额滴神啊

电视剧《武林外传》的台词，即“我的天啊”，表示惊讶。

2007 你太有才了

2007年春晚赵本山、宋丹丹表演小品《策划》中的台词。

2008 打酱油

来源于广东电视外外景采访，指在一件事中存在感很低。

2009 今天，你偷菜了吗？

来源于风靡互联网的“开心农场”游戏。

A.D. 2019
09 11

国家印发《关于做好2019年国家物流枢纽建设工作的通知》，确定西安陆港型国家物流枢纽的建立。

西安永宁门夜景

“加快西安中心城市建设步伐……强化面向西北地区的综合服务和对外交往门户功能，提升维护西北繁荣稳定的战略功能，打造西部地区重要的经济中心、对外交往中心、丝路科创中心、丝路文化高地、内陆开放高地、国家综合交通枢纽。”

——《关中平原城市群发展规划》

6.2 谋变：新常态的发展 2010—2019 年

近十年是西安高速发展的重要时期。“一带一路”倡议和西部大开发战略的全面推行，为大西安建设、国家中心城市建设、国际化大都市建设提供了绝佳的契机，促使经济、社会、文化、城建等方面实现跨越式发展。2011 年，西安市进入了地铁时代，城市时空尺度发生重大变化。2018 年，永兴坊、大唐不夜城、西安城墙灯展等让西安的网络热度爆棚，历史古都借助新兴媒体大火了一把。面对全新的时代格局和发展机遇，西安如何改变观念，锐意进取，让千年古都焕发新的活力依然是一个重大的课题。

1935

09 13

民国二十四年，民国将领张学良从汉口迁驻西安，租用西北通济信托公司金家巷5号，为张学良将军公馆。

6.2.1 内城存量：西安城市航拍

钟楼—西门的鸟瞰图

位于西安市北部的西安经济技术开发区成立，后晋升为国家级经济技术开发区。

钟楼—北门的鸟瞰图

钟楼—东门的鸟瞰图

南门—钟楼的鸟瞰图

2013.9.15

贯通咸阳和临潼的主动脉——地铁一号线正式开通，为首个连通西安市与西咸新区的轨道交通线路。

6.2.2 万象百态：2010 年代城市生活场景

回民街市民生活街景

A.D. 201

09 1

西安地铁二号线（一期）正式通车试运营，这标志着西安城市公共交通正式步入地铁时代。

四大街城市生活场景

2010

9

位于曲江池遗址公园南岸的秦二世陵遗址公园建成开放，至此曲江六大遗址公园全部落成。

6.2.3 地铁时代：2011 年西安地铁通车

西安地铁宣传及施工照片

2011 年 9 月 16 日，西安首条地铁线路——二号线通车试运营。这是当时西北地区首条开通的地铁线路。至此，西安正式进入地铁时代，成为全国第十个拥有地铁运营线路的城市。

B.C. 226

秦始皇二十一年，战国四大名将之一的王翦以最小代价为秦灭楚，是秦统一六国的最大功臣。

2003

09

东二环路北段主线通车，标志着二环路工程全线贯通，为西安首条快速交通环线。

6.2.4 网游荣耀：网络小说《全职高手》流行

上图：《全职高手》漫画封面海报拼合

在网络小说盛行的时代，蝴蝶蓝 2011 年连载于起点中文网的电竞战队小说《全职高手》，自上线至 2014 年完结人气一路攀升，持续占据起点中文网的榜首。2017 年其动漫版正式上线，掀起一波国漫及网络游戏热潮。

A.D. 1993
09

被誉为浪漫派文学『最后的骑士』高建群（祖籍陕西临潼），创作的高原史诗《最后一个匈奴》出版。

唐贞观八年，太宗李世民在龙首原上为其父李渊（当时的太上皇）始建养老避暑宫殿大明宫（永安宫）。

6.2.5 实体衰退：没落的东大街

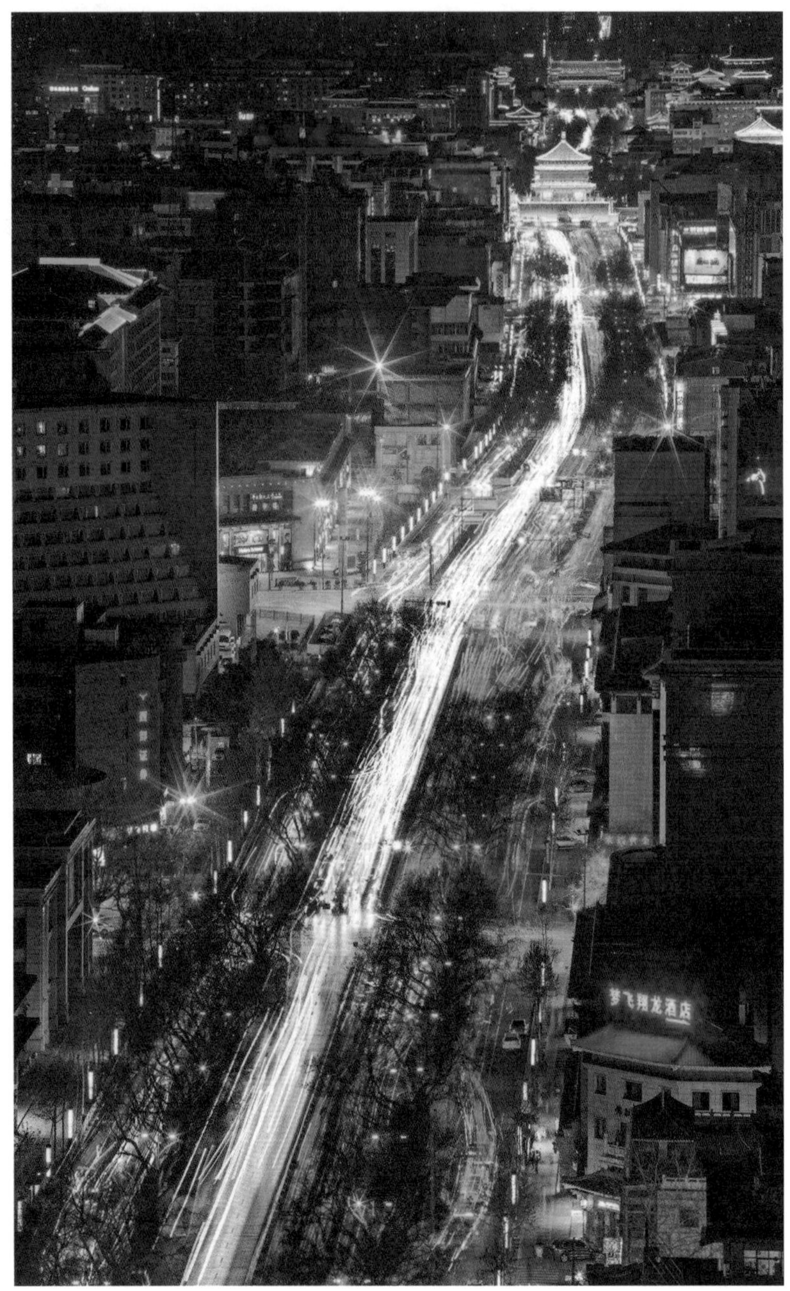

西安东大街夜景

西安东大街，西起钟楼，东至长乐门(东门)，全长 2 150 米，因在钟楼之东而得名。其历史悠久，曾是西安最繁华的商业街，被称为“西北第一金街”，如今却在网购时代的发展中日渐衰败，荣光不再。

A.D. 1272

元至元九年，世祖忽必烈封其第三子忙哥剌为安西王，于奉元城东北部建造安西王府。

6.2.6 网红城市：2018 年“西安年 · 最中国”

大唐不夜城“网红西安”标识

2018 年春节，“西安年 · 最中国”叫响全国、惊艳世界。《人民日报》、新华社、中央电视台等媒体报道“西安年 · 最中国”活动 120 余次，累计阅读和点击量超过 1.8 亿次；Facebook 等国际知名社交网站发布“西安年 · 最中国”活动盛况，更是引发了海内外多个国家和地区网友的热议，这使得西安一度成为闻名中外的网红城市。

A.D. 1912 09 24

民国元年，陕西都督府下令拆除满城西、南两面城墙，结束分隔状况，西安城重回一体。

国务院下发《关于保护西安城墙的通知》及《关于建议保护西安城墙的报告》，西安城墙得以保存。

6.2.7 坊上日常：2019 年回坊生活街巷

西安回坊西起西安西大街桥梓口，东至广济街，围绕 10 座清真寺，聚居着约 6 万回族同胞，人口十分密集，并且保持着传统的生活方式，是西安明城区最具风土特征的片区。如何在延续其文脉的基础上完成有机更新，是片区当前最迫切的核心问题。

B.C. 207
09 27

秦二世三年，丞相赵高阴谋篡夺皇位，为树立权威，清除异己，指鹿为马。

6.2.8 更新之殇：2019 年东木头市拆除

A.D. 1981
09 28

国务院批准开通西安至香港航线，设立西安航空口岸，后批准设立西安海关，为我国内陆海关之一。

2019 年，由于碑林博物馆改扩建综合改造项目的开展，对北至东木头市，南至三学街顺城巷，东至柏树林，西至安居巷范围进行征收、拆迁，多年的老房子在轰轰烈烈的城市更新运动中消失殆尽，其承载的城市记忆也随之被擦除、抹去。

投资概算 29.07 亿元的西安绕城高速公路和西安咸阳国际机场高速公路全线建成通车。

6.2.9 十年变迁：2010—2019 年西安大数据

全年全社会固定资产投资 / 亿元

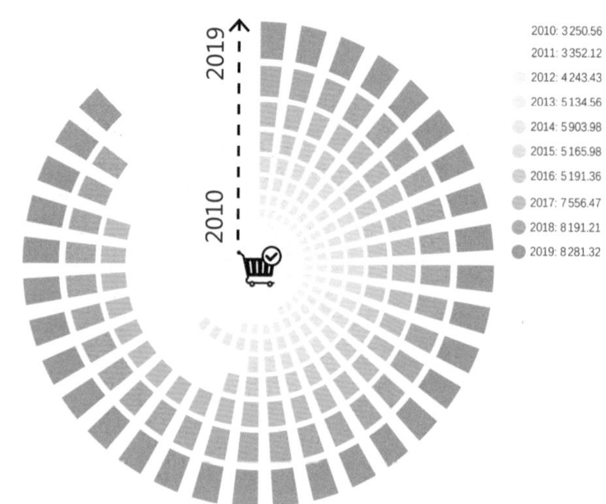

汽车保有量 / 万辆

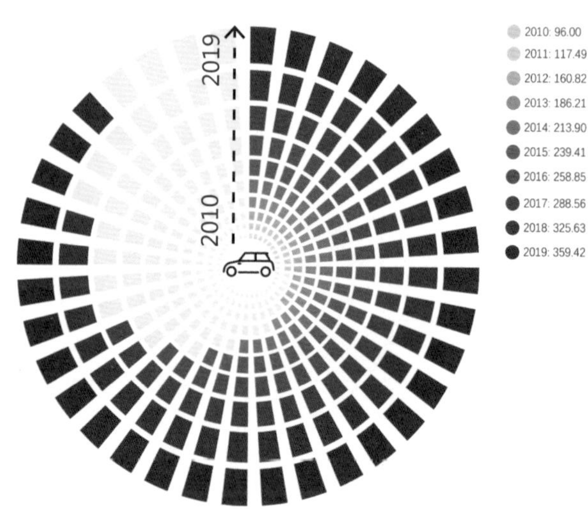

游客人次 / 万人

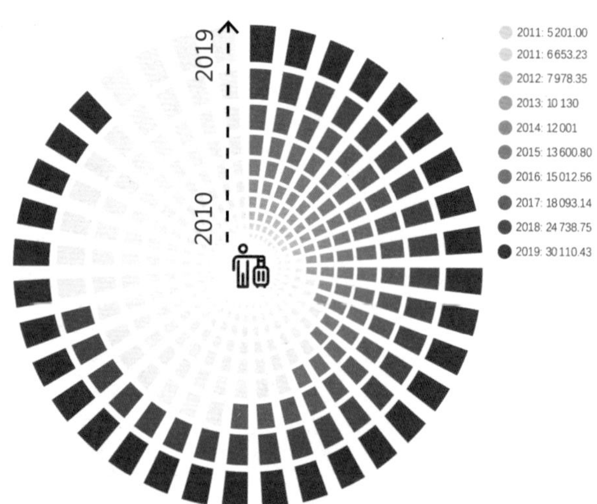

全年社会消费品零售总额 / 亿元

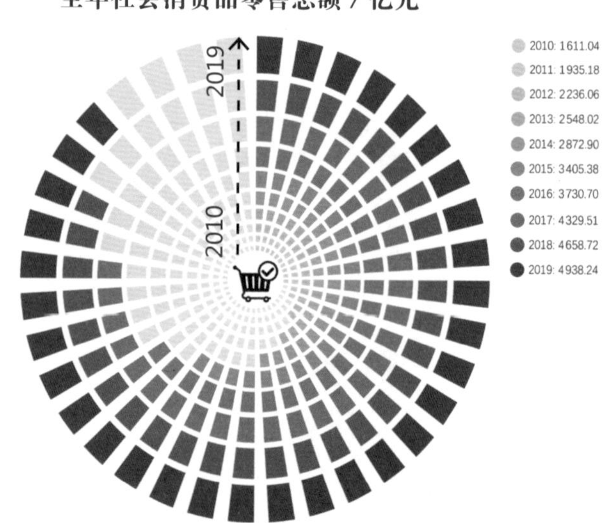

2010 年

郑西高铁正式运营

大明宫国家遗址公园正式开园

西安荣膺『中国国际形象最佳城市』

2011 年

综合保税区正式获国务院批准设立

欧亚经济论坛开幕

西安市政府北迁

高铁北客站开通

西安首条地铁——地铁二号线开通

西安世界园艺博览会成功举办

2012 年

国内最大的 LED 天幕在秦汉唐开播

西安高新综合保税区正式批准设立

西安咸阳国际机场 T3 航站楼投入使用

2013 年

首趟国际货运班列『长安号』发车

《西安市秦岭生态环境保护条例》公布暨实施动员会召开

地铁一号线通车运营

三星项目西安工厂正式启动

2014 年

西咸国际机场 T3 航站楼投入使用

世界上第一所老子学院——加拿大老子学院成立仪式在西安举行

首届丝路国际电影节在西安举行

洲际酒店入驻西咸新区立体城市

2015

西北首个宜家家居开业

西咸北环线通车

源于唐代燕乐的西安鼓乐被列入联合国教科文组织《人类非物质文化遗产代表作名录》。

P/ 亿元

经济一直延续稳中向
发展态势，活力显著
，动能加速转换，潜
断释放，实现了平稳
发展。2018 年经济总
上了 7 000 亿元
，在副省级城
再次实现进位。

人口 / 万人

2018 年来，在户籍准入门槛降低的背景下，西安城市人口规模不断扩大，通过人才新政吸纳的大量优质人口资源也创造了人口数量新的增长极。

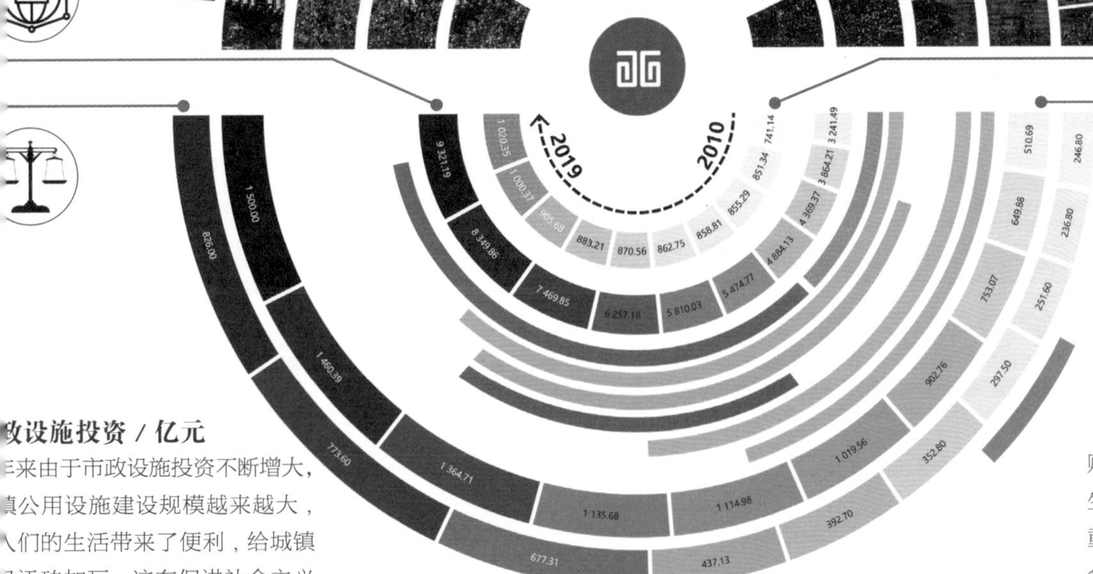

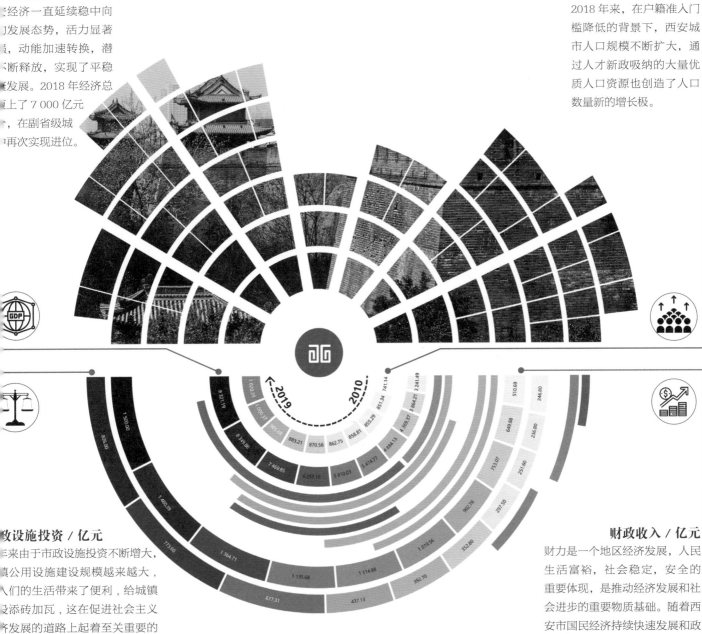

政设施投资 / 亿元

来由于市政设施投资不断增大，
镇公用设施建设规模越来越大，
人们的生活带来了便利，给城镇
添砖加瓦，这在促进社会主义
济发展的道路上起着至关重要的
用。

财政收入 / 亿元

财力是一个地区经济发展，人民生活富裕，社会稳定，安全的重要体现，是推动经济发展和社会进步的重要物质基础。随着西安市国民经济持续快速发展和政府财力不断增加，财政收入与 GDP 增长的关系倍受关注。

2016 年

西安上榜全国最幸福城市

地铁三号线通车运营

央视中秋晚会在大唐芙蓉园举办

西安作为四个央视春晚分会场之一

2017 年

西安首届国际马拉松开跑

501 米西北第一高楼破土开建

中国（陕西）自由贸易试验区正式揭牌

西安正式托管西咸新区

华为全球技术支持中心、京东无人机研发制造基地、海航现代物流相继落户西安

2018 年

举办首届创新城市发展方式（西咸）国际论坛

西安恒大童世界正式开工

全球最大连锁便利店超市『7-ELEVEn』宣布落户西安

西安获批成为第九个『国家中心城市』

无人机灯光秀点燃西安夜空

西安荣获『2018 最具幸福感城市』称号

地铁四号线通车运营

2019 年

人口破千万，西安跻身超大城市

机场三期扩建获国家立项批复

陕西历史博物馆新馆选址浐灞

西咸新区交大创新港竣工启用

西安地铁三期规划终获批

立讯电子、比亚迪高端智能终端产业园落户西安

2010
10 01

位于陕西省西安市太华南路的首批全国重点文物保护单位——西安大明宫国家遗址公园开园。

柒 日常——时下的记录

西安北大街游览场景

我不知疲劳地，一定要带领客人朋友爬土城墙，指点那城南的大雁塔和曲江池，说，看见那大雁塔吗？那就是一枚印石；看见那曲江池吧，那就是一盒印泥。记住，历史当然翻开了新的一页，现代的西安当然不仅仅是个保留着过去的城，它有着其他城市所具有的最现代的东西。但是，它区别于别的城市，是无言的上帝把中国文化的大印放置在西安，西安永远是中国文化魂魄所在地了。

——贾平凹《西安这座城》

A.D. 1953
10 03
全市第一个手工业生产合作社——西安市第一木器生产合作社成立。

西安回坊穿古装的年轻人

“头上倭堕髻，耳中明月珠。缃绮为下裙，紫绮为上襦。”

——[汉]佚名《陌上桑》

7.1 衣：各着其服

服饰是社会的缩影，浓缩了人们对于地域文化、审美情趣、流行时尚的理解和内化。日益丰富的服饰类型和选择方式提升了市民百姓对于服饰的认知、追求和品味，从厚重内敛的历史古都到开放时尚的国际化大都市，西安人的衣着装扮由朴素保守变得多元自由。街头摊位和特色小店为人们提供便利随性的日常选择，潮流店铺和网络风尚让年轻人的衣着新潮前卫而充满个性，国际品牌的普及与展示为古城增添了更多的时尚和国际化气息。

7.1.1 百人百衣：男女老少 + 衣冠齐楚

A.D. 1988 10 05

陕西省首家股票发行企业——西安市解放百货股份有限公司举行首次股票发行大会，发行股票40万元。

A.D. 2002
10

大型水利工程黑河水库开始正式向西安供水，从根本上改善了西安城市用水难问题。

7.1.2 随意便利：露天摊位 + 街头小店

A.D. 804

10

唐贞元二十年，文学家元稹编撰了传奇小说《莺莺传》，为元代作家王实甫撰写《西厢记》的蓝本。

A.D. 1990
10 08

第十四届国际建筑学大学生竞赛颁奖大会在夺得该届最高奖的西安冶金建筑学院隆重举行。

新中国成立后西安市第二家新建的大型百货商店——中山大街百货商店（后改名华侨商店）建成开业。

7.1.3 时尚新潮：服饰专卖 + 购物橱窗

A.D. 1982

10

代市长张铁民正式出任西安市市长，为政期间深受市民爱戴，被西安市人民誉为『铁市长』。

B.C. 190

10

汉惠帝五年，长安城建成，为当时世界上规模最大的都城。

西安街边特色食品

“秦烹惟羊羹，陇馔有熊腊。”

——[宋]苏轼《次韵子由除日见寄》

7.2 食：各品其味

不同地区因自然环境、气候条件、文化信仰、经济生活等差异，形成了特有的地方饮食。西安饮食文化历史悠久、博大精深，现有传统风味小吃百余种，一品一味，深受大众喜爱。传统饮食与新潮概念相融合的网红餐饮店铺纷纷涌现，为发展传统饮食文化、塑造特色鲜明的城市文化形象提供了更多可能性。人们既可以在市场选择新鲜食材，体验烹制乐趣，也可以到各类餐馆，品尝来自五湖四海和国外潮流的特色美食，享受更为多元的味蕾体验。

A.D. 1952
10

西安市第一座自来水厂——西京水厂建成供水，结束了市民吃井水的历史。

7.2.1 地方佳肴：特色美食＋菜品大观

A.D. 1979

10

在秦兵马俑陪葬坑遗址上建立的秦始皇兵马俑博物馆正式开放。

7.2.2 食材选购：市场摊位 + 超市货柜

A.D. 1893 10 15

清光绪十九年，陕西省舆图馆测绘的《陕西省城图》完成，这是西安首次实测的大比例尺平面地图。

A.D. 690

10 16

武周天授一年，武则天改国号为周，改元天授。祭万象神宫，加尊武则天为圣神皇帝。

1609

明万历三十七年，陕西最高学府，全国四大书院之一的关中书院在宝庆寺东侧筹建。

7.2.3 食铺餐馆：小吃食馆 + 酒吧餐厅

A.D. 1938
民国二十七年，西安首家现代化钢筋混凝土结构大楼在尚仁路北段东侧建成（今陕西人民银行驻地）。

唐开元十四年，玄宗下令修筑夹城，由兴庆宫北通大明宫，方便皇帝出行。

明城区内的居住区

“如果建筑的目的是为人类的生活提供骨架，那在其中居住的人们的居住方式及行为方式将影响空间的形成。”

——[丹麦]拉斯姆森《建筑体验》

7.3 住：各得其所

“居者有其屋”，对于每一个人而言，居住空间是安身立命之所，是维系一切生活活动的基本单元。西安明城区经历了不同历史时期的层积叠加，逐渐形成传统民居、单位大院、商品住宅、酒店旅舍等各类居住空间相互拼贴的复合样态。行走于明城之中，既能感受来自回坊参差密布、小街窄巷的西安传统城市风味，又能看到高楼林立、层层包围的现代都市景象，时间在这里折叠并行，氤氲于形形色色的居住场所当中，记述着生活的百态千姿。

A.D. 2015 | 10 | 21

第15届国际古迹遗址理事会大会通过《西安宣言》，强调对历史遗址和古建筑的环境保护。

7.3.1 住屋样态：明城居住建筑

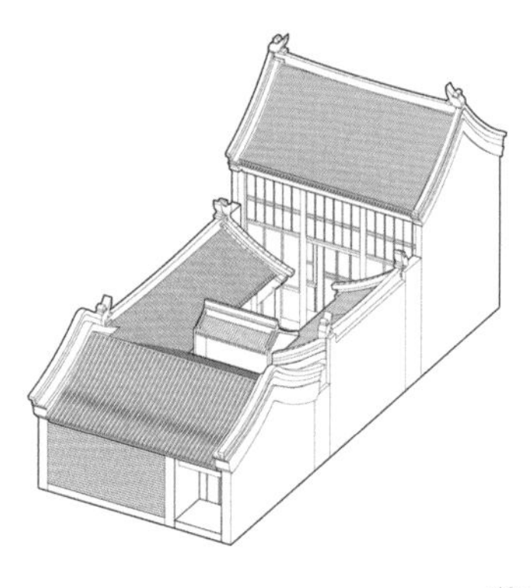
独院

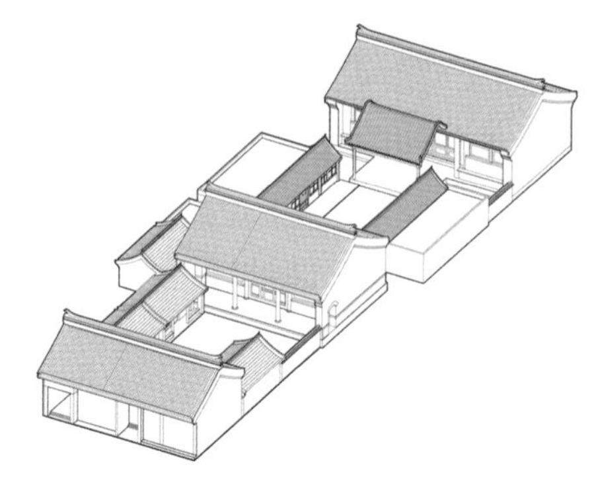
多进院

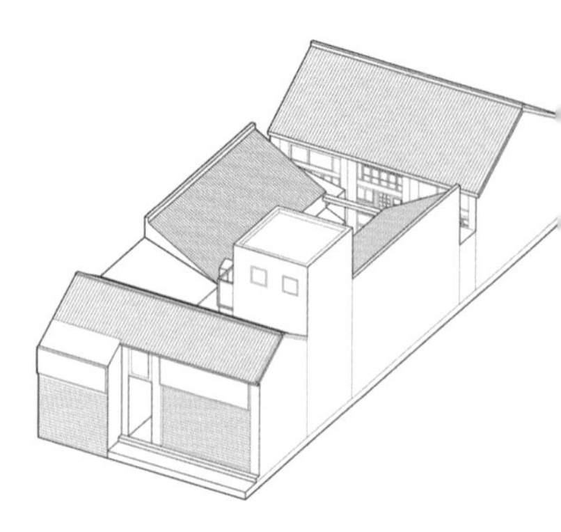
加建

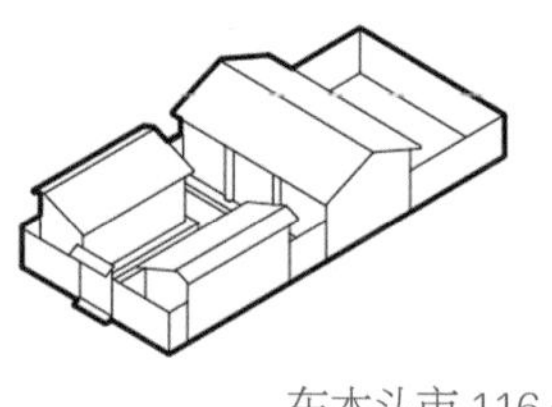
东木头市 116 号

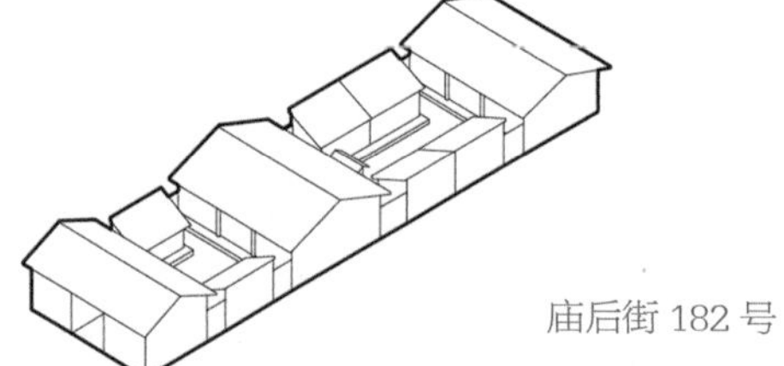
庙后街 182 号

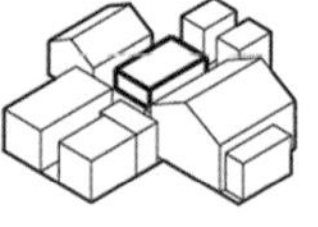
府学巷 7 号

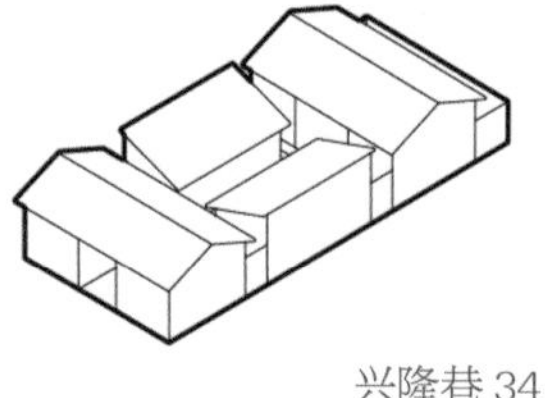
兴隆巷 34 号

东木头市 56 号

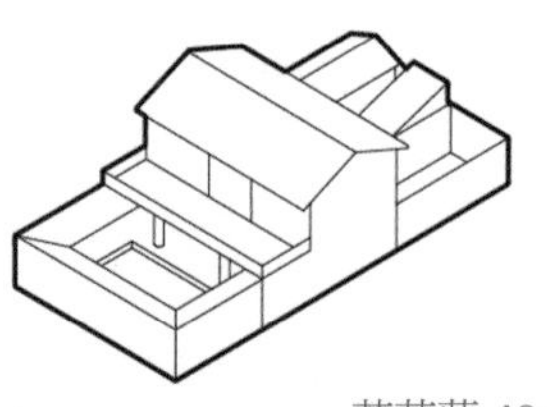
芦苇荡 40 号

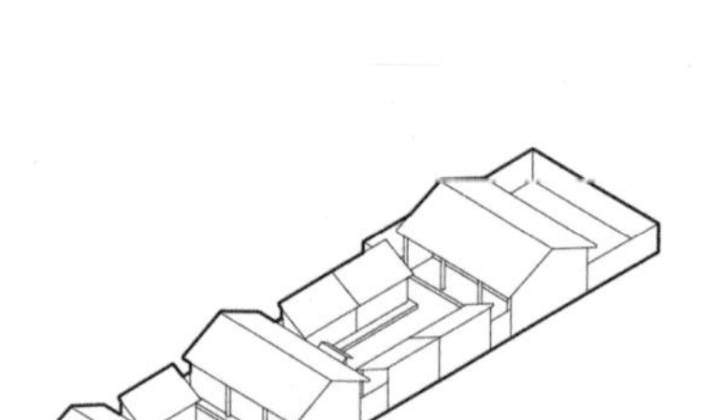
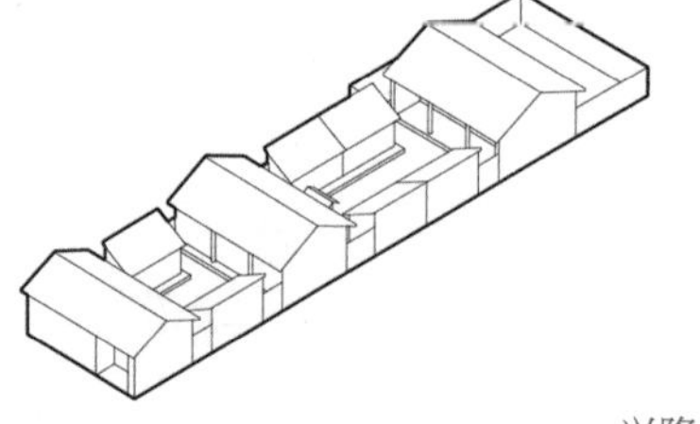
兴隆巷 42 号

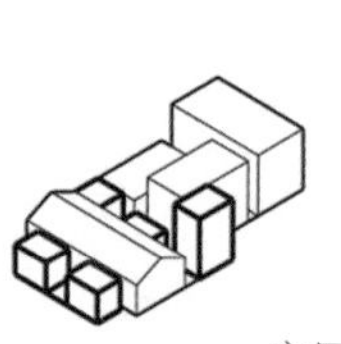
安居巷 41 号

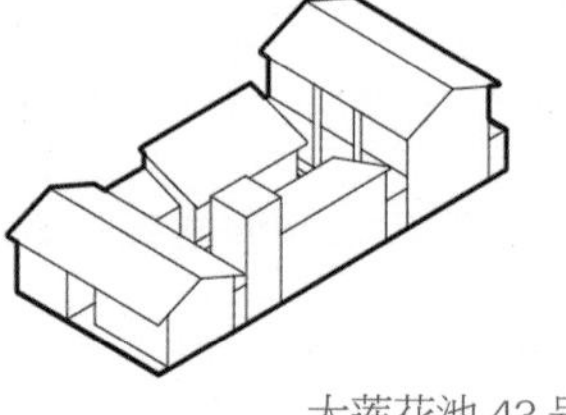
大莲花池 43 号

长安学巷 6 号

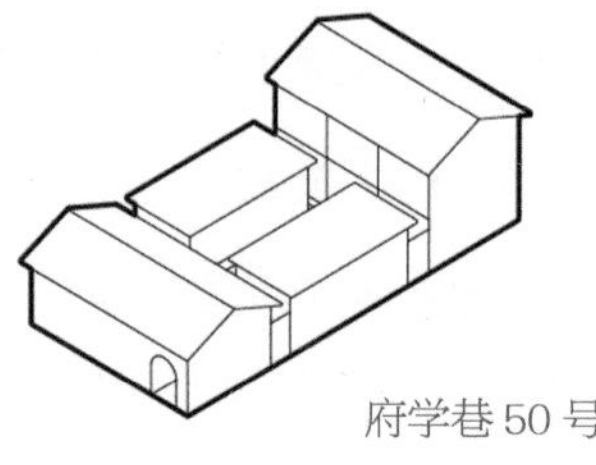
府学巷 50 号

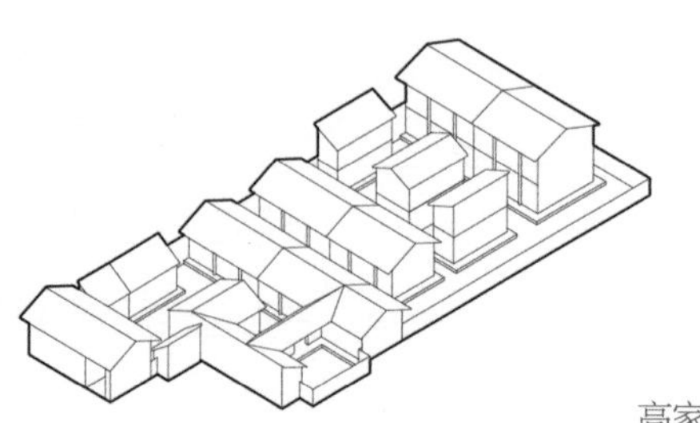
高家大院

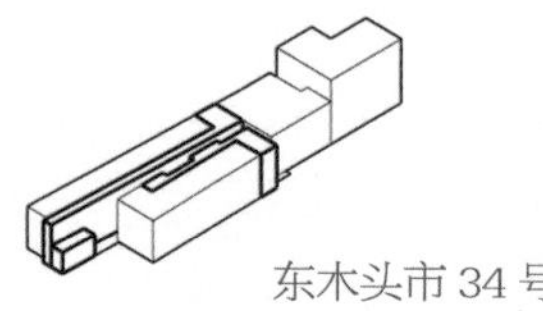
东木头市 34 号

清宣统三年，新军营长张凤翔领导同盟会、新军、哥老会，发动推翻清政府的西安起义。

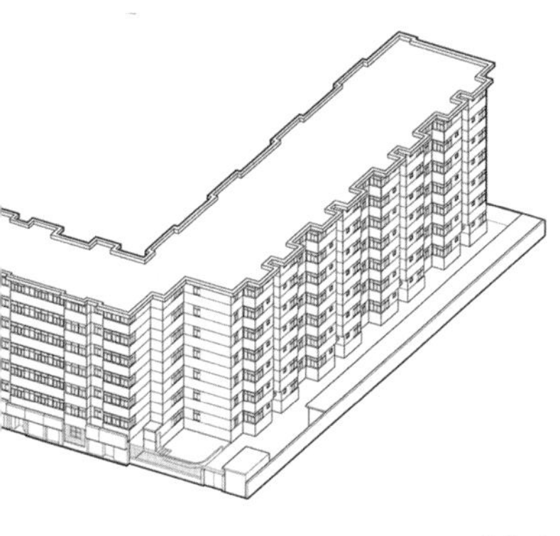

L 型住宅

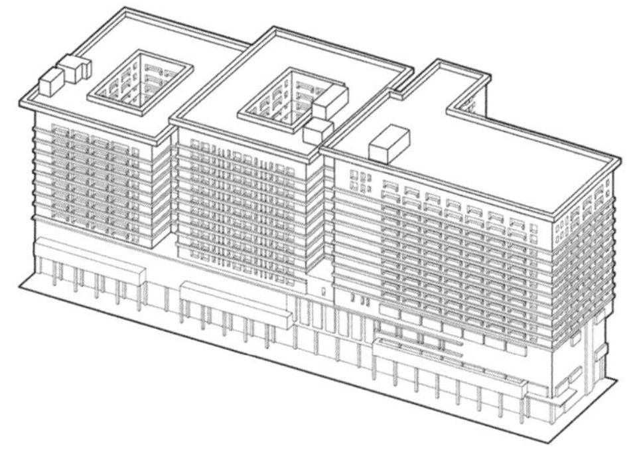

一字型住宅

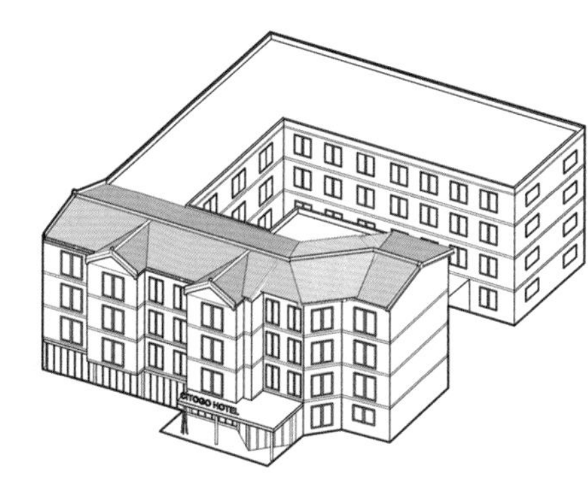

围合型住宅

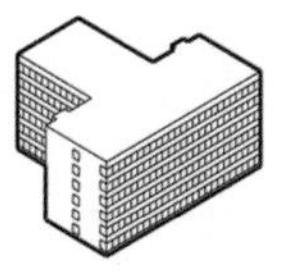

西城坊小区

四浩庄 4 号院

曹家巷社区

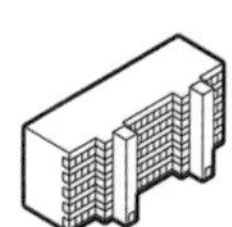

紫竹苑

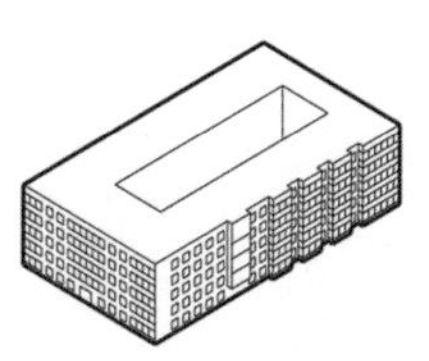

六谷庄 8 号院

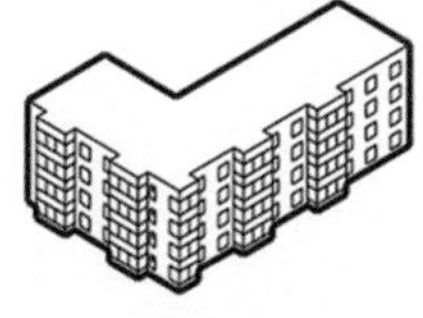

兰空建国公园干休所

广仁小区

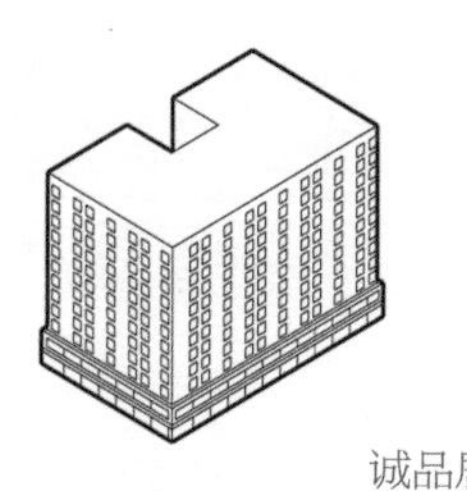

诚品居

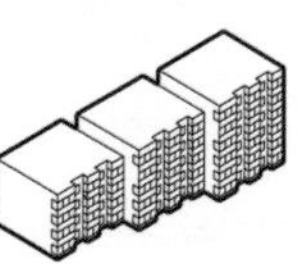

迎春小区

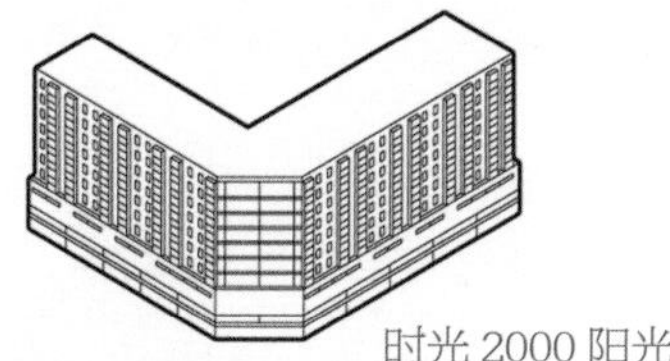

时光 2000 阳光阁

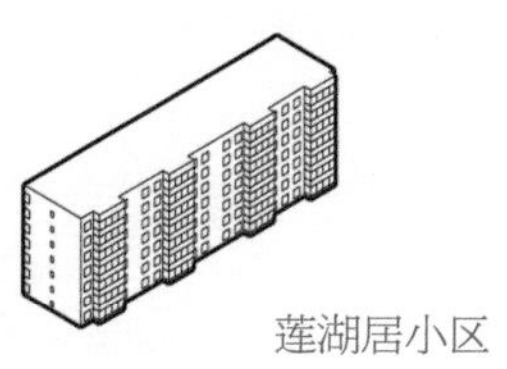

莲湖居小区

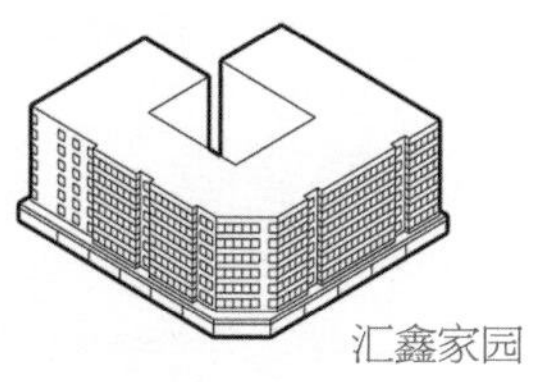

汇鑫家园

1296 元元贞二年，方志学家骆天骧以宋敏求《长安志》为底本，补充金、元资料，纂成《类编长安志》。

7.3.2 组栋布局：明城居住街坊

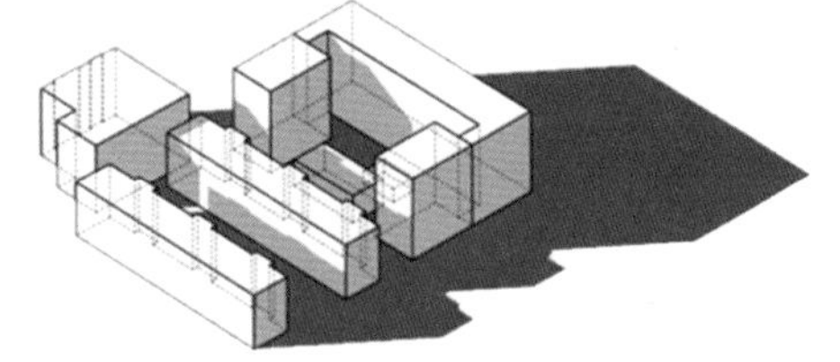
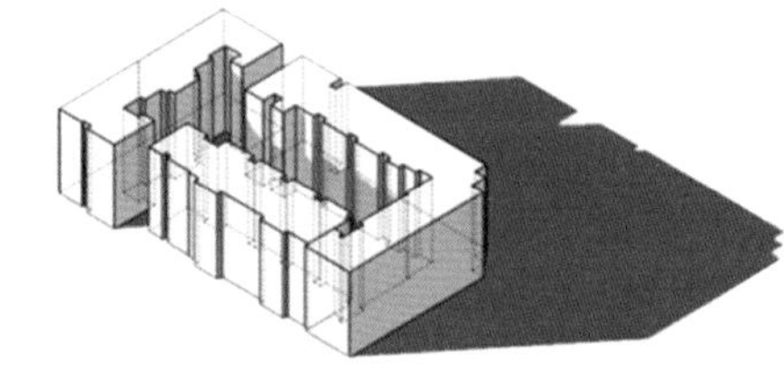
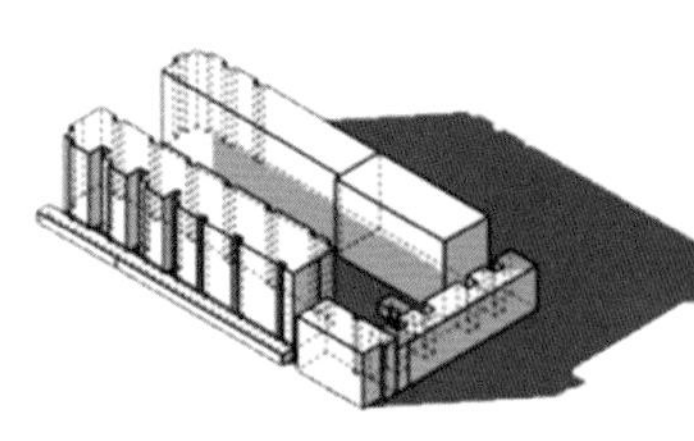

统计局家属院小区　　省委家属院　　群策巷小区

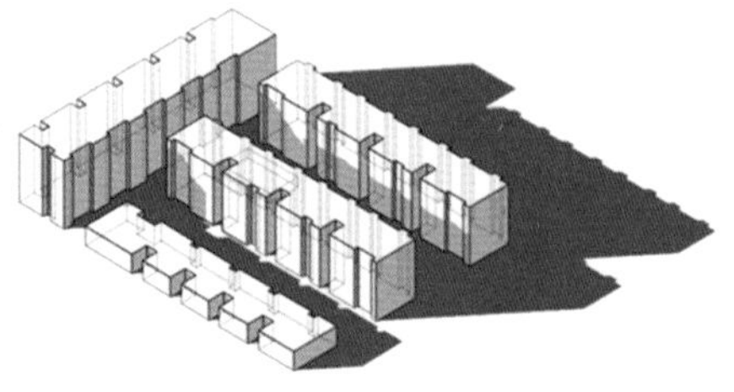
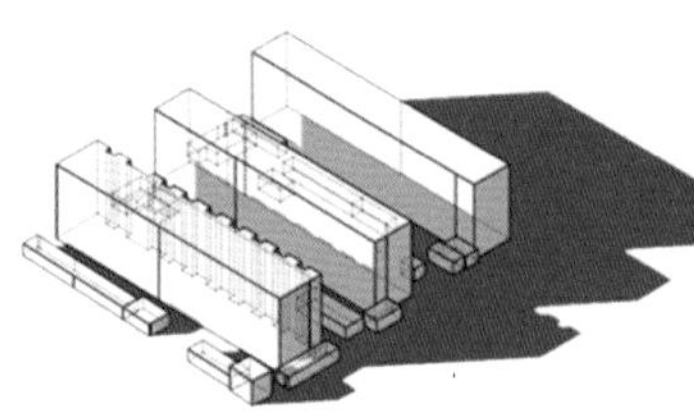

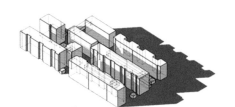

房管所家属院　　双仁府人民银行家属院　　移动通信局家属院

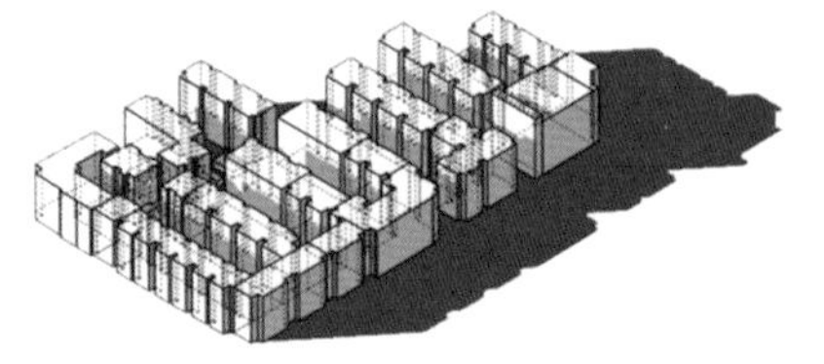
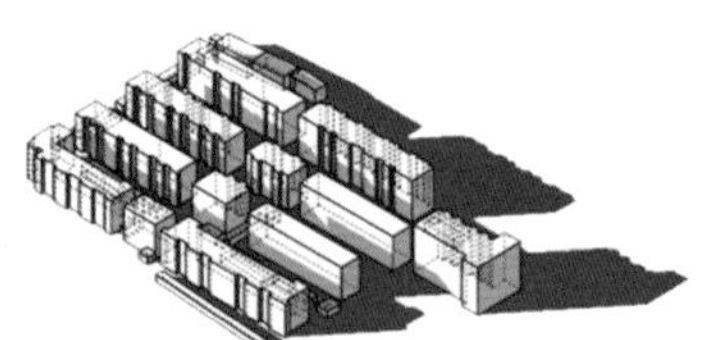
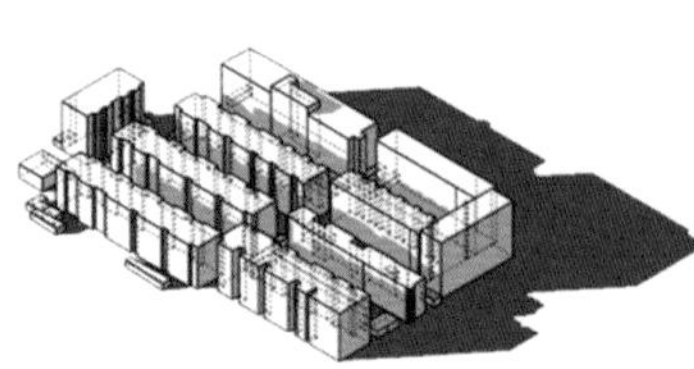

白鹭湾小区东区　　冰窖巷 30 号　　立新街小区 2 号院

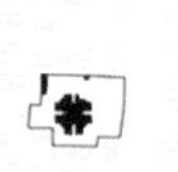
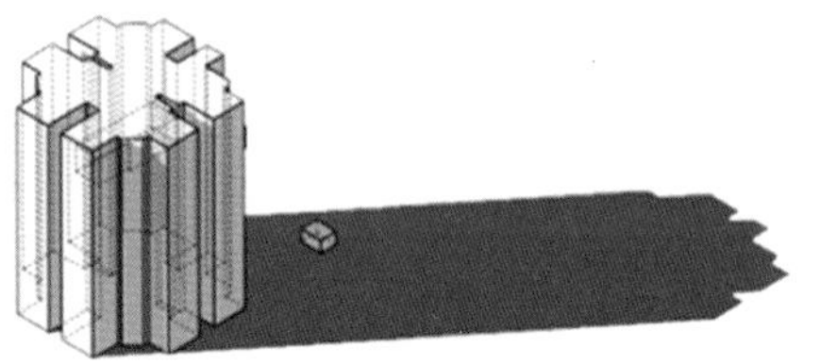
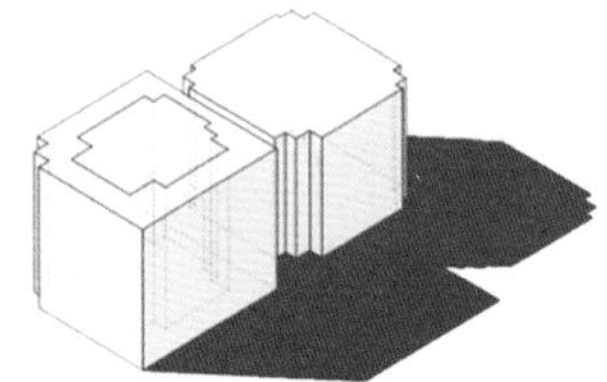
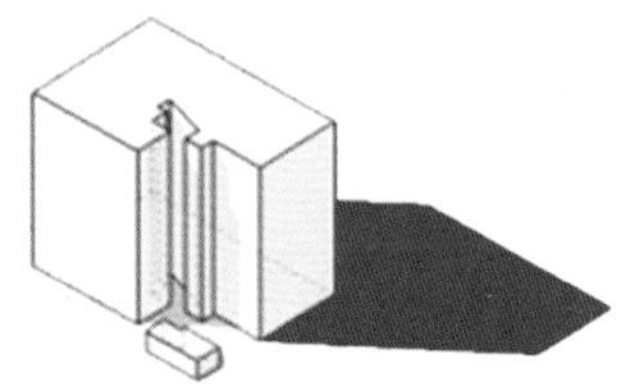

文化批发部家属院　　华美达国际公寓　　皇冠公寓

A.D. 1969

10

北京至西安的第一条600路微波电路建成开通，西安电视台通过微波电路开始转播中央电视台节目。

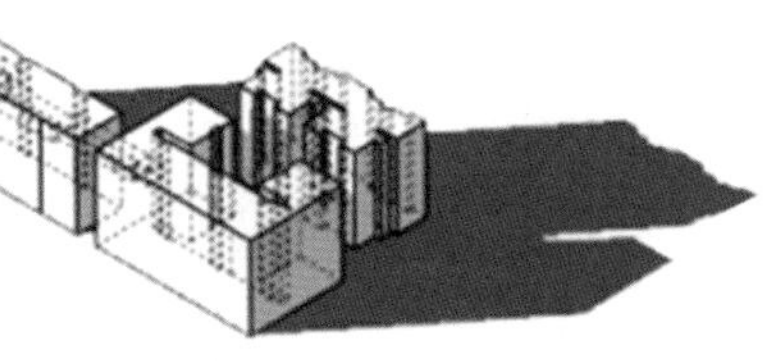

药王洞小区

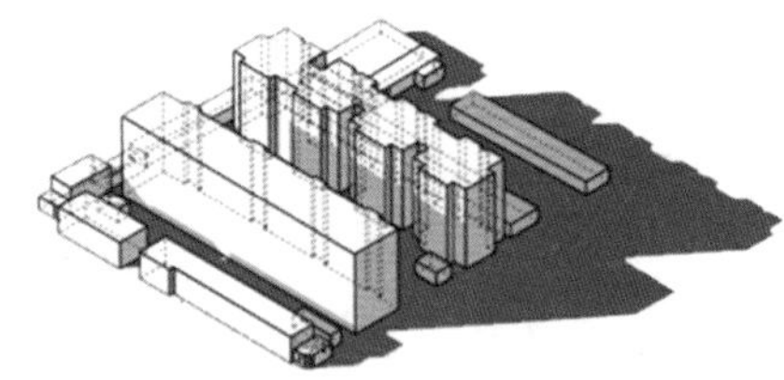

陕西省人事厅家属院

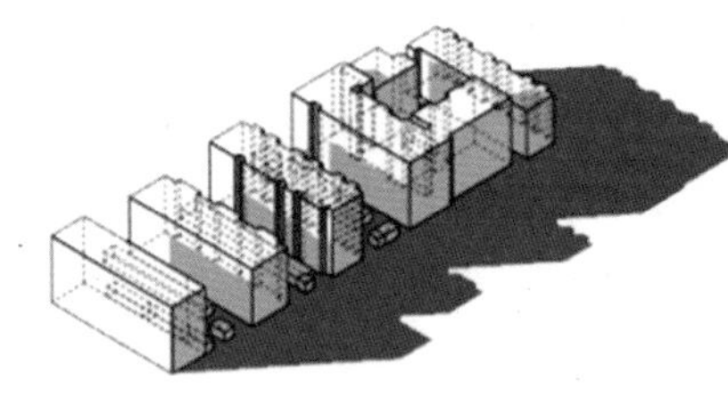

俭家巷小区

粮油出口公司家属院

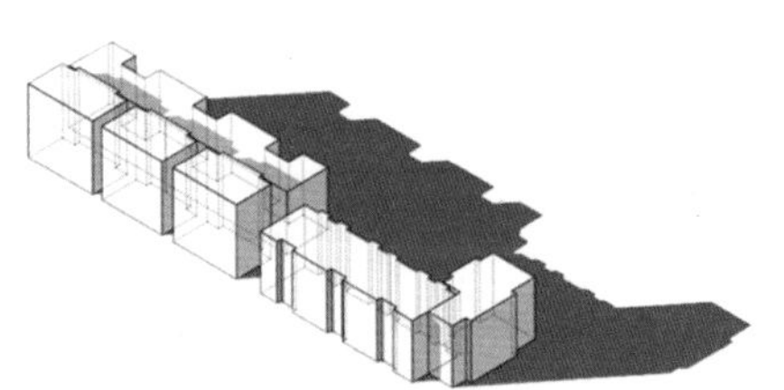

西安市中心医院家属院

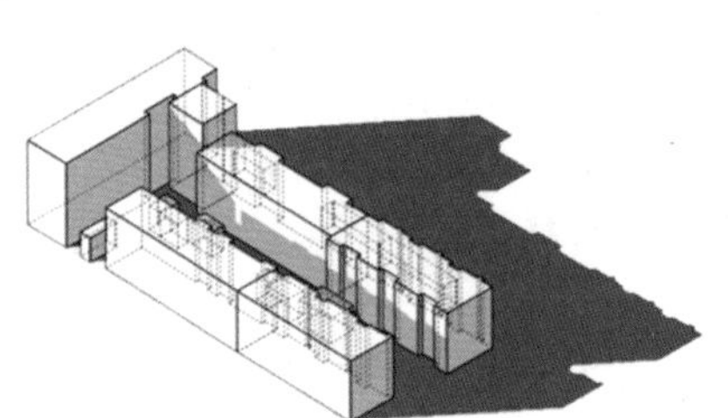

中国人民银行家属楼

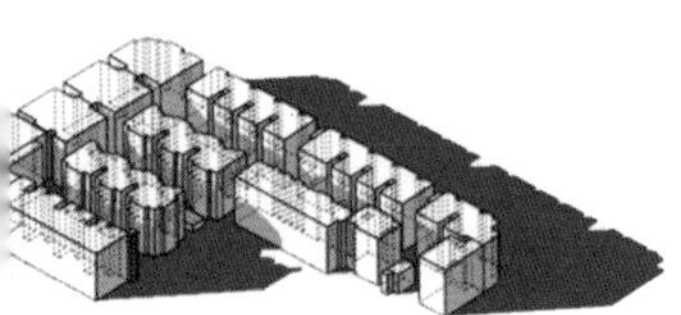

新中小区

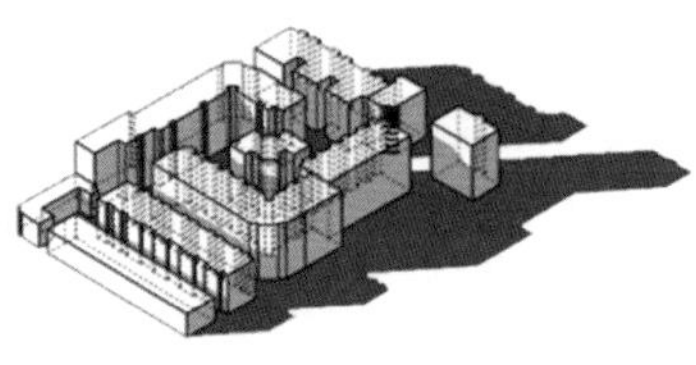

双仁府小区北院

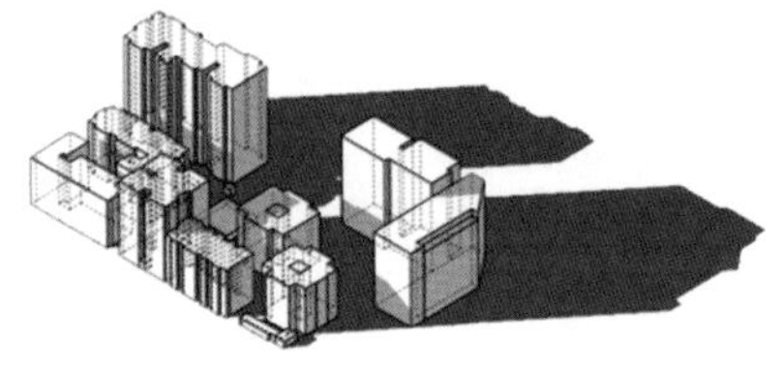

新兴小区

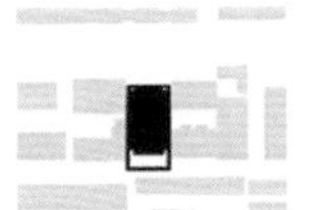

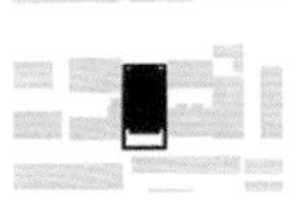

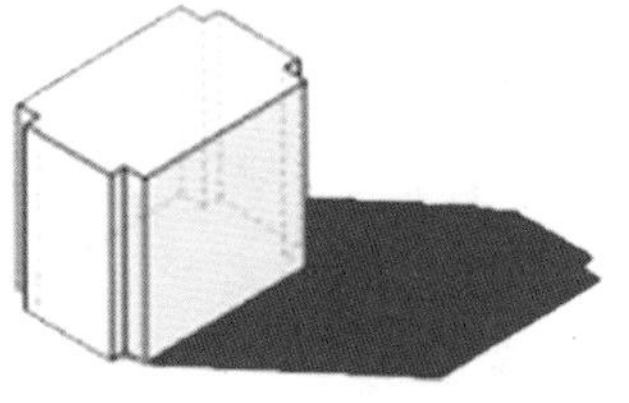

东圣公寓

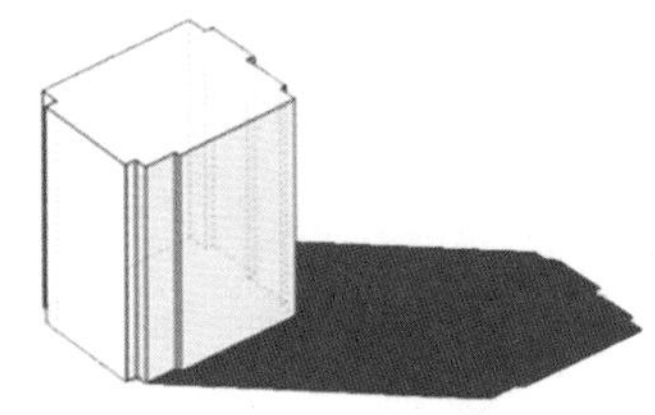

宏城国际公寓

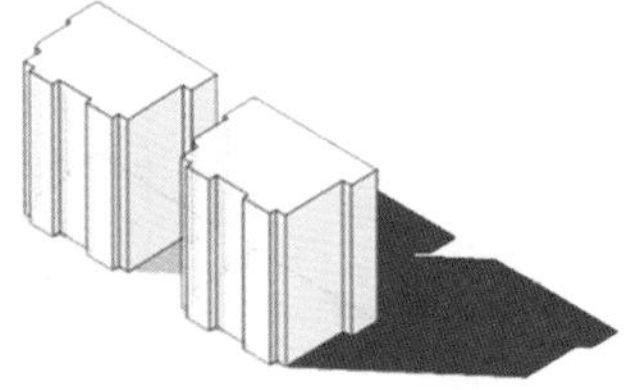

申鹏商务公寓

7.3.3 住区形态：明城居住地块

大麦市街片区

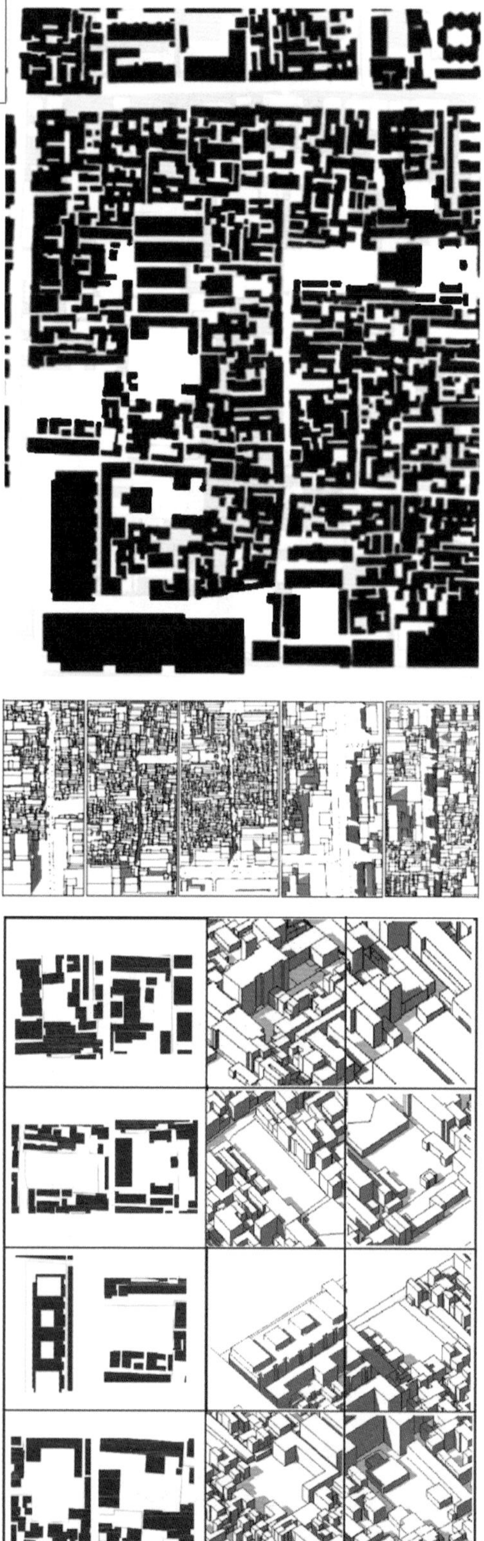

西南城角片区

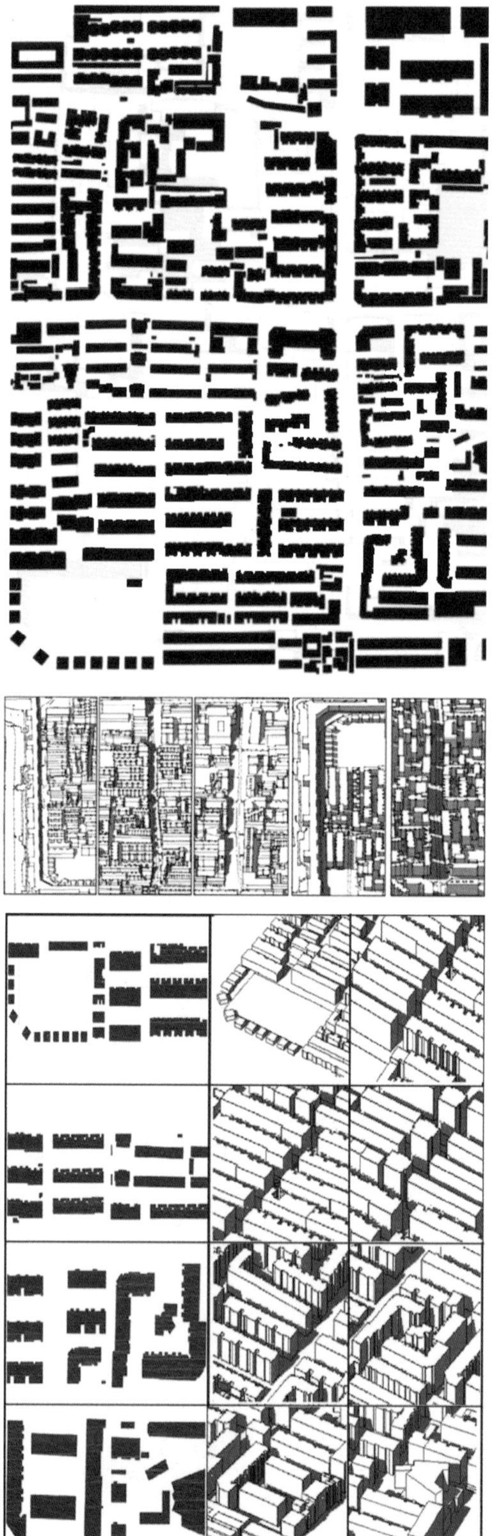

南柳巷片区

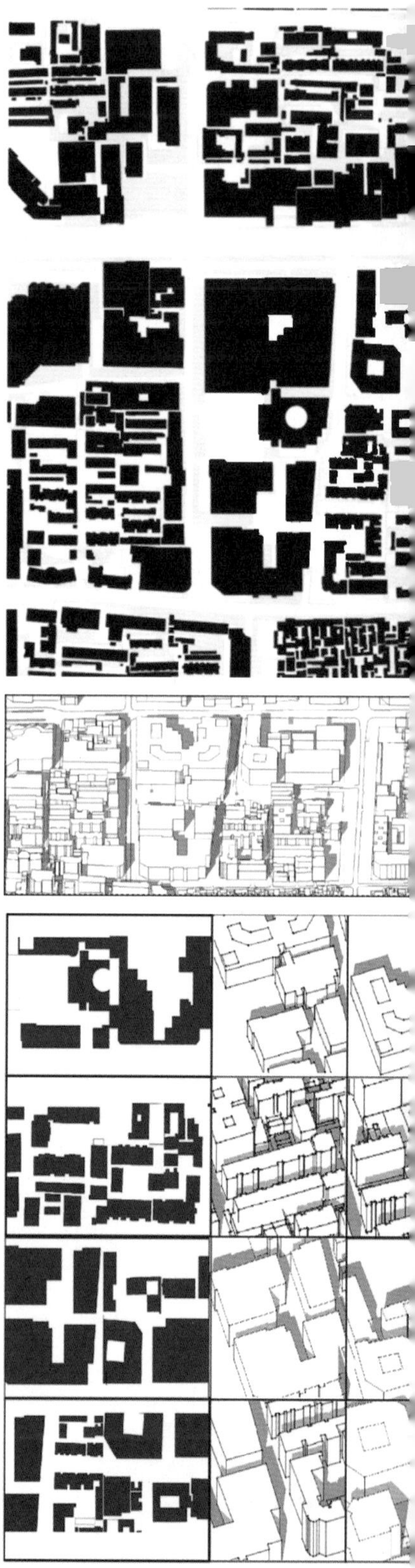

贾平凹描写改革开放初期农村社会现实的长篇小说《浮躁》荣获美孚飞马文学奖。

莲湖区政府片区　　后宰门片区 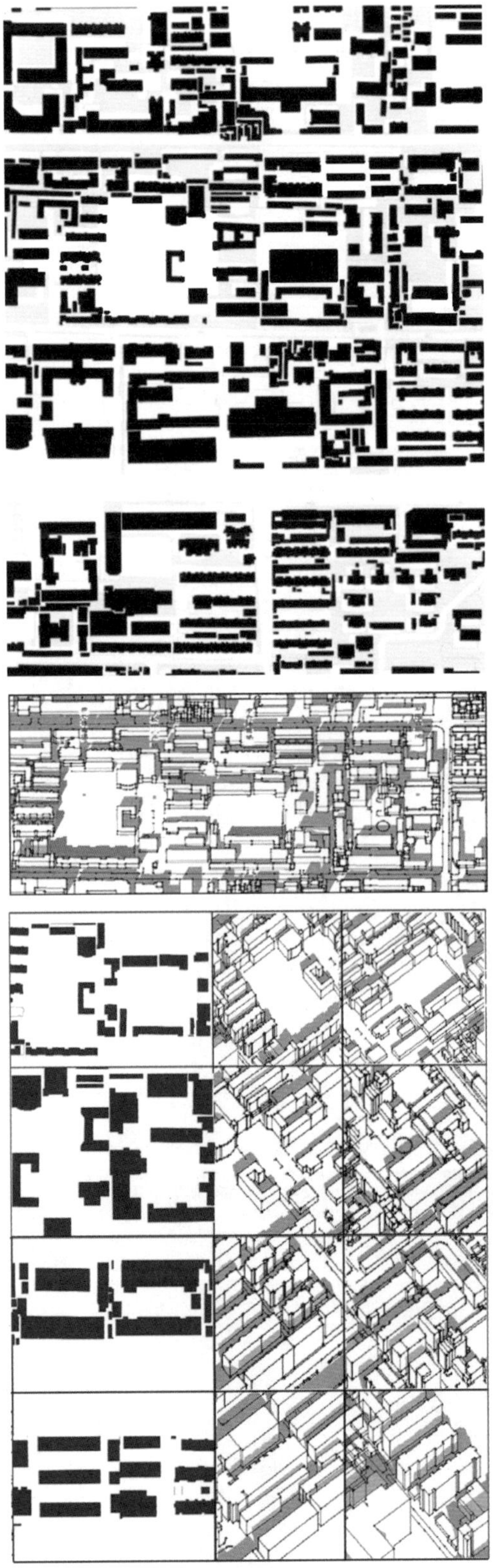　　西五路片区

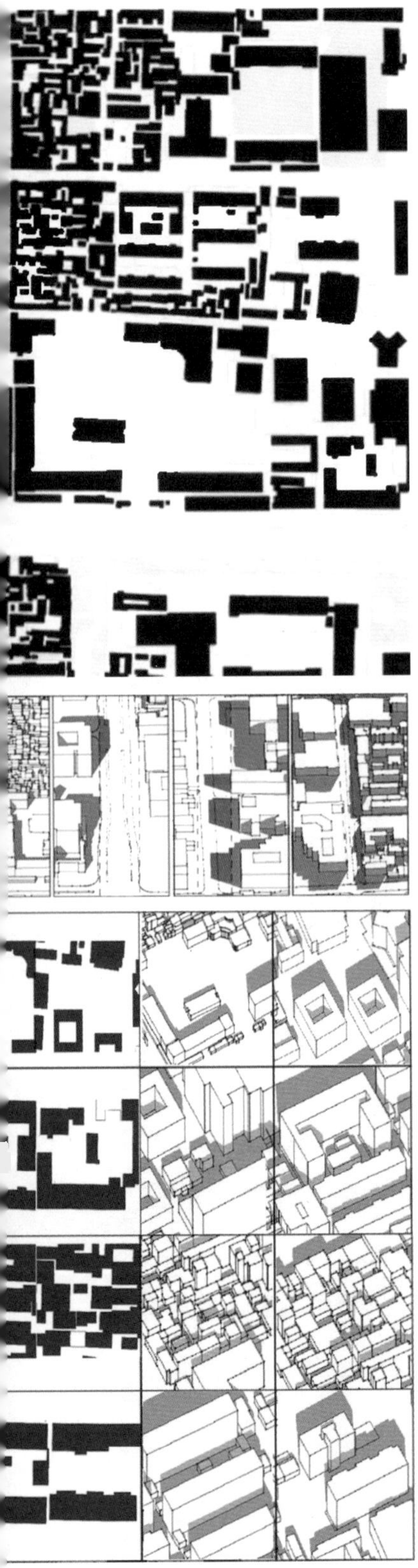

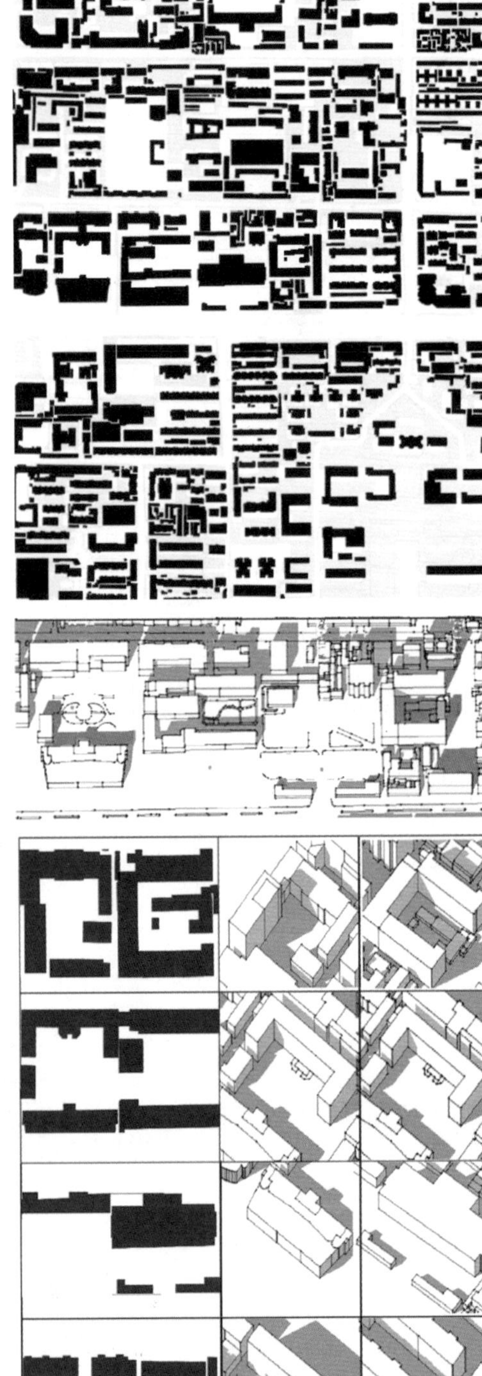

明洪武十三年，在西大街与北院门交会处始建鼓楼。西安鼓楼是国内目前最大、保存最完好的鼓楼遗存。

西安南北大街

西安首届国际马拉松赛在西安永宁门鸣枪开跑，现已成为国内颇有影响力的马拉松赛事。

“解决城市交通问题不是靠修更多的道路来解决，而是应该提高使用汽车的难度以及提供多种出行选择来慢慢减少人们对汽车的依赖。”

——[美]简·雅各布斯《美国大城市的死与生》

7.4 行：各择其道

现代交通的发展影响着城市空间布局结构和形态演化，改变了人们的生活方式和出行方式。西安明城区的大街小巷各种交通并行，人流、物流和信息流交叠。城市道路断面结合现代交通需求不断调整改造，交通标识更加信息化和电子化。明城区每天都在演奏交通协奏曲，人潮拥挤的地铁、川流不息的公交和小汽车、穿梭不停的快递配送车和外卖摩托车、各种颜色的共享单车……不同的交通方式、不同的人群每天在城市道路上追求着自己的生活和梦想。

A.D. 1954
10 29

国务院批准《西安市总体规划1953-1972年》，为中华人民共和国成立后西安第一版总体规划。

7.4.1 出行导引：交通标识

A.D. 756

唐至德元年，肃宗李亨派名将郭子仪与回纥首领葛逻支联兵进击叛军，最终平定「安史之乱」。

位于西安北大街的和平电影院建成投入使用，为陕西省第一座宽银幕影院。

7.4.2 出行工具：各类车辆

A.D. 1950
11

西安市政府完成《西安市都市发展计划》的草拟，这是当时全国最早的城市总体规划之一。

秦二世元年，中国历史上第一次大规模的平民起义——陈胜吴广起义爆发，沉重打击了秦朝统治。

7.4.3 出行交通：明城道路

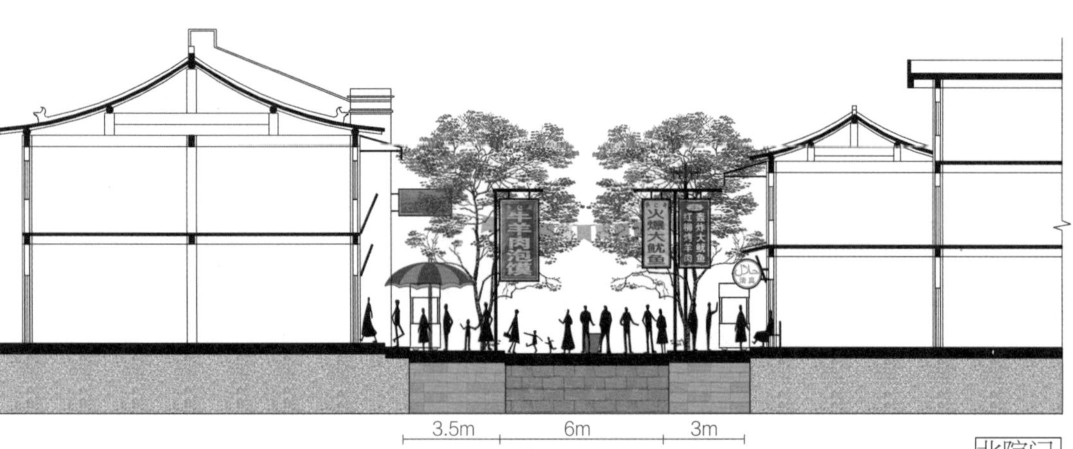

北院门

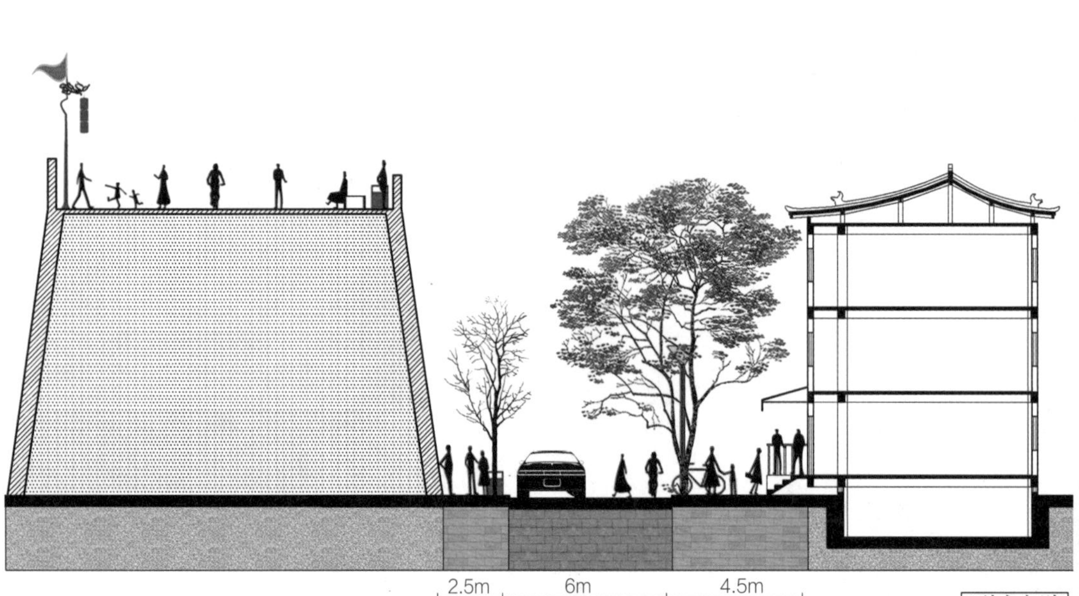

顺城南路

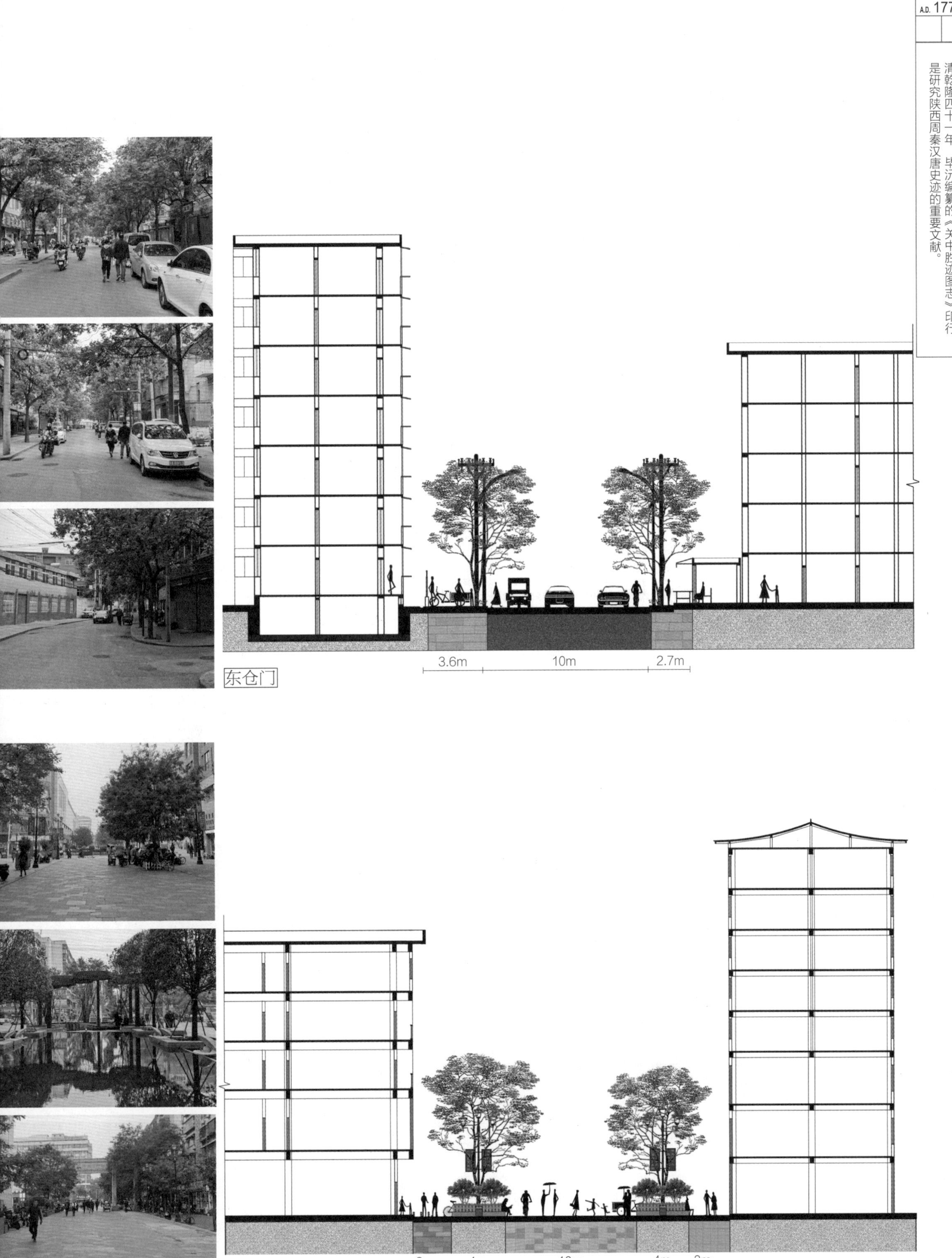

清乾隆四十一年，毕沅编纂的《关中胜迹图志》印行，是研究陕西周秦汉唐史迹的重要文献。

唐贞观元年，高僧玄奘为探究佛教各派学说分歧，出长安西行2.5万千米赴天竺，在那烂陀寺从戒贤受学。

西安回坊旅游区

B.C. 897

周懿王三年，出现『日再旦（日全食）』现象，周懿王认为镐京不祥，决定从镐京迁都至西北的犬丘。

“人们在新的城市格局的每一个路口或每一座建筑物面前，总是忍不住钩沉昨天的记忆，这种喟叹便浸润着生活进步社会变迁的历史性韵味了。”

——陈忠实《俏了西安》

7.5 游：各选其览

“旅游”在日常消费活动中的占比增加，反映了社会生活水平的提高。作为全国最知名的旅游城市之一，西安既有丰厚的历史古韵和人文积淀，又有多元的文化遗产和城市风貌，这些特征浓缩于古老的明城区之中，吸引着无数游客前来感知体验。明城墙的深沉厚重、钟鼓楼的威严宏伟、书院门的墨香雅致、北院门的市井熙攘、顺城巷的闲逸小资、永兴坊的特色民俗……它们共同构成了西安文化旅游的特色内涵，展现出历史城市在当下的生机与活力。

汉高祖七年十月，长乐宫建成，群臣进宫祝贺，始用朝仪，汉朝廷正式启用长乐宫。

7.5.1 城市游览：四大街逛街闲游 + 回民街市井网红

A.D. 1985

西安金花大酒店（原西安香格里拉金花饭店）开始营业，为陕西省第一家五星级涉外酒店。

.D. 1987

11 10

位于西安城市南北向一条主干道星火路的星火路立交桥竣工通车，这是西安第一座立交桥。

7.5.2 仿古街区：书院门文房书香 + 北院门餐饮特色

A.D. 1953

11 11

大型庭院式宾馆西安人民大厦建成开业，现为陕西省第六批省级文物保护单位、中国20世纪建筑遗产。

西安市地铁三号线于中午 12 时正式开通运营，是西安市轨道交通线网规划的骨架线路。

7.5.3 新兴消费：永兴坊民俗打卡 + 城墙根文青咖啡

A.D. 1957

西安灞桥砖瓦厂工地出土麻纸，经考古研究，为西汉汉武帝时期的纸张。

A.D. 1636

明崇祯九年，陕西巡抚孙传庭为防止农民起义军进攻西安城，修筑四关郭城。

西安开元商城

“星期日，去那嚣声腾浮的鸟市、虫市和狗市，或是赶那黎明开张、日出消散的露水集场，去城河沿上看那练习导引吐纳之术的汉子，去古旧书店书摊购买几本线装的古籍……”

——贾平凹《西安这座城》

7.6 购：各取所需

伴随城市的发展与生活水平的提高，商业活动后来居上，成为城市的主要职能之一。明城区内多样的商业消费空间为大众的日常购买活动提供了多种可能，你可以去琳琅满目的购物中心实现吃喝玩逛一整天的心愿，还可以去沿街小店和大型商超满足日常生活的各类基本需求，也可以去喧嚣腾浮的城墙早市和西仓市集淘到一些意外的小惊喜，多元购物方式的并置反映了这座城市的快速发展与社会生活的丰富多样。

7.6.1 嚣声腾浮：城墙早市 + 西仓集市

B.C. 208

11

秦二世三年，汉王刘邦率兵入关，在位仅 46 天的秦三世子婴素车白马献上皇帝玺，秦灭。

汉文帝十四年，名将李广从军击匈奴，因功为中郎，后任右北平郡太守，匈奴畏服，称之『飞将军』。

1935 11 16

民国二十四年，中国旅行社修建的西安首家豪华宾馆西京招待所（今陕西省对外友协办公地）正式开业。

7.6.2 市井小店：日常店铺 + 连锁超市

东晋隆安三年，第一位到海外取经求法的高僧法显，从长安出发，游历30余国，14年后归国。

唐天宝十五年，将领安禄山与史思明叛唐后发动战争，是唐由盛而衰的转折点，史称『安史之乱』。

7.6.3 鳞次栉比：购物中心 + 精品商店

A.D. 1904

清光绪三十年，商人邓永达集资白银两千两筹设森荣火柴公司，这是西安第一家火柴厂。

A.D. 1983
11 20

国务院批准《西安市城市总体规划 1980–2000 年》，要求在保持古都风貌的基础上建设现代化城市。

西安 2020 城墙新春灯会

“锦里开芳宴，兰缸艳早年。缛彩遥分地，繁光远缀天。接汉疑星落，依楼似月悬。别有千金笑，来映九枝前。”

——[唐]卢照邻《十五夜观灯》

7.7 娱：各享其乐

现代生活节奏快速，日常生活单调而紧张，人们对于各类娱乐活动的需求愈加迫切。城市中多样的娱乐活动在不同类型的空间场所中展开，街道、广场、公园、绿地、城墙、建筑等，都有可能成为承载快乐时光的容器。明城区内各类人群的娱乐活动正发生在这些鲜明生动的场景之中，清晨的广场有自由舞动的大爷大妈，傍晚的顺城巷酒吧有熙熙攘攘的青年一族，茶余饭后的环城公园有慢跑的中年人和下棋的老人，逢年过节的城墙灯展和永兴坊有络绎不绝的游客与市民……这些场景构成了这座城市最令人动容的温度与生命力。

唐永徽三年，医药学家孙思邈著《千金方》，该书被誉为中国最早的临床百科全书。

A.D. 1914

西安最早的保险企业——中兴产物保险有限公司在西安成立，经办火灾保险等业务。

唐贞观九年，高祖李渊入葬献陵，该陵依东汉光武帝原陵之规格修筑，为唐代第一座堆土陵。

7.7.2 大妈大伯：广场舞 + 自乐班

汉建元三年，侍从官张骞奉汉武帝刘彻之命，由长安出使西域，对开辟丝绸之路做出了卓越贡献。

唐贞观二十年，太宗李世民令房玄龄等大臣修撰《晋书》，为唐初官修史书最高成就的史籍。

7.7.3 帅哥美女：过年灯展＋酒吧咖啡

A.D. 640
11

唐贞观十四年，画家阎立本作《步辇图》，记吐蕃赞普松赞干布迎娶文成公主入藏。

A.D. 1926

11 28

民国十五年，军阀刘镇华围城西安，爱国将领杨虎城、李虎臣率全城军民坚守，史称『二虎守西安』。

捌 愿景——设计的构想

西安明城区城市更新设计

尊重场所精神并不表示抄袭旧的模式，而是意味着肯定场所的认同性并以新的方式加以诠释。

——[挪威] 诺伯舒兹《场所精神》

A.D. 2006 11

西安国家民用航天产业基地成立，于2010年6月26日正式升级为国家级陕西航天经济技术开发区。

举办方：木作工作室、德福巷社区办、竹笆市社区办、sta吃面公司、阿福公园
活动时间：2017/10/1-2017/11/11
活动地点：竹笆市——德福巷——湘子庙
第一阶段的街道印刷活动
发现市井之美寻找从湘子庙到竹笆市被人习以为常但独具美感的模板进行印刷，制作成文化衫，帆布包。
街道：印刷：
I
老城的日子——西安竹笆市地段更新设计
学生姓名：符永享 张道正 付宇龙 王金果
指导教师：李昊 吴珊珊 王墨泽

“表面上，老城市看来缺乏秩序，其实在其背后有一种神奇的秩序在维持着街道的安全和城市的自由——这正是老城市的成功之处。

——[美]简·雅各布斯《美国大城市的死与生》

8.1 风土：历史环境中的城市设计

进南门左拐，进湘子庙，穿德福巷，过竹笆市，直见鼓楼，这是一片历史信息丰厚、生活气息浓郁的老城街区。近年来，三条街出现活力下降、体验单调、特色缺失、品质低下以及商业活动与市民生活冲突等问题，不能发挥其特色及价值。该设计倡导有机更新，在保持地段文脉延续和记忆保持的基础上，达成对在地文化与日常生活的问题回应，使老城街道寻回温馨和谐的市井景象与多元活力的生活氛围。设计通过欣明城、馨市井、新生活三个阶段的渐进设计，对该传统生活街区开展了微干预的环境优化、建筑改造及街道提升。

位于西安中轴线的陕西广播电视发射塔在南郊建成，投入使用，成为西安南郊的地标建筑。

8.1.1 问题研判：地段风土特征

●区位分析

●基地分析

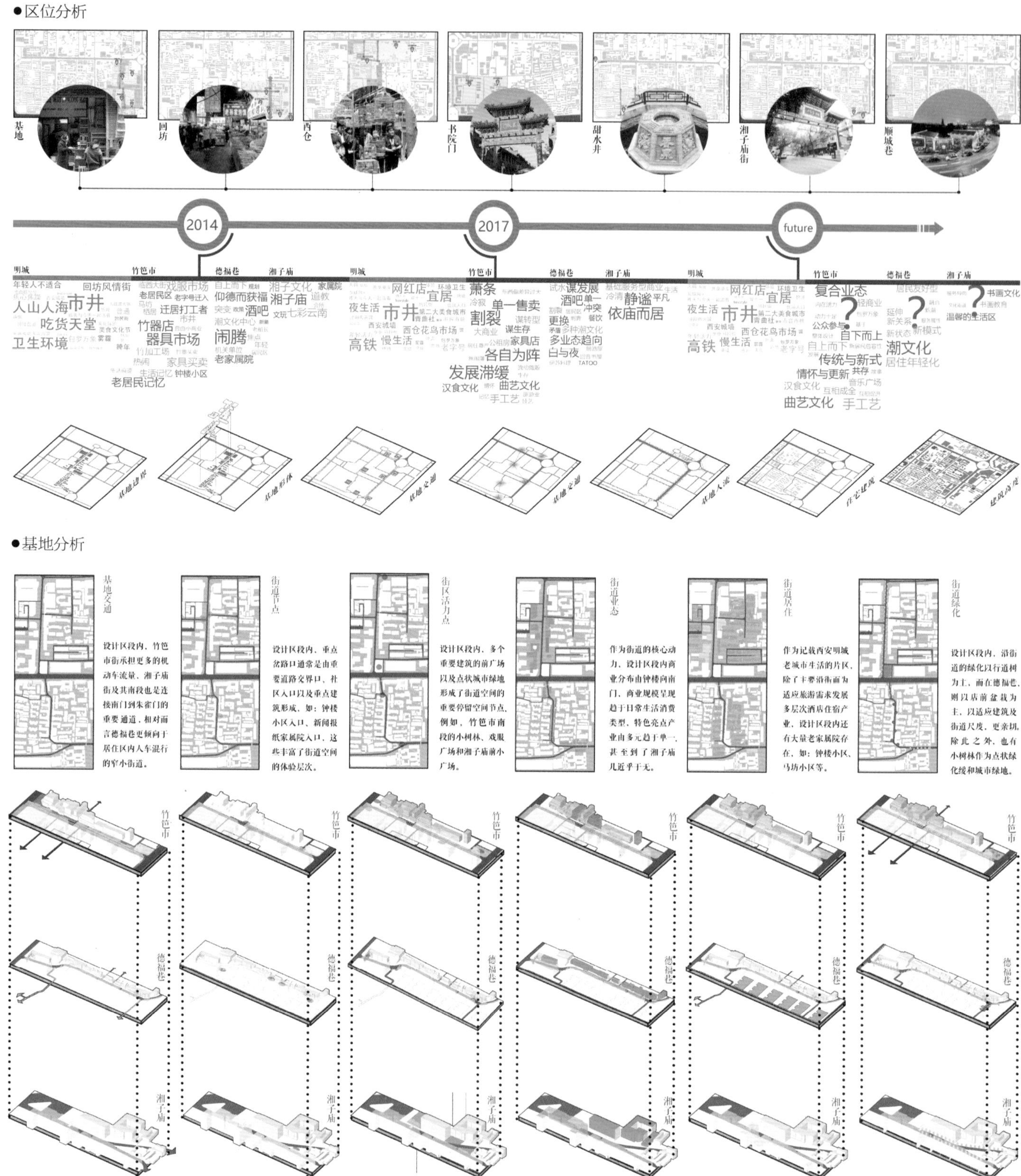

民国十五年，冯玉祥将军倡议在红城北门外为坚守西安死难的军民建革命公园，以作永久纪念。

●人群分析

老板　居民　游客

老板：个体商户 60%　外来打工　三代相传　根基稳固　知来乍到　动力

主要活动：看店　售卖　出摊

工作时间：9:00am—9:00pm　6:00am—10:00am　7:00pm—+4:00am

服务范围：多元　单一

居民：本地居民 20%　老人留守　子女外迁　生活记忆　老城根基　80% 外来人口　生存打拼　自我价值　跟随时代　新生力量　薪火

日常活动：买菜　做家务　做饭　带孙子　工作　采购　接送小孩

休闲活动：健康操　绕城走　晒太阳　打太极　散步　棋牌室　看电视　打手游

其他活动：下棋　聊天　打牌　探亲　探亲　聊天

游客：本市游客 40%　在位记忆　标志街道　找寻过去　跨城前来　60% 外来游客　城市特色　老城生活　发现新奇　千里追溯　薪火

购买对象：家具　必需品　五金　水果　纪念品　装饰物　必需品

吃在这里：快餐　老字号　夜市　早餐摊　大型连锁　老字号

住在哪里：父母家　中高端酒店　连锁酒店

00:00　03:00　06:00　09:00　12:00　15:00　18:00　21:00　24:00

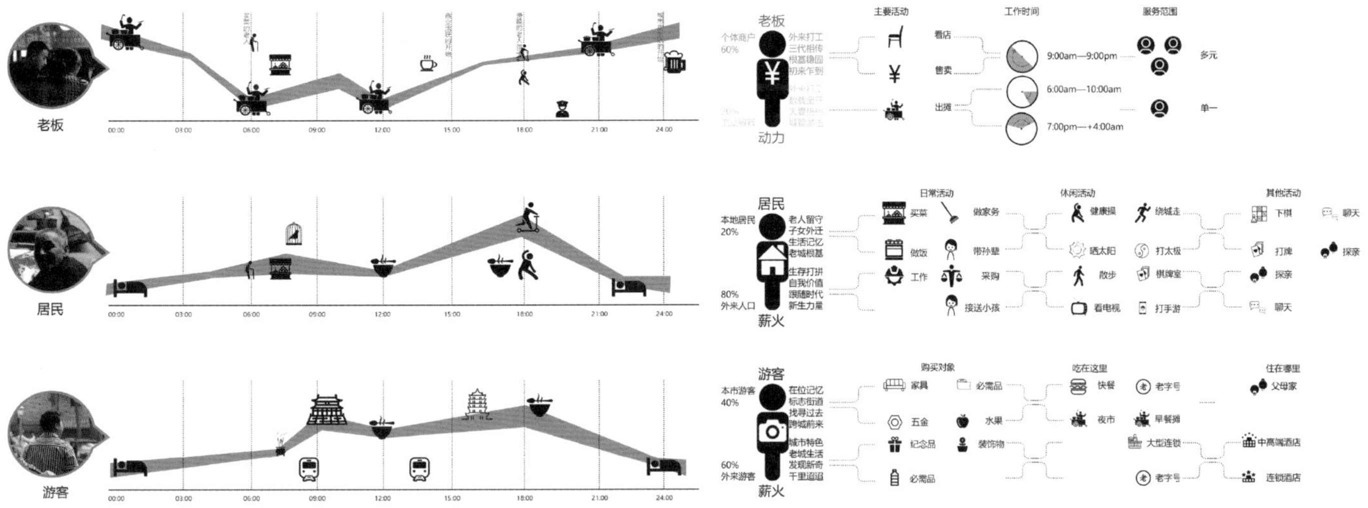

湘子庙街·留影　店前树下·下棋　我家住在德福巷　洋气酒吧·拍婚纱照　年轻就是活力　馅饼好吃到哭泣

兄弟！走累了随便坐！　妈！带啥好吃的了！　串串！冷锅串串！　听段相声去！　还是竹篦结实！　酒吧旁边一座庙

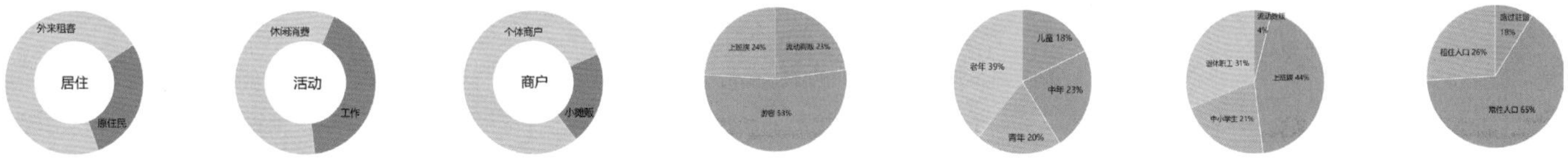

●问题研判

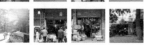

市井记忆　基地是有着百年历史的老街，有着属于自己的记忆、自己的故事、自己的习惯、自己的味道。这市井记忆属于一代人、一条街、也属于西安明城

市井失活　基地的市井生活与文化随着时代的发展逐渐与现代生活脱节、被遗忘、被埋没。逐渐被城市其他街区同化。失去自己的特质，只留有记忆的痕迹

市井认同　市井文化、市井记忆需要被唤醒，首先被当地人所认同，接着被外来者关注和认同，产生文化自信、文化认同

市井潜力　基地位于钟鼓楼之间，具有很好的地理和文化优势。基地很多特色老店，体现着西安的市井文化。这种独特温馨，接地气的市井是区别于其他历史街道的优势

市井发展　市井文化的发展需要与新鲜血液结合，在保留本身市井特质市井记忆的同时，迎合时代的需要，不断生长发展

Opportunity

"一带一路"发展战略与文化强国战略：西安作为"一带一路"的起点和历史文化之都，在文化强国战略的大思路背景下，其经济、文化地位日益提高，给西安文化街区的发展带来的机遇

《大西安总体规划空间发展战略研究》：大西安规划对南门至钟楼文化轴线布局的重视，给处在此轴线上的竹笆市街道的发展带来的机遇

Threat

差异化体现：市区内同样存在老城改造复兴的同质竞争，如何展现特点体现差异化

风貌协调：如何在没有古城风貌遗址的物质基础条件下，营造文艺气息并同时实现整街风格的协调统一

城市服务与旅游服务：存在城市服务与旅游服务需求不同的矛盾，如何满足在地不同人群的需求

Strength

区位优势：临近钟鼓楼与回民街，地处西安旅游的核心区域，人流资源丰富

交通优势：地处市中心，临近公共交通枢纽，有多条公交线路及地铁线路，交通便利

历史遗存：街道现存多家开业多年的竹器店、食店、药房等，有深厚的老西安生活的在位记忆和生活气息

Weakness

配套不完善：街道及周边小区现状公共服务设施及市政设施不完善

风格业态：街道现存业态的发展分布无序且相互联系较少，街道整体风格混乱不协调

区位影响：靠近钟鼓楼，市容市貌要求较高，部分行业及发展形式受到限制

O　T　S　W

唐贞观十年，太宗李世民敕令营建昭陵，到开元二十九年结束，工期105年之久。

8.1.2 目标策略：欣明城 + 馨市井 + 新生活

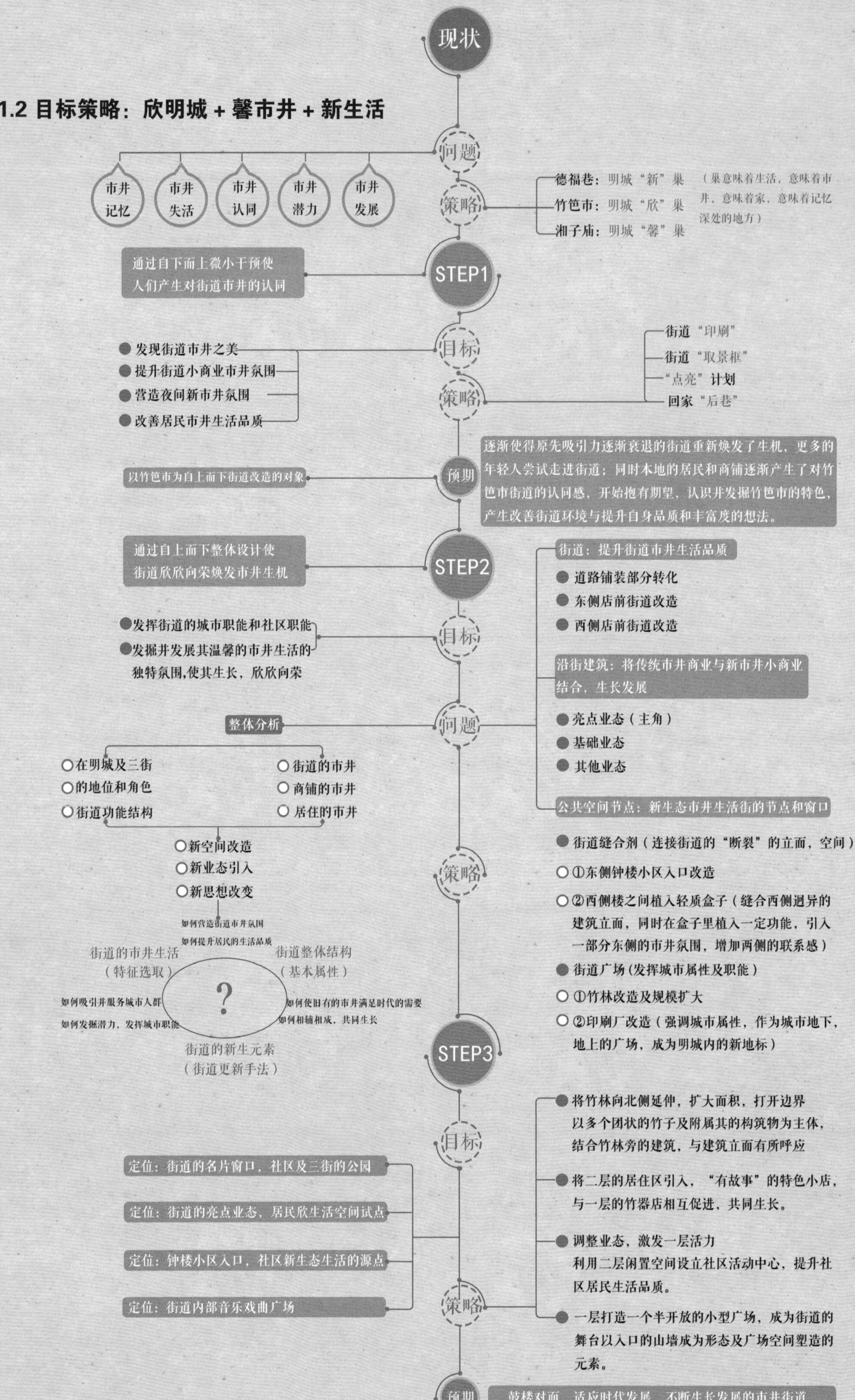

现状
问题
市井记忆
市井失活
市井认同
市井潜力
市井发展
策略
德福巷：明城“新”巢
竹笆市：明城“欣”巢
湘子庙：明城“馨”巢
（巢意味着生活，意味着市井，意味着家，意味着记忆深处的地方）
STEP1
通过自下而上微小干预使人们产生对街道市井的认同
目标
发现街道市井之美
提升街道小商业市井氛围
营造夜间新市井氛围
改善居民市井生活品质
策略
街道“印刷”
街道“取景框”
“点亮”计划
回家“后巷”
预期
以竹笆市为自上而下街道改造的对象
逐渐使得原先吸引力逐渐衰退的街道重新焕发了生机，更多的年轻人尝试走进街道；同时本地的居民和商铺逐渐产生了对竹笆市街道的认同感，开始抱有期望，认识并发掘竹笆市的特色，产生改善街道环境与提升自身品质和丰富度的想法。
STEP2
通过自上而下整体设计使街道欣欣向荣焕发市井生机
目标
发挥街道的城市职能和社区职能
发掘并发展其温馨的市井生活的独特氛围，使其生长，欣欣向荣
问题
整体分析
在明城及三街的地位和角色
街道功能结构
街道的市井
商铺的市井
居住的市井
新空间改造
新业态引入
新思想改变
如何营造街道市井氛围
如何提升居民的生活品质
街道的市井生活（特征选取）
街道整体结构（基本属性）
如何吸引并服务城市人群
如何发掘潜力，发挥城市职能
?
如何使旧有的市井满足时代的需要
如何相辅相成，共同生长
街道的新生元素（街道更新手法）
策略
街道：提升街道市井生活品质
道路铺装部分转化
东侧店前街道改造
西侧店前街道改造
沿街建筑：将传统市井商业与新市井小商业结合，生长发展
亮点业态（主角）
基础业态
其他业态
公共空间节点：新生态市井生活街的节点和窗口
街道缝合剂（连接街道的“断裂”的立面，空间）
①东侧钟楼小区入口改造
②西侧楼之间植入轻质盒子（缝合西侧迥异的建筑立面，同时在盒子里植入一定功能，引入一部分东侧的市井氛围，增加西侧的联系感）
街道广场（发挥城市属性及职能）
①竹林改造及规模扩大
②印刷厂改造（强调城市属性，作为城市地下，地上的广场，成为明城内的新地标）
STEP3
目标
定位：街道的名片窗口，社区及三街的公园
定位：街道的亮点业态，居民欣生活空间试点
定位：钟楼小区入口，社区新生态生活的源点
定位：街道内部音乐戏曲广场
策略
将竹林向北侧延伸，扩大面积，打开边界
以多个团状的竹子及附属其的构筑物为主体，结合竹林旁的建筑，与建筑立面有所呼应
将二层的居住区引入，“有故事”的特色小店，与一层的竹器店相互促进，共同生长。
调整业态，激发一层活力
利用二层闲置空间设立社区活动中心，提升社区居民生活品质。
一层打造一个半开放的小型广场，成为街道的舞台以入口的山墙成为形态及广场空间塑造的元素。
预期
鼓楼对面，适应时代发展，不断生长发展的市井街道

秦始皇三十五年，被誉为『天下第一宫』的阿房宫（遗址位于西咸新区沣东新城王寺街道）始建。

●街道更新改造清单

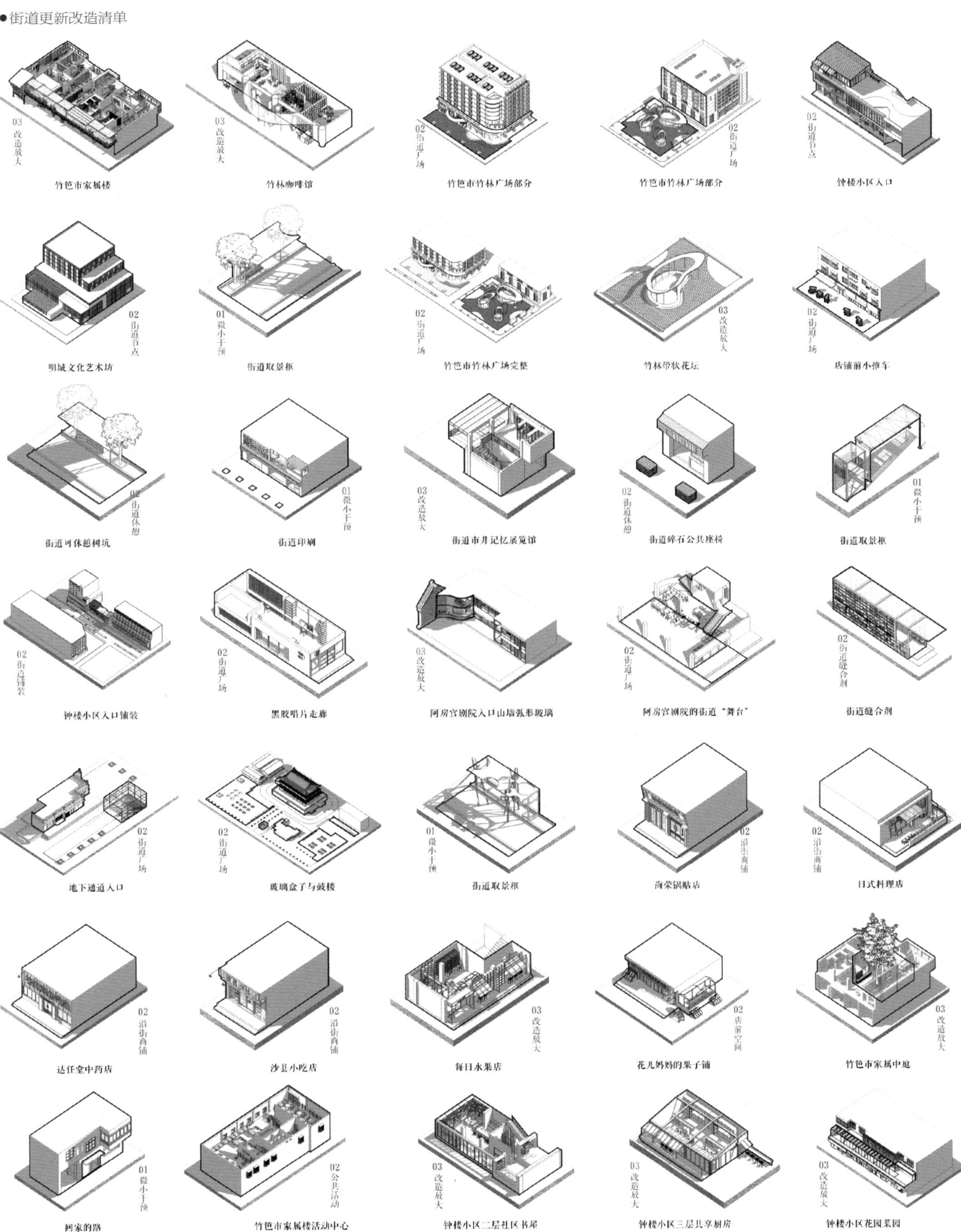

杨虎城将军故居基础上建立的杨虎城纪念馆开馆仪式在西安止园举行。

8.1.3 设计方案：微小干预 + 建筑改造 + 街道提升
回家“后巷”

● 设计策略

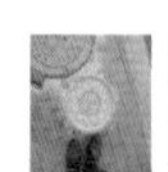

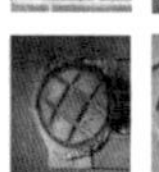

西安的街道，尤其是明城内的老街老巷，存在很多各具特色的小铺装、小物件。发掘三街的被人熟视无睹的地道的铺装，比如井盖、网格、通风口、磨盘、小石碑等。人们利用此作为模板，将环保墨水和油漆涂在他们喜欢的模板上，利用版画制作的原理，做出有着独特图案的衣服和配件。并在线下线上进行展示、宣传和售卖。让游客在漫步的旅途中，让生活于此的人们，发现熟视无睹的美——属于西安明城的美属于三街的市井之美。

竹笆市绿化带是形成街道市井氛围的空间要素之一，但现状存在电线散落，品乱占，夜间照明差等问题，影响了街道的市井。我们希望通过改造，在保街道市井生活氛围的同时，改善绿化带，使其更好地为市井活动服务。绿化带上相邻的树和电线杆，自然地构成了取景框。通过放大取景框，美取景框，多方面利用取景框，来丰富并整理取景框内的市井活动。它可能的活动休憩空间，亦或是展示宣传空间。

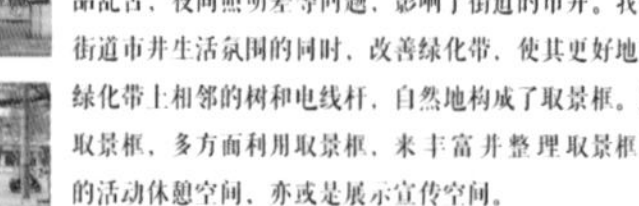

1由德福巷的“sta面馆”和“阿福公园”发起第一阶段的街道印刷活动，寻找从湘子庙到竹笆市被人习以为常但独具美感的模板进行印刷，制作成文化衫，帆布包。进行线上网络展示并在线下，在德福巷和青曲社前广场进行展览和售卖。

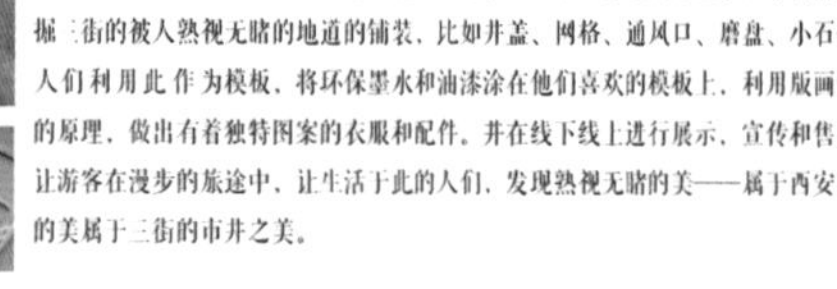

3在“阿福公园”，“sta面馆”等向游客售卖空白的文化衫和帆布包，并提供环保墨水，游客进行参与和制作，并在网站发布自己的作品，进行大众评选，优秀的作品会在三街进行成果的展示

4当地人们发现自己工作生活的场所中，曾经被自己熟视无睹的细节，通过一定的艺术处理变得独具美感，最终对生活工作的街道的市井生活，市井之美，市井文化产生认同和自豪。

stat

step1
（前期准备）

step2
（三街年轻新潮业态专业工作者）

step3
（穿街走市的游客）

step4
（当地工作生活的人们）

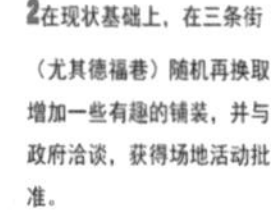

2在现状基础上，在三条街（尤其德福巷）随机再换取增加一些有趣的铺装，并与政府洽谈，获得场地活动批准。

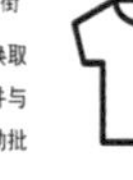

功能：搭竹子

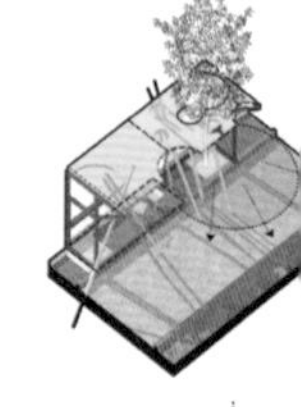

功能：展示器物

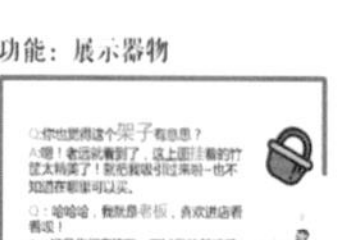
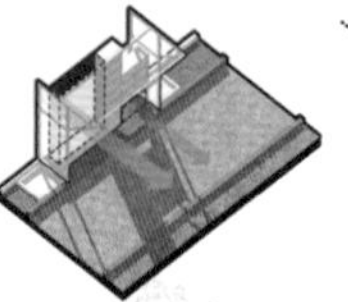
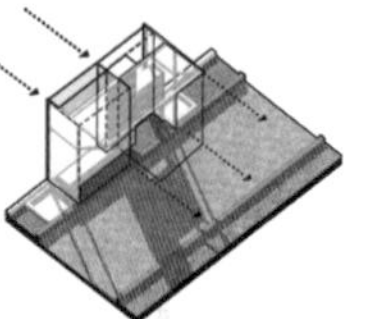
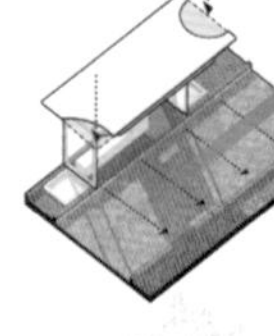

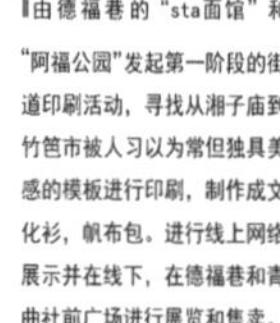

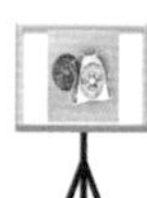

街道“印刷”

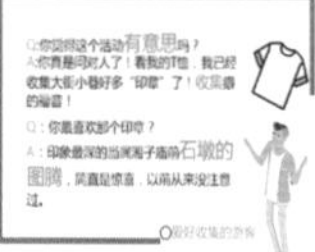

功能：广告招牌

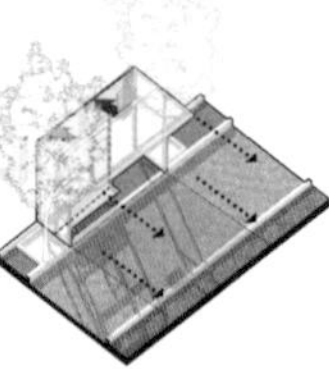
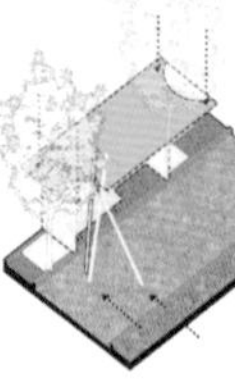

「七五」重点工程项目——西安卫星测控中心建成，1988年投入使用，是我国唯一的卫星测控中心。

街道“取景框”

回家“后巷”

三街居民区的回家的后巷普遍存在狭窄阴暗、混乱拥挤、冰冷无趣等普遍问题微小干预从街道的市井到沿街商铺的市井、再向内蔓延到居民生活的市井。

提升居民楼回家小巷的品质和趣味、提升居民和附近的商户对家的认同感，也为后续新业态的引入做铺垫。

利用后巷的墙和地面两个空间平面，置入黑板、绿植、灯柱、报刊架等装置，将其根据不同后巷的实际情况进行排列组合，以提升市井生活品质。

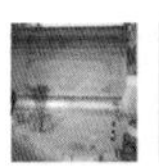

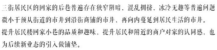

夜晚，三街现状存在很多昏暗消极的场所，尤其是一些关键的节点。对于空间：夜晚的引导性，三街的联系感很弱。对于来往的人群：安全感，舒适度很差，人们不愿意在此停留。因此我们通过“点亮计划”在人们傍晚回家或是闲逛的途中注入温暖，带来活力，并希望为人们带来“小惊喜”。为第三阶段的节点改造做铺垫和蓄势。分别为德福巷照壁的“来点儿活力”，湘子庙墙壁的“有点儿意思”，竹笆市竹林的“带点儿温度”。

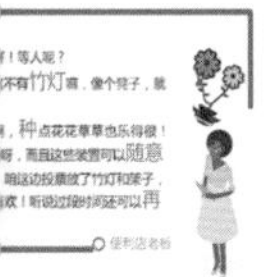

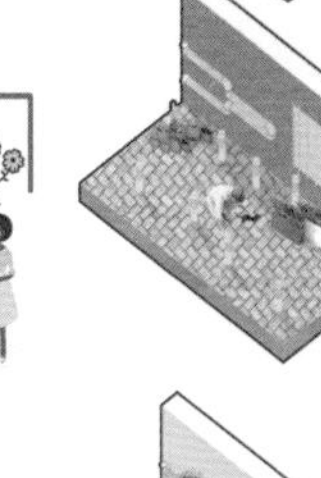
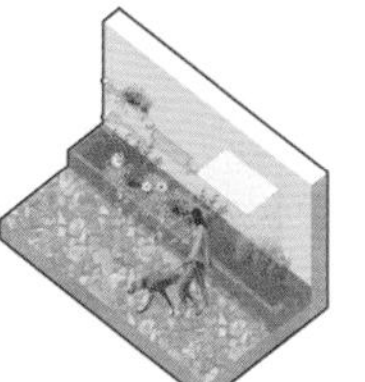

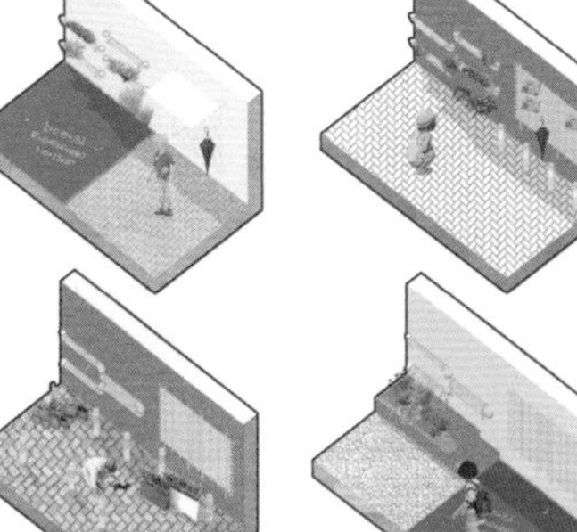

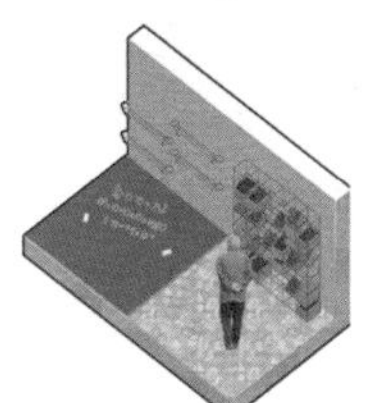
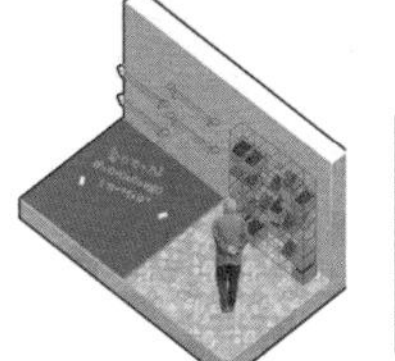

带点儿温度

点亮小竹林

有点儿意思

点亮湘子庙墙壁

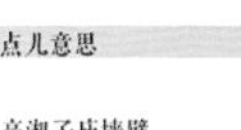
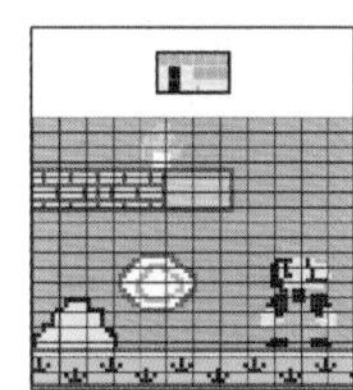
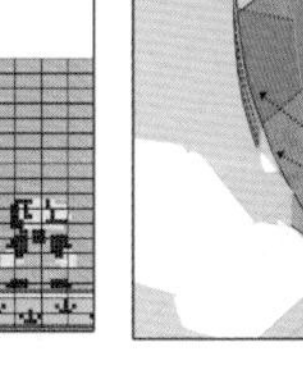

来点儿活力

点亮德福巷照壁

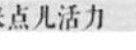
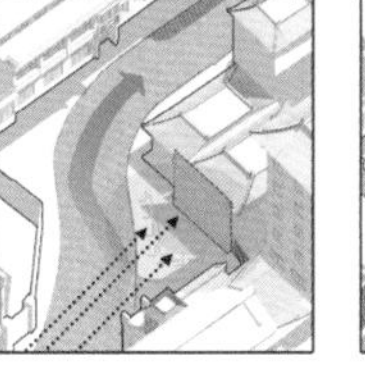
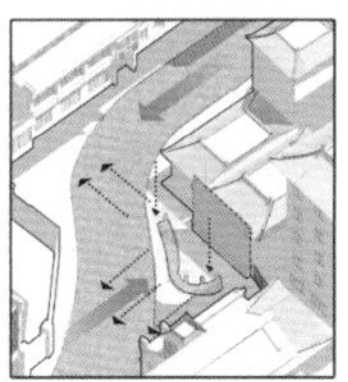
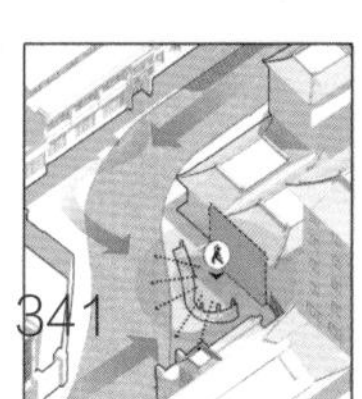

唐神龙二年，中宗李显因其支持者多在长安，由洛阳迁都长安，长安再度成为政治中心。

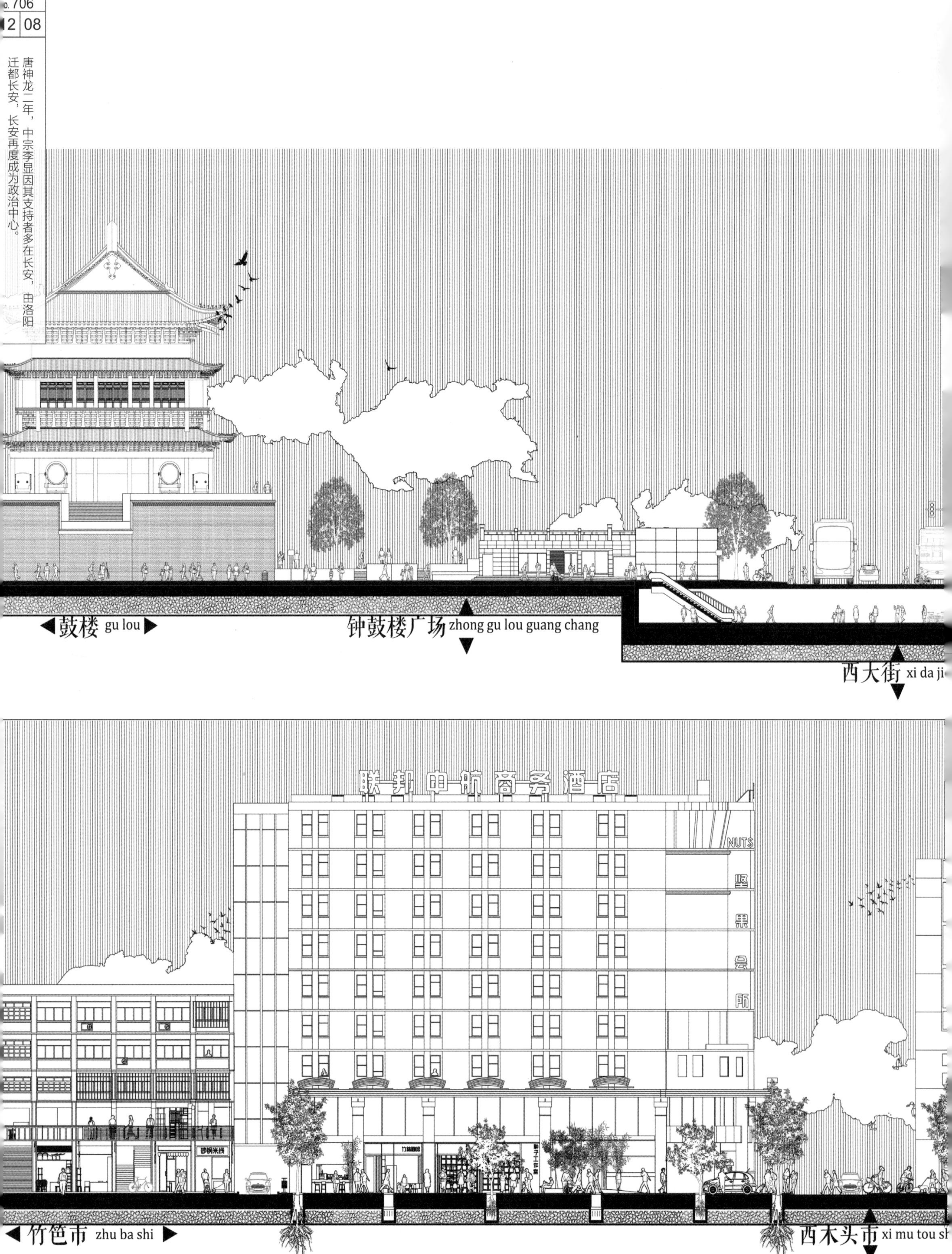

汉本始二年，宣帝刘询发铁骑 16 万余兵马，分五路攻打匈奴，是两汉最大规模的一次对外骑兵出征。

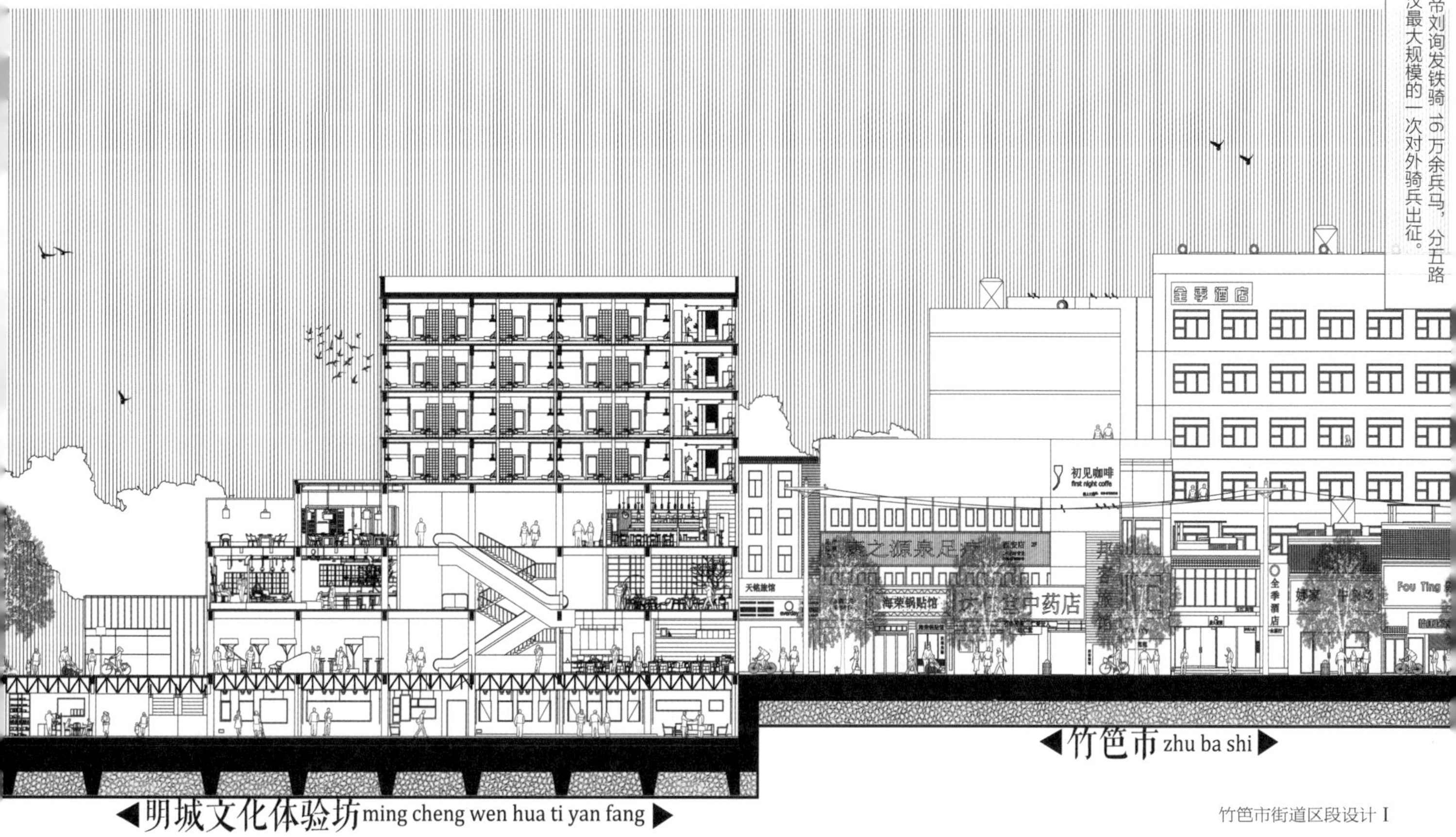

◀竹笆市 zhu ba shi▶

◀明城文化体验坊 ming cheng wen hua ti yan fang▶

竹笆市街道区段设计 I

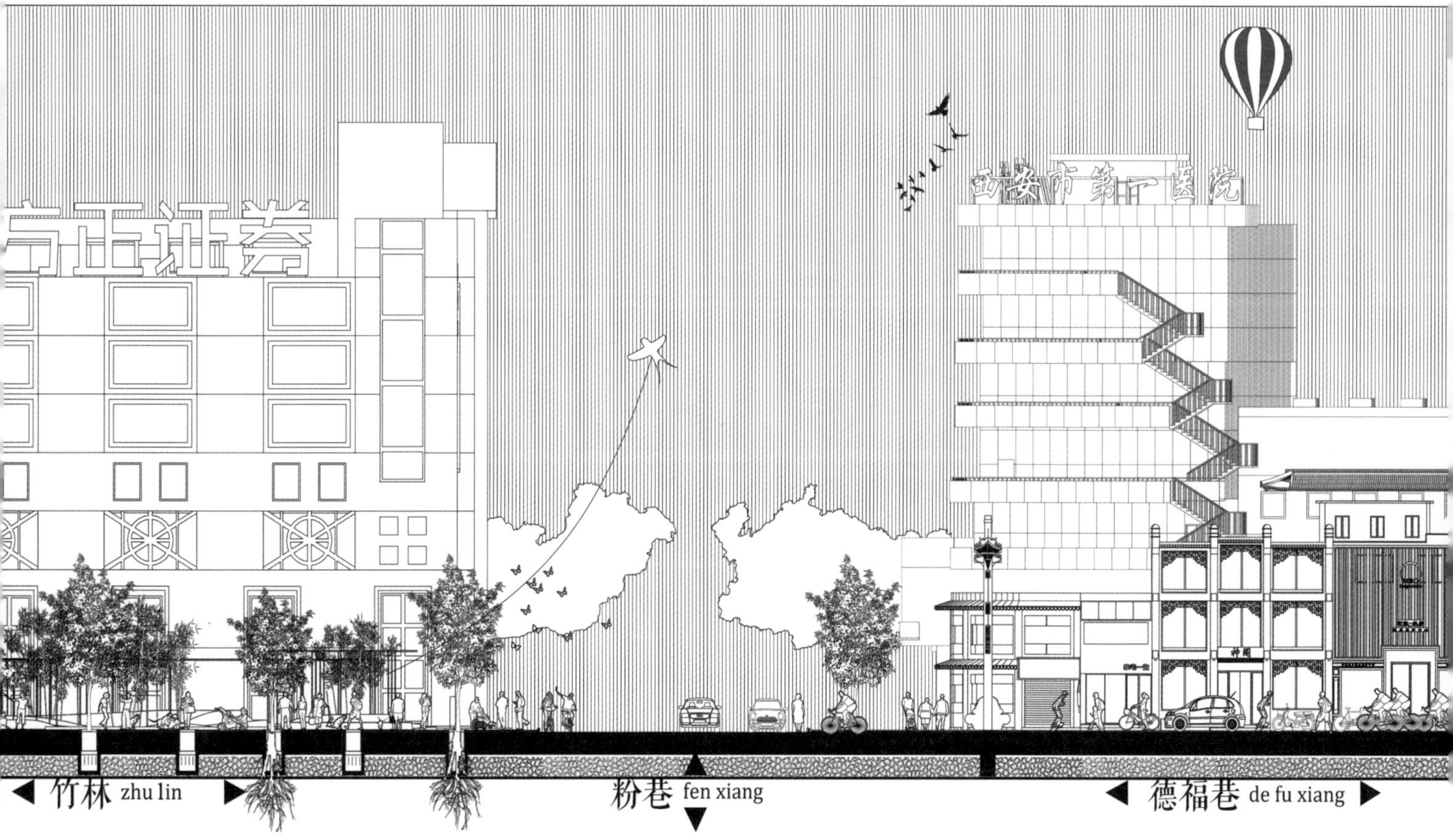

◀竹林 zhu lin▶

粉巷 fen xiang

◀德福巷 de fu xiang▶

竹笆市街道区段设计 II

No.738

唐开元二十六年，《唐六典》成书，是我国现存最早的一部行政法典和我国现存最早的一部会典。

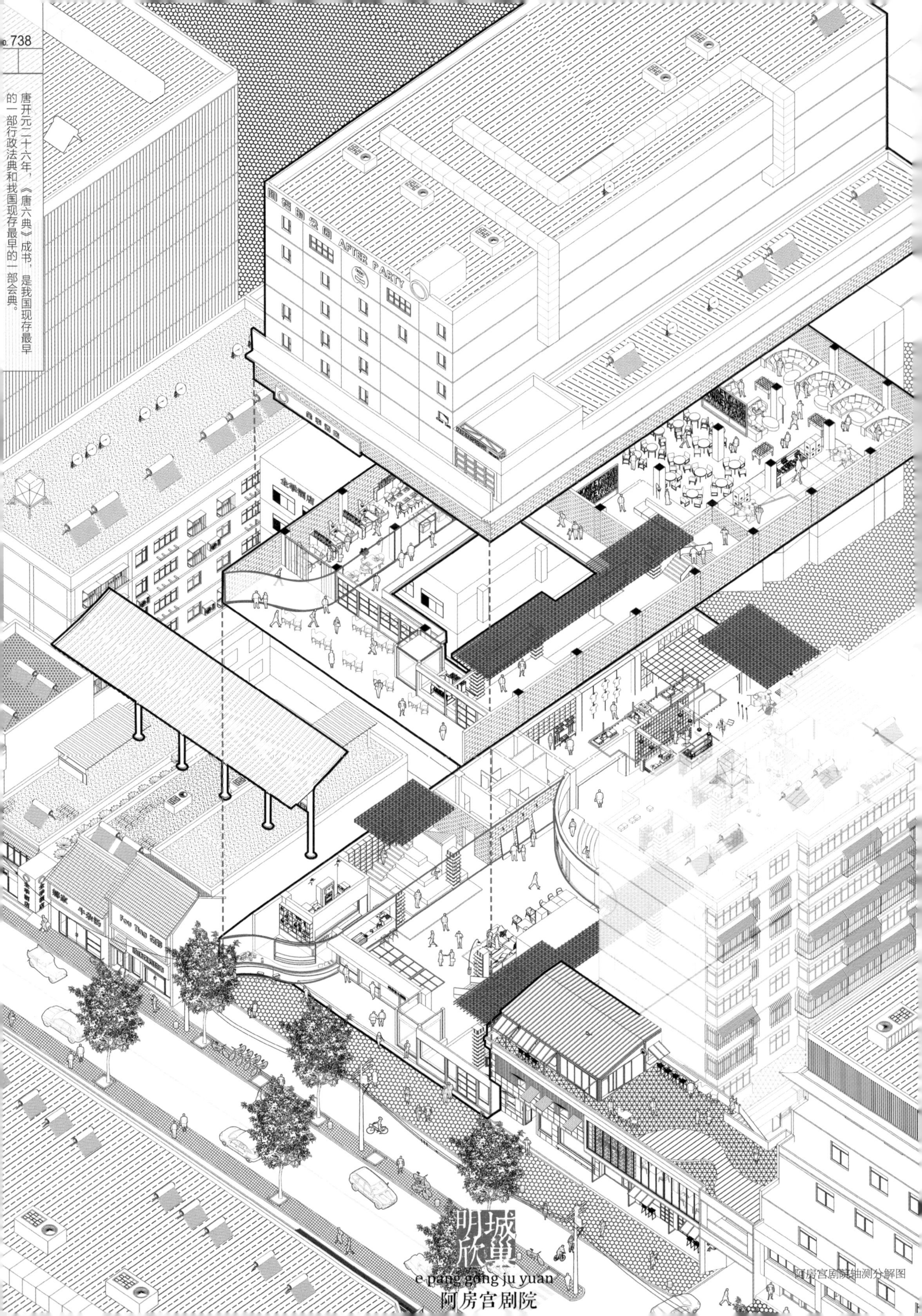

阿房宫剧院轴测分解图

晋建兴四年，愍帝司马邺投降前赵，前赵末代皇帝刘曜攻入长安，西晋灭亡，国祚51年。

● 阿房宫剧院改造展示

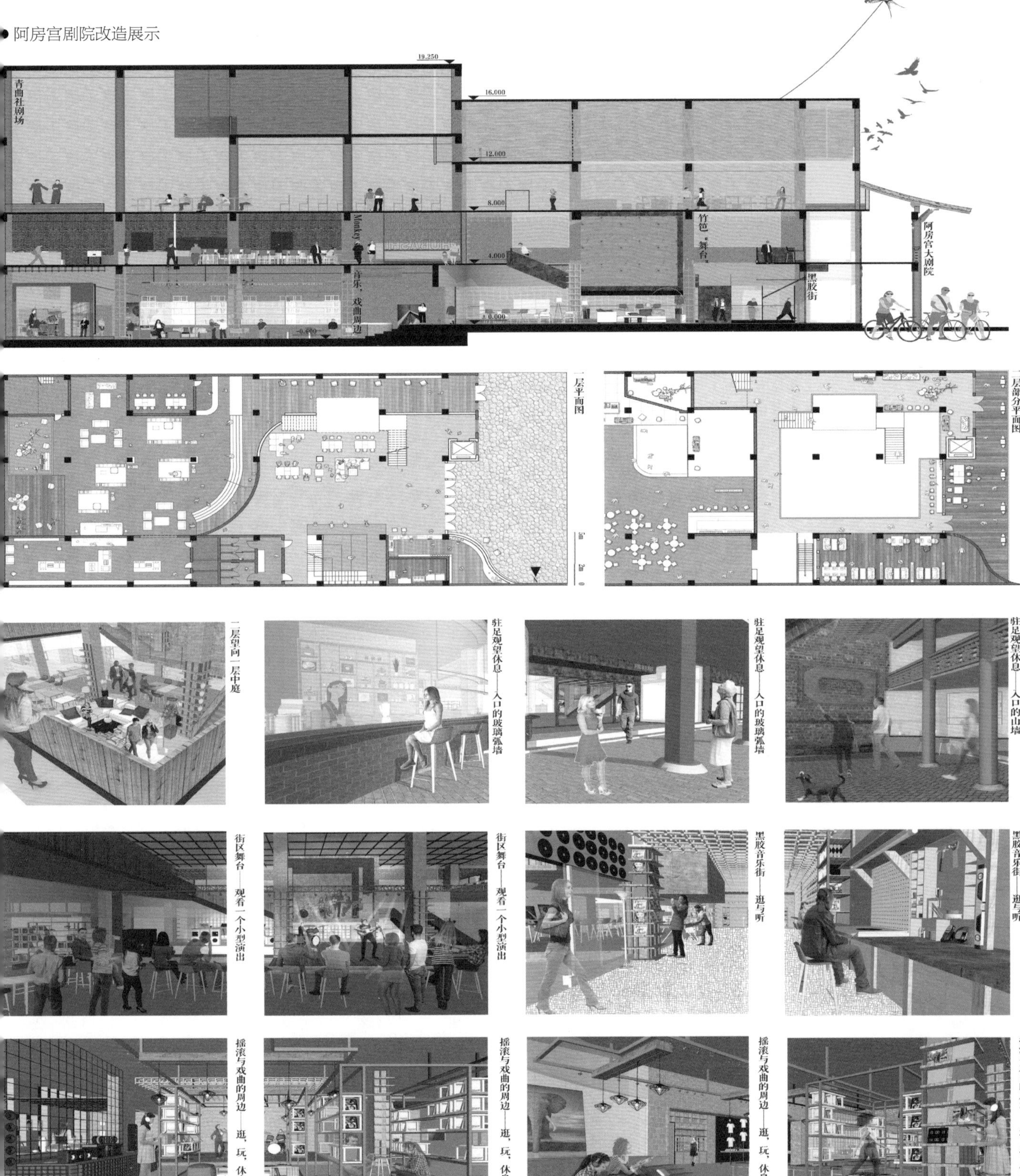

位于竹笆市阿房宫剧院内部的青曲社，其沿街入口缺乏特色。内部一层及二层有大量闲置空间，并且内部空间缺乏联系。设计将该地段定位为街道新生音乐戏曲广场，发掘现存的传统戏曲潜力，打造“阿房宫大剧院”音乐戏曲品牌，使其成为竹笆市的新兴业态和重要的活力点。

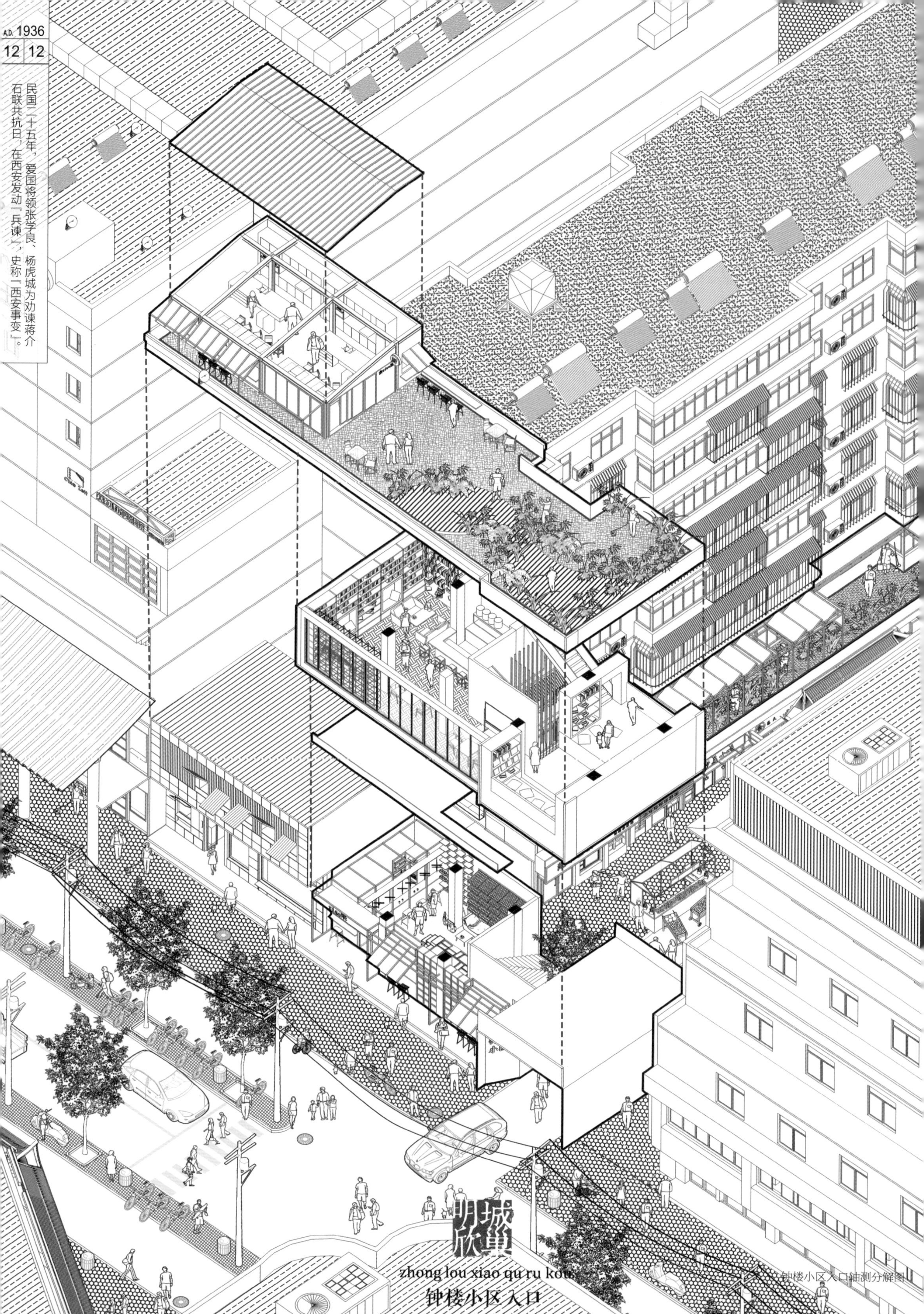
A.D. 1936
12 12
民国二十五年，爱国将领张学良、杨虎城为劝谏蒋介石联共抗日，在西安发动『兵谏』，史称『西安事变』。
明城欣巢
zhong lou xiao qu ru kou
钟楼小区入口
钟楼小区入口轴测分解图

● 钟楼小区入口改造展示

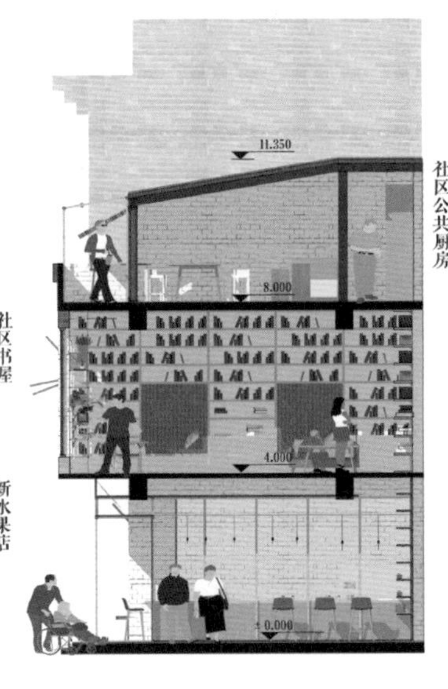

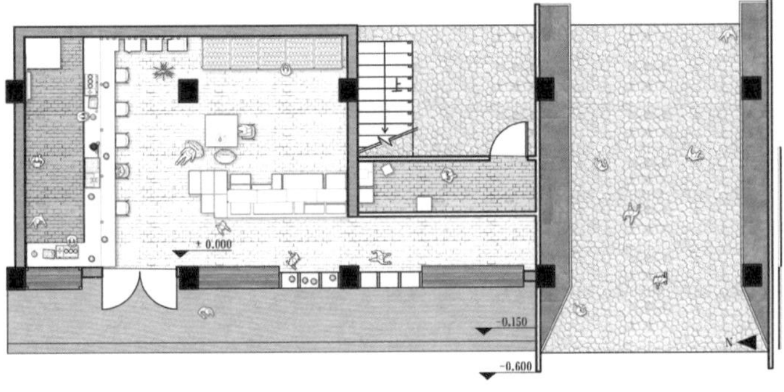

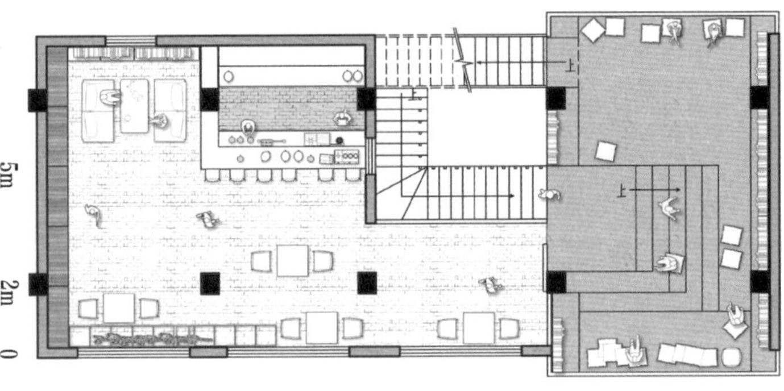

新每日蔬果店——游客的走逛

新每日蔬果店——游客的走逛

社区活动入口——社区精神文化屋

屋顶种植花园——社区绿化与邻里人情

钟楼社区书屋——社区文化

亲子书屋——孩子的天地

新每日蔬果店——游客的走逛

新每日蔬果店——游客的走逛

位于竹笆市东侧的钟楼小区，沿街入口混乱破败，两侧一层沿街商铺活力不足。作为社区主要出入口，缺乏标识感。设计将该片区定位为社区新生活的源点，使其成为街道南北“缝合剂”，一方面发展沿街商铺；另一方面作为社区入口，塑造良好的社区形象，最终创建有品质的市井生活。

p.1705
2
清康熙四十四年，陕西地区唯一的藏传格鲁派寺院——广仁寺建成，也是中国唯一绿度母主道场。
鼓楼
钟楼广场
麦当劳
·明城文化艺术坊
强调城市属性，作为城市地下、地上的广场，成为明城内的新地标。
中环广场
海棠锅贴馆
达仁堂中药店
全季酒店
竹笆市街道改造轴测图Ⅰ
汉庭酒店
社区图书馆
如家酒店
·依态新
竹附竹生
器街器活
店道售空
楼的卖间
亮试
点居点。
业民
回家的路
改善居民昏暗回家路，提升生活环境品质。
社区邮局
·街道取景框
竹器店前空间改造且结合行道树框景并提供空间功能。
久沐餐厅
长茂家具店
新益美家具店
老潼关肉夹馍
醉长安
美豪丽致
正泰日杂家
竹笆市街道改造轴测图Ⅱ

A.D. 1985
12 15
西安火车站第一期主楼工程竣工，客运站的候车室规模较以前扩大了3倍。旧站拆除后改建成站前广场。
达仁堂中药店
阿福的公园
·阿房宫大剧院
亮点业态、街道内部新生音乐戏曲广场。
弧墙引导
街道舞台
·钟楼小区入口
社区新生态生活方式的源点。
小区绿化
社区中心
汉庭酒店
竹笆市街道改造轴测图Ⅲ
红叶便利店
联邦中航酒店
方正证券
·小树林
·竹林带状花坛
早教中心
竹笆市街道改造轴测图Ⅳ
dao

No. 1936
2 16
民国二十五年，陕北抗日大同盟常务主席杨明轩主持西安市民大会和示威游行，支持张、杨将军爱国行动。
柳巷非巷，骡马无马——城市中心区典型性开放住区更新
学生姓名：赵苑辰 刘莉轩 韩思呈 孙雯军
指导教师：周志菲 叶静婕 徐诗伟

“首先且最为重要的是，一条伟大的街道必须有助于邻里关系的形成：它应该能够促进人们的交谊与互动，共同实现那些他们不能独自实现的目标。”

——[美]阿兰.B. 雅各布斯《伟大的街道》

8.2 市井：日常生活中的城市设计

柳巷位于西安明城中心骡马市一侧，见证了东大街和骡马市的车水马龙，但随着实体商业的衰退，昔日城市中心区黄金地段荣光黯然。这片老旧居住区也变成了漂泊租客的安身之所，虽有网红小店唤起点点生机，但原有的社区氛围已不复存在。设计以微更新的设计策略，利用废弃场地改善原有街道公共空间不足的问题，强调对日常生活的唤醒；通过地段整体设计，进行建筑更新及街道复兴，提升原住民和租客的生活质量；重建社区关系网，形成良好的社区氛围，让片区居民拥有家的归属感。

北宋元祐二年，西安碑林创立，是收藏我国古代碑石时间最早、数目最大的一座艺术宝库。

8.2.1 问题研判：隐匿的市井

●区位分析

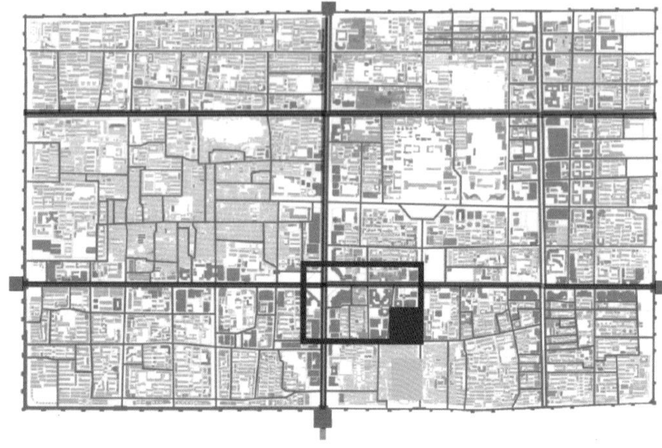

●街道分析

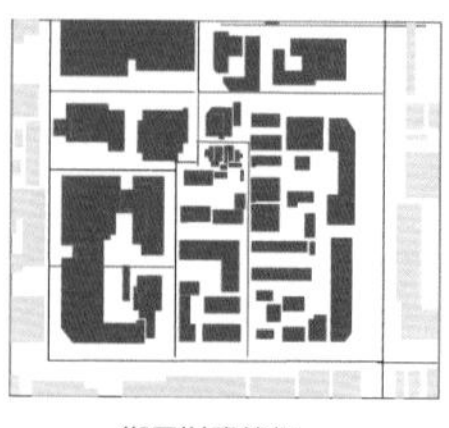

街区道路等级

街区交通节点

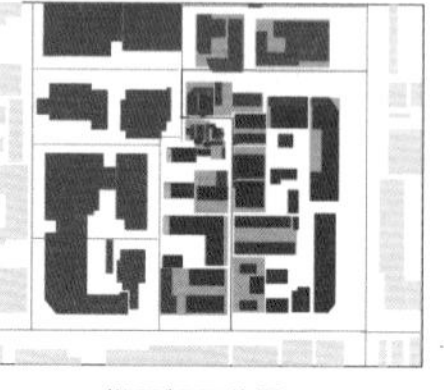

街区权属范围

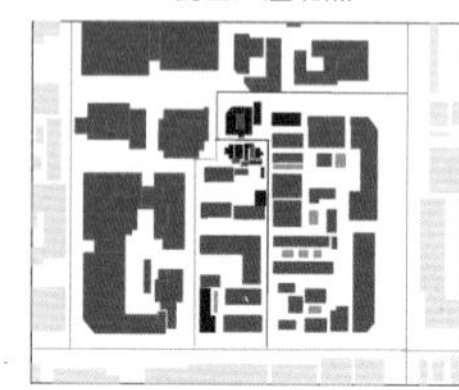

街区绿化

柳巷位于明成区较为中心的地段，曾经是西市的商业中心，但由城市化的进程，老城配套产业外迁，经济心外迁，老城区中心位渐渐消失，转而变一个以服务业为主，展旅游业的区域，柳位于明成区靠近商业的位置，紧邻钟楼，马市，碑林博物馆，以它的发展，与周边态环境相关。

●空间类型分析

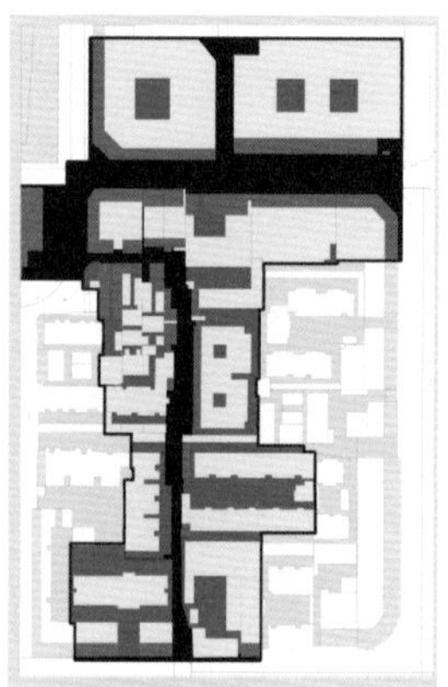

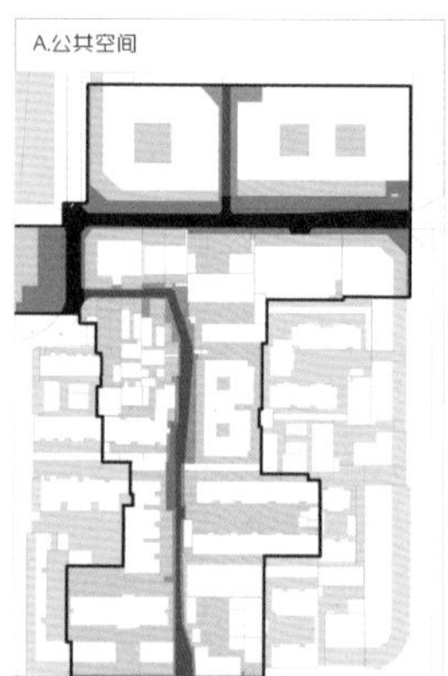

A.公共空间

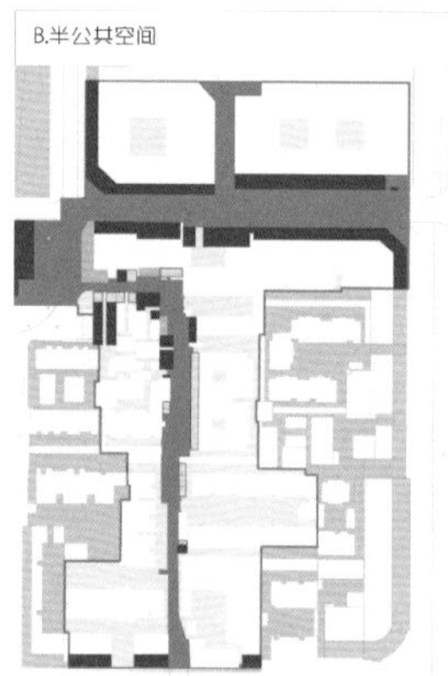

B.半公共空间

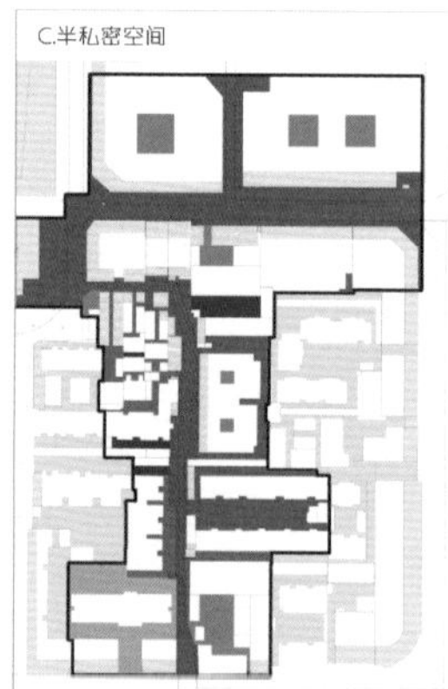

C.半私密空间

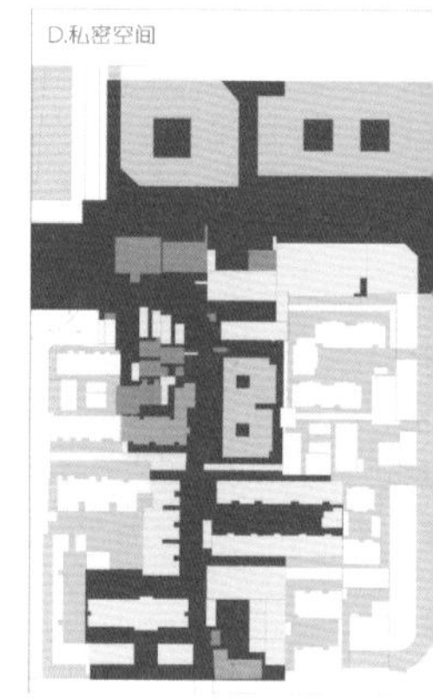

D.私密空间

●空间节点分析

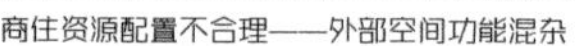

商住资源配置不合理——外部空间功能混杂

空间过渡强硬

商业居住关系混乱

原有过渡空间被废弃

●空间层级探究

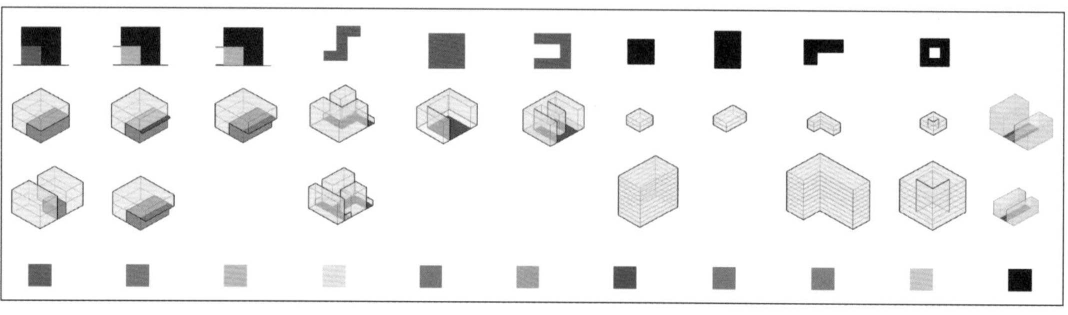

我们对沿街建筑进行了空间类学的层级划分，探究基地内部同层级的公共空间属性及形态局方式。从类型学分析中可以出，基地内部从公共空间到私空间没有过渡，并且对于内部人群及建筑密度来说，公共空严重不足，很多空地被杂物与圾占据，使得这里居民的生活量严重下降。

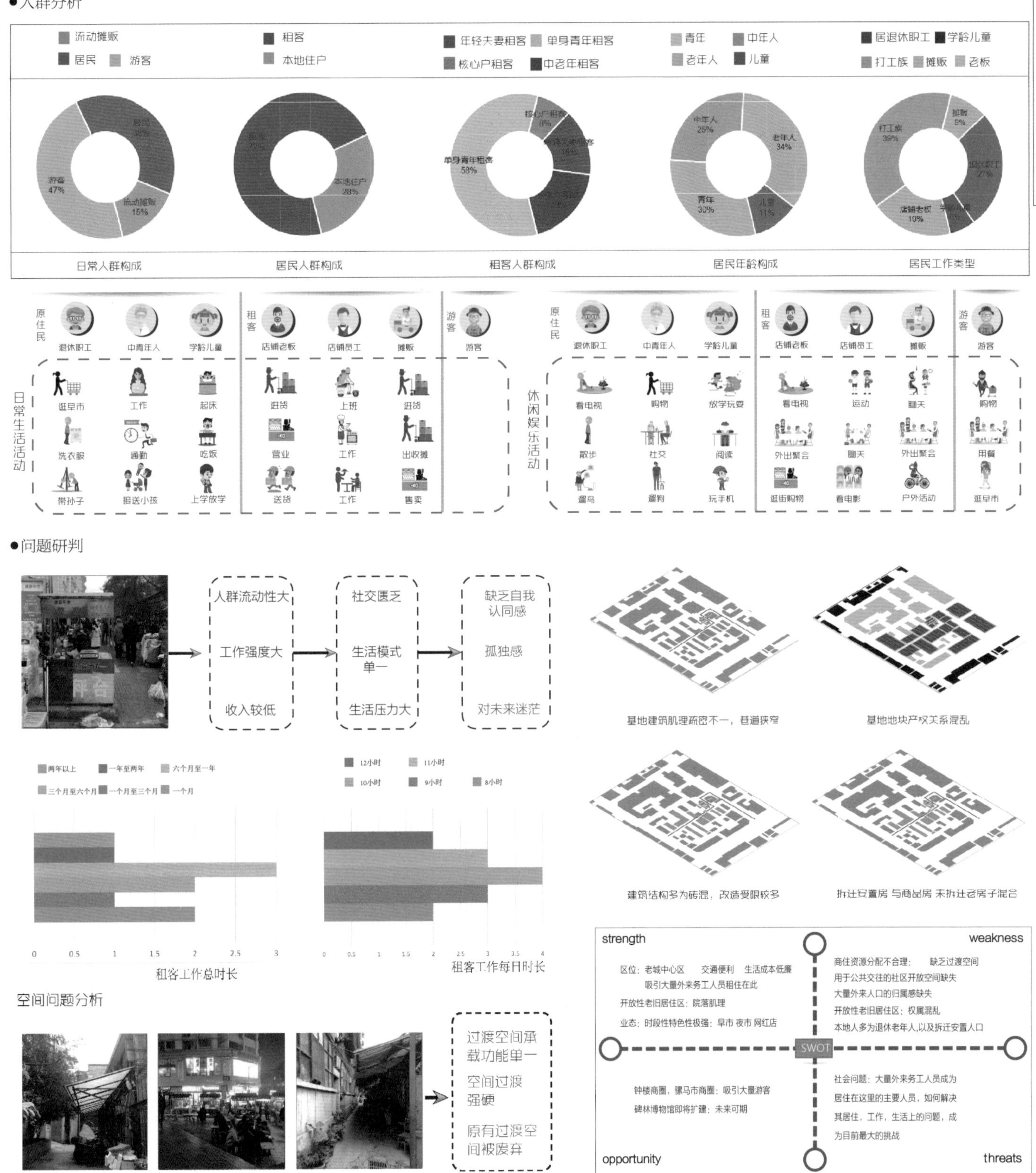

A.D. 198
12 1

黑河引水工程开工典礼在曲江水厂工地举行，为西安解决用水问题奠定基础。

8.2.2 目标策略：日常生活的唤醒与活力

● 核心概念

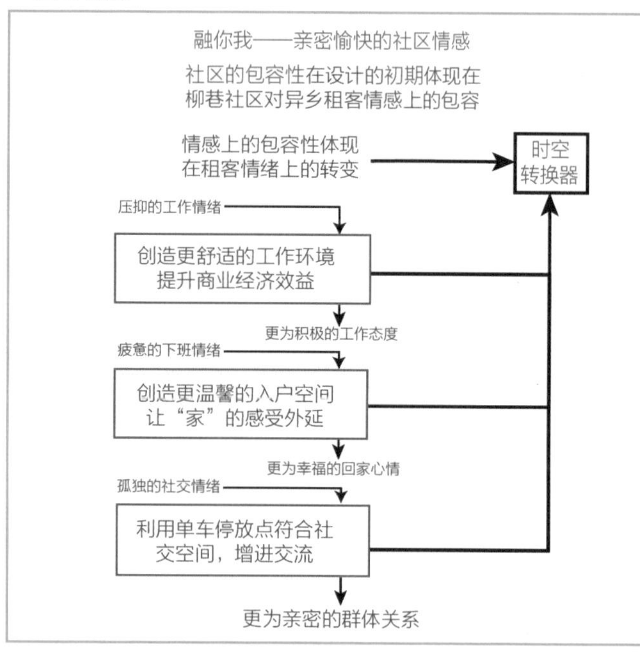

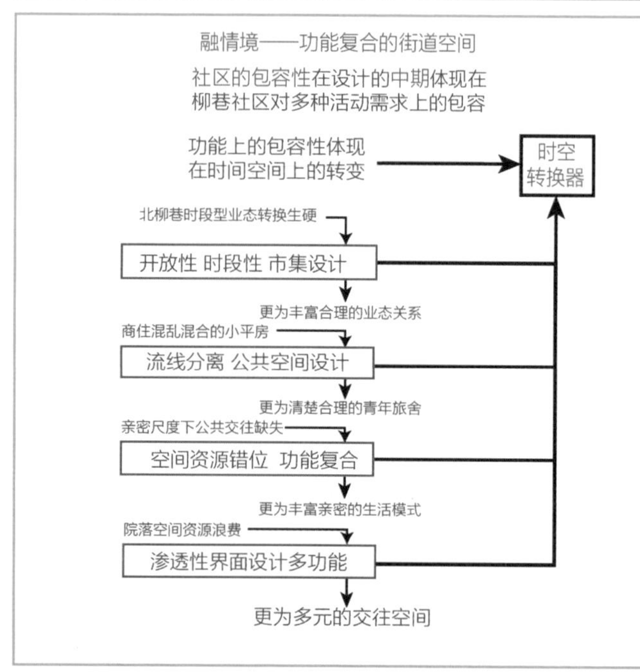

融生活——多元交织的生活模式

社区的包容性在设计的末期体现在
柳巷社区对多种
不同类型的生活上的包容

在经过了初期的微干预和中期的节点改造后，我们对柳巷内部不同类型的建筑以及其所面临的现状问题进行了设计回应，对其经济效益做出了分析，所以，在长远发展的视角下，我们决定将后期改造定位后端类型化，基于之前的设计，进行类型学适应性演绎，畅想在未来新的生活模式

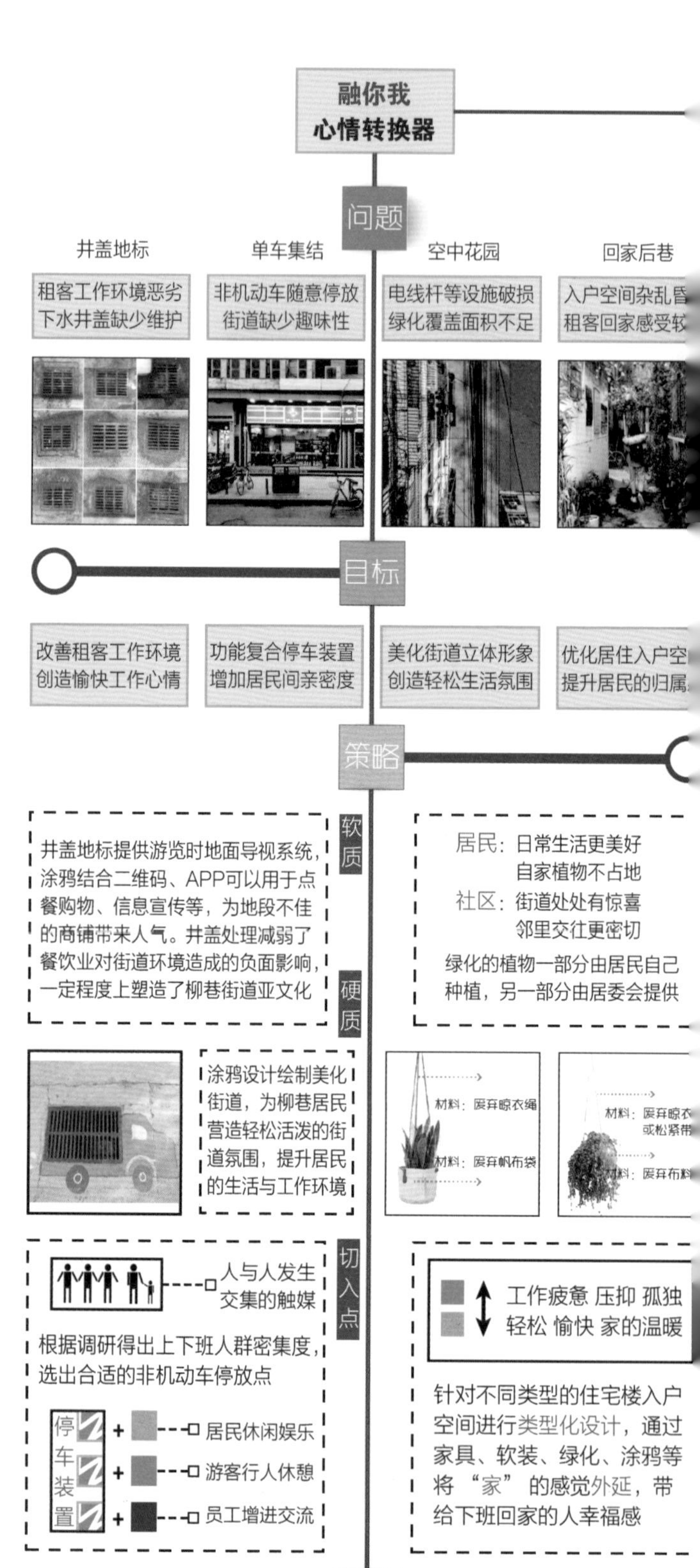

融情景
时空转换器

问题

兴正元广场改造
时段型市集

小平房改造
青年旅舍

“井”字楼改造
共享住宅

中柳巷社区改造
院落重塑

时段型商业及活动资源配置不合理

无名巷小平房商业与居住模式不合理

居住空间品质较低缺乏公共交往空间

住宅楼院落与街道之间缺少互动性

目标

激活废弃商业空间
点亮夜间经济

复合商住空间
创造青旅生活模式

错位空间资源
创造共享生活

实现街道与院落的合理过渡和渗透

策略

基地

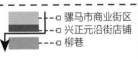

早市夜市
网红店铺
普通店铺

定位

建筑：形成大空间承载流动市集
灵活木盒子形成固定业态
界面：开放式流线设计更好地引导来自骡马市方向的人流

设计

功能复合　　资源错位

创建以工作关系为联系的高密度集体合租生活模式

利用砖混结构承重墙间距营建亲密尺度的社区交往

提升天井采光率和利用率
提升共享居住的空间品质

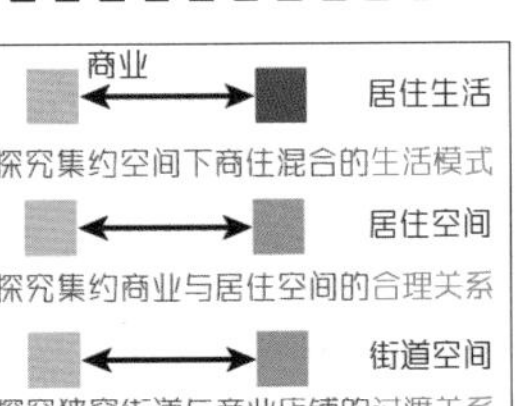

分割流线　使商业居住干扰减少
资源错位　使公共生活空间增多
店面退让　使街道尺度更加宜人

渗透关系
互动性
资源错位
时段性

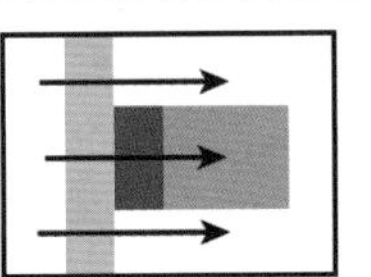

建筑：建筑是有厚度的边界存在街道与院落的过渡与分隔
界面：考虑视线、行为渗透关系使院落与街道互动性更强
场地：外部设计贴近居民日常生活满足不同年龄使用需求

预期

时空转换器——扭转单一功能 丰富街道生活
针对租客的工作需求和生活需求进行空间改造
实现在时间和空间上功能复合的街道空间

融生活
生活转换器

目标

后端类型化 展望未来生活

前中期所做的设计在推广类型化后遇到的不匹配等问题

在经过了初期的微干预和中期的节点改造后，我们对柳巷内部不同类型的建筑以及其所面临的现状问题进行了设计回应，对其经济效益做出了分析

在长远发展的视角下，我们决定将后期改造定位为后端类型化，基于前期中期的设计成果，进行类型学适应性演绎，畅想柳巷在未来新的生活模式

策略

第三阶段类型化：端履门社区缺少公共生活空间，东柳巷综合楼底层店铺基本没有外租，改造潜力较大，可形成较大的公共空间

设计手法上沿用兴正元广场市集的操作语言。由于空间属性都较为公共和开敞，所以在类型化过程中，设计回应与现状较为匹配

第二阶段井字楼节点设计是柳巷租客与原住民群体居住最典型的案例，亲密尺度公共交往模式适用于柳巷大部分住宅楼

我们选点太和广场南楼和北楼两座高层公寓，进行后端类型化，希望类型化设计可以真正提升居住品质，惠及当地居民

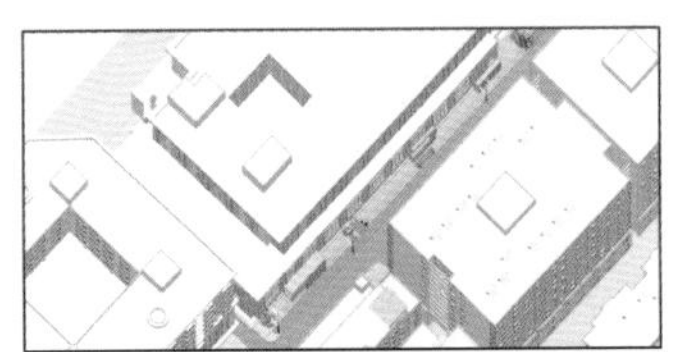

根据权属关系，我们将小平房地块划分为四部分，将剩余的部分进行适应性类型化演绎，提升原本拥挤狭长的商住空间的品质，创造新的效益模式。

柳巷老式开放小区存在很多院落式家属院，院落是其中重要的构成要素，我们希望对柳巷片区内的院落空间进行与现状匹配的类型化演绎

街道绿带设计

中柳巷+无名巷

现状：存在少量盆栽，街道与社区的互动性不足，街道形象冰冷

措施：增设景观小品，并与游憩节点相结合，通过错位空间资源创造更多居民活动空间

北柳巷+东柳巷

现状：街道缺乏绿化，商业外部空间品质较低，气氛沉闷，消费体验较差

措施：设计绿化休憩节点，店铺候餐空间，使游客可以停留休息，配合绿化美化街道

预期

生活转换器——后端类型化 展望生活愿景
将微更新和节点改造类型化至整个柳巷街区
探索量变产生的联动效益

民国十五年，冯玉祥将军倡议在西安长乐门北侧开辟城门，为纪念革命领袖孙中山，命名『中山门』。

8.2.3 设计方案：建筑更新 + 街道复兴

● 现状分析

● 空间问题及潜力点

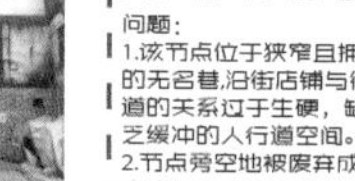

问题：
1.该节点位于狭窄且拥堵的无名巷,沿街店铺与街道的关系过于生硬，缺乏缓冲的人行道空间。
2.节点旁空地被废弃成为仓库，利用率低。
3.节点内部空间过于狭小。商业与租住、租住与居住的关系混乱。

潜力点：
有可上人但被废弃的屋顶平台，为集约空间的共享改造提供了基础。

● 人群需求

● 目标定位

定位：
根据该节点的区位以及人群的需求。我们希望通过空间资源错位的手法，改造成更适应青年打工低收入人群的青年旅社，探索包容性社区的更多可能性。

目标：
1.局促空间下寻求资源错位的高品质生活方式。

2.商业居住复合的最佳组合模式。

● 经济社会效益

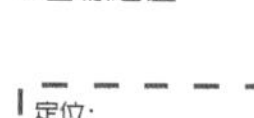

现状		更新策略
旅馆： 经济萧条	■■■■■■■	旅馆： 升级为青旅 对现有群体 针对性更强
网红餐厅： 服务对象基本为青年游客	人口诉求 ■■■■■■■	网红餐厅： 形成复合生活娱乐等多种形式的商业
居住： 生活隐私被破坏	■■■■■■■	居住： 租居民的空房子，居民与商业共同获利

● 设计策略及呼应

● 街道整体层面

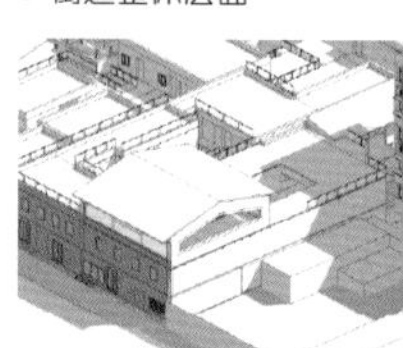

沿街商业与街道过渡生硬，没有导致游客在街道上排队等候用餐机动车道，街道秩序混乱。

秦王政元年，韩国水利专家郑国开始主持兴建郑国渠，和都江堰、灵渠并称为秦代三大水利工程。

小平房改造街道场景图

● 节点内部层面

业退后1米，在形成灰空间的同街道尺度，为顾客提供等候休，改善街道人车秩序。

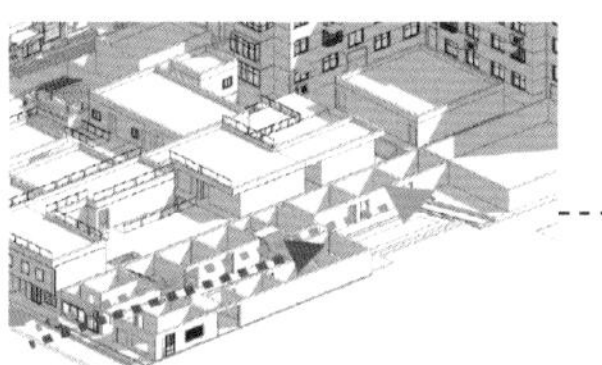

居民与游客的流线交叉，影响原住民日常生活的私密性。没有为本地居民提供单独的入口及流线设计。

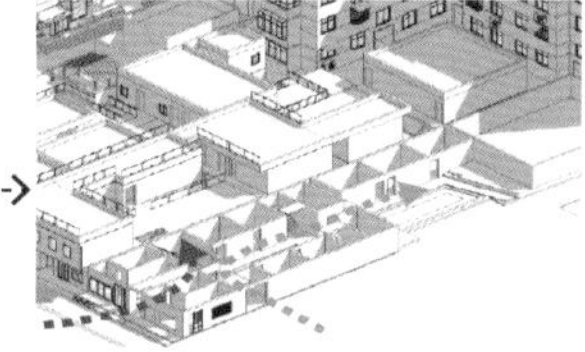

在商业空间与后端居住庭院之间加入斜墙设计，形成视线的交流但游客不能进入。入口的变换划分了原先交叉的流线，保证原住民生活私密性。

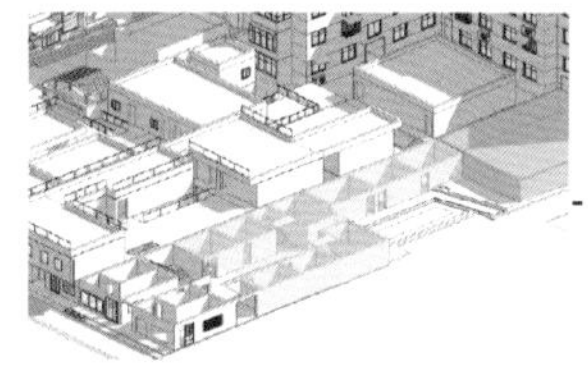

小平房内部除了原住民之外，还有部分房间作为客栈使用。但现状居住与租住的空间没有分隔，原住民隐私受到打扰。

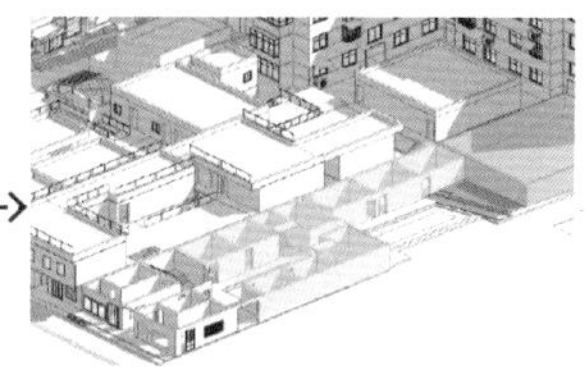

将居住部分前院场地升高，并种植蔬菜，形成视线上渗透但路线不可达的隔离。蔬菜园也是租客与原住民之间产生互动的场所。

A.D. 659

唐显庆四年，高宗李治诏令中书令许敬宗等人会同名医撰《唐新本草》，是世界上第一部国家药典。

南洋咖喱咖啡馆

亚洲吃面公司

● 现状分析

● 空间问题及潜力点

问题：

1.楼内U形走廊空间被废弃。2.建筑内部两个天井空间被废弃。3.楼前商铺与街道的高差过高，具有疏离感。

潜力点：

楼前商铺的高台可以供人们交流。

● 人群需求

● 目标定位

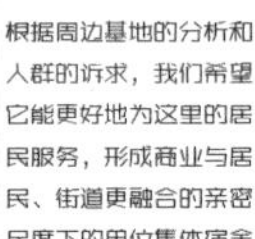

定位：

根据周边基地的分析和人群的诉求，我们希望它能更好地为这里的居民服务，形成商业与居民、街道更融合的亲密尺度下的单位集体宿舍式的居住。

● 经济社会效益

现状		更新策略
商业与街道有隔离		将台阶进行趣味性改造。集休憩、交通、绿化为一体。
商业、旅馆居住成平行关系	人口诉求	重新更改交通核，打造交通、商业与社区服务为一体的公共生活空间。
居住：生活上正常采光不够		移去原有交通核，将天井扩大化，为居民争取更多的采光。

● 设计策略及呼应

● 节点内部层面

现状井字楼内部结构为砖混结构小，无法实现可供休闲娱乐的大
且负一层过于封闭，没有阳光。

A.D. 2008
12 25

西安市『十五』期间城市建设重点项目——西安市三环路通车，成为西安交通路网的重要组成部分。

井字楼改造街道场景图

● 街道整体层面

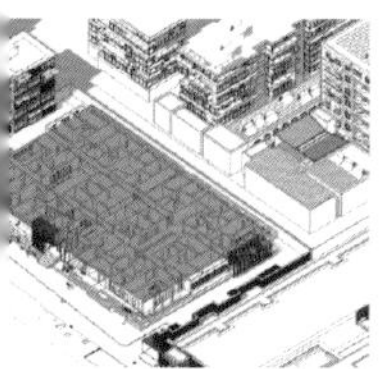

京有的设计思路，进行亲密的
舌动空间设计。将一层与负一
丁通，让负一层有采光。

井字楼后侧U形空间被废弃，在这里的住户没有活动空间，并且入户楼梯口没有缓冲空间，生活私密性较差。

在改造过程中，将U形空间与居民自种的蔬菜园结合，打造小尺度下回家后巷的转变，让居民在此处有交流和休闲的空间。

底层商铺与楼上住宅在功能上毫无交集，并且影响二层住户的正常采光与生活。商铺与住宅布局混乱，相互影响。

柔化外侧建筑界面，将街道渗入到底层建筑内部，打破原有的平铺直叙。使得上下关系丰富且具有层次感。

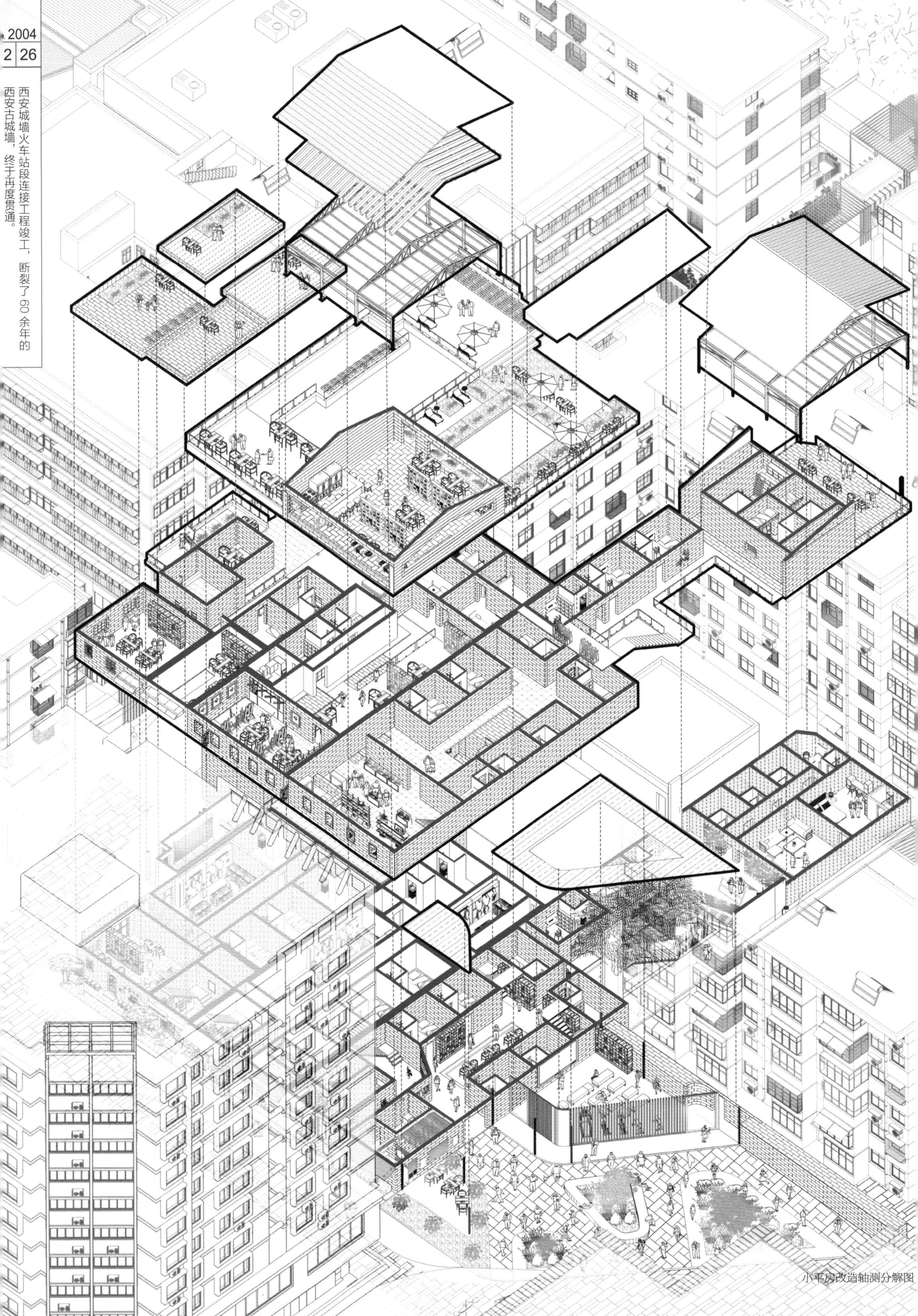

2004
2 26

西安城墙火车站段连接工程竣工，断裂了60余年的西安古城墙，终于再度贯通。

小平房改造轴测分解图

● 小平房改造展示

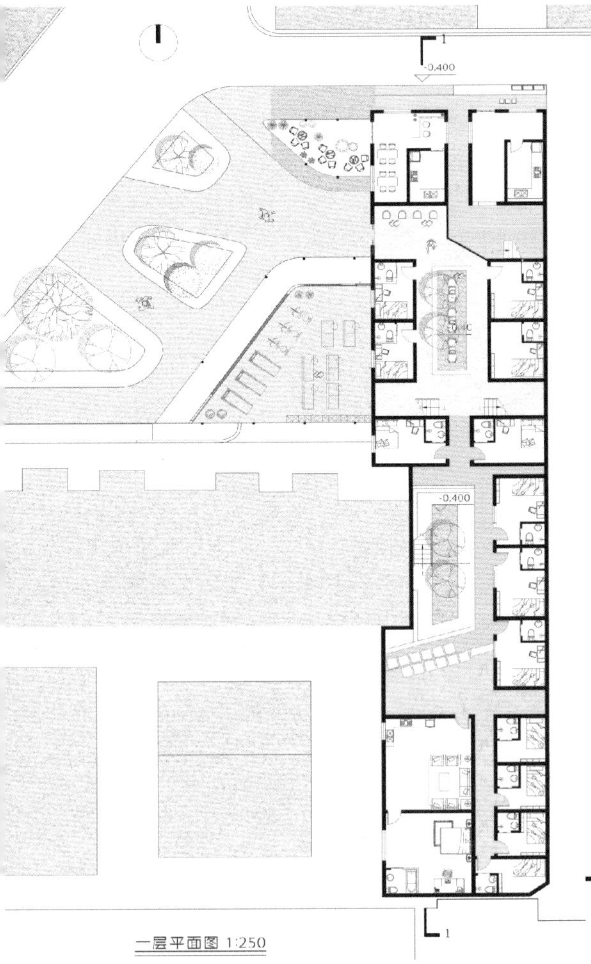

二层平面图 1:200

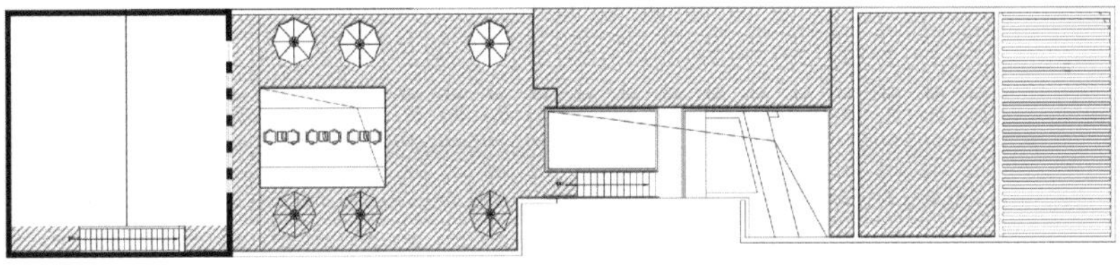

屋顶平台平面图 1:200

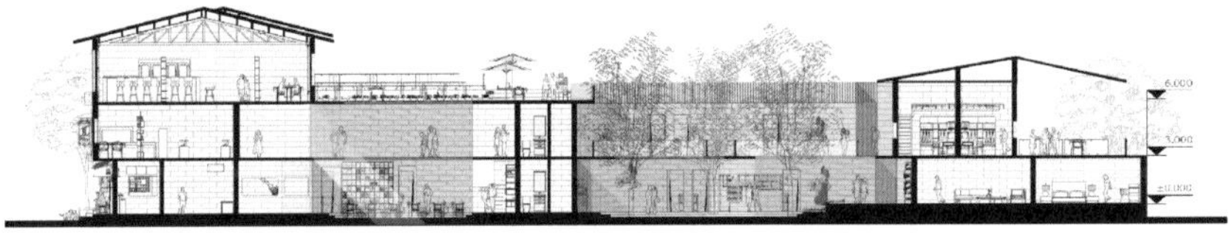

1-1 剖面图 1:200

一层平面图 1:250

设计对象为柳巷内部，沿街为商业空间，后部为居住空间。沿街店铺与街道过渡生硬，缺乏人行道缓冲空间，顾客只能在街道上等候用餐，影响正常的交通秩序。后侧居住空间狭小，为可供租住的客栈。设计将其改造成适合低收入打工人群的青年旅社，探索包容性社区的更多可能。

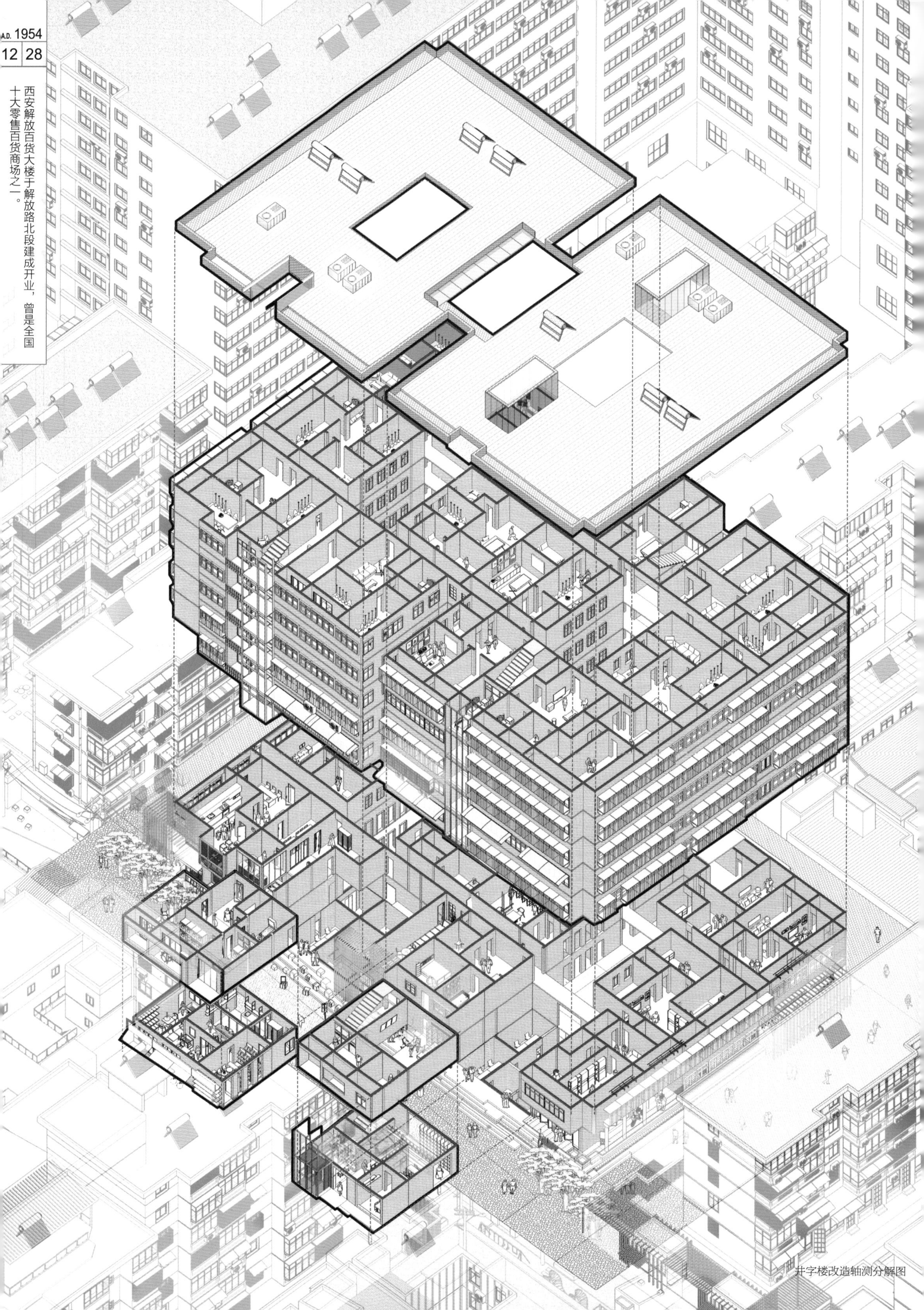
A.D. 1954
12 28
西安解放百货大楼于解放路北段建成开业，曾是全国十大零售百货商场之一。

井字楼改造轴测分解图

唐景龙四年，史学家刘知几的《史通》成书，是中国及全世界首部系统性的史学理论专著。

● 井字楼改造展示

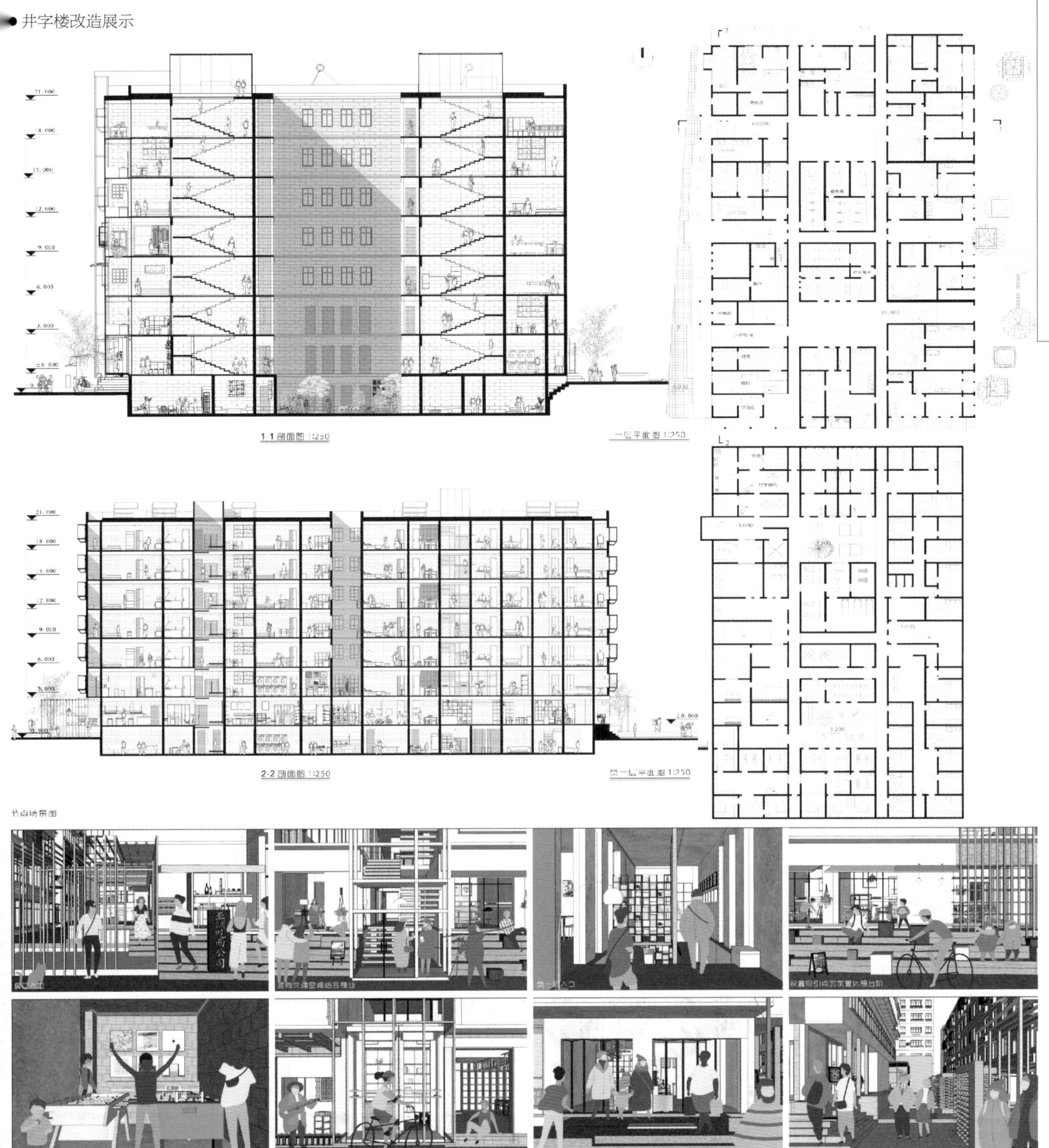

设计对象为中柳巷内部的井字住宅楼，底部一层沿街面是年轻人喜爱的网红餐饮店，二到六层是居住部分。现状一层沿街网红店与人行道之间高差较大，具有疏离感。设计将这栋住宅楼打造为合租型共享公寓，对沿街网红店进行改造，让其成为居民与游客共同交流活动的空间，改善居民的生活质量。

A.D. 1080

北宋元丰三年，政治家、书法家吕大防绘《长安图》，是中国现存最早古都平面图碑刻。

A.D. 2018
12 31

《西安市 2018 年国民经济和社会发展统计公报》统计西安常住人口突破 1 000 万，西安成为“超大城市”。

柳巷街道改造鸟瞰图

图片来源

P1　来源：秦始皇兵马俑博物馆.秦始皇陵兵马俑[M].北京：文物出版社，1999.

P2–6　来源：王炜林.留住文明・陕西十一五期间基本建设考古重要发现2006–2010[M].西安：三秦出版社，2000.

P7–9　来源：张礼智.生活在二级阶地上的人们——半坡遗址概览[M].西安：陕西旅游出版社，2007.
陕西历史博物馆. 2020陕博日历・彩陶中华[M].北京：文物出版社，2019.
陕西省历史博物馆自摄.
陕西省考古研究所.

P10　来源：政协岐山县委员会.周文化丛书・甲骨卷[M].北京：中国文史出版社，2016.

P11　来源：政协岐山县委员会.周文化丛书・青铜卷[M].北京：中国文史出版社，2016.

P12–13　来源：政协岐山县委员会.周文化丛书・甲骨卷[M].北京：中国文史出版社，2016.

P15　来源：中国社会科学院考古研究所，等.丰镐考古八十年・资料篇[M].北京：科学出版社，2018.

P17　来源：天子架六剪影自摄.

P18–19　来源：李炳武.中华国宝・玉器卷（精装版）——陕西珍贵文物集成珍藏版[M].西安：陕西人民教育出版社，1999.

P20–21　来源：政协岐山县委员会.周文化丛书・青铜卷[M].北京：中国文史出版社，2016.

P22　来源：秦始皇兵马俑博物馆.秦始皇陵兵马俑[M].北京：文物出版社，1999.

P24–25　来源：鹤间和幸.始皇帝的遗产——秦汉帝国[M].马彪，译.桂林：广西师范大学出版社，2014.
徐卫民.秦俑.秦文化丛书——秦都城研究[M].西安：陕西人民教育出版社，2000.
刘叙杰.中国古代建筑史・第一卷[M].北京：中国建筑工业出版社，2009.

P26–27　来源：秦始皇兵马俑博物馆.秦始皇陵兵马俑[M].北京：文物出版社，1999.
陕文投集团华夏文创.陕博日历2019[M].北京：文物出版社，2000.

P28–29　来源：王炜林.留住文明・陕西十一五期间基本建设考古重要发现2006–2010[M].西安：三秦出版社，2000.
惠善利. 铜川文物精粹[M].北京：世界图书出版公司，2013.
孟剑明. 梦幻的军团[M].西安：西安出版社，2005.

P30–31　来源：西安三礼旅游文化产品发展有限公司.秦始皇和他的帝国时代[M].西安：三秦出版社，2000.
傅惜华，陈志农.陈志农，绘.陈沛箴，整理.山东汉画像石汇编[M].济南：山东画报出版社，2012.

P32　来源：王川.峄山碑刻集[M].济南：齐鲁书社，2016.

P34–35　来源：中国钱币博物馆.

P36–37　来源：刘德增.秦汉衣食住行[M].北京：中华书局，2015.
王炜林.留住文明・陕西十一五期间基本建设考古重要发现2006–2010[M].西安：三秦出版社，2000.
惠善利.铜川文物精粹[M].北京：世界图书出版公司，2013.
冀东山，晏新志.神韵与辉煌・陶俑卷[M].西安：三秦出版社，2000.

P38　来源：王亦儒.秦砖汉瓦[M].合肥：黄山书社，2013.

西安博物院自摄.

P39　来源：刘叙杰.中国古代建筑史・第一卷[M].北京：中国建筑工业出版社,2009.
王仁波.汉唐丝绸之路文物精华[M].陕西省历史博物馆,1990.

P41　来源：自绘.

P46–47　来源：李炳武.亘古遗存的石板书库:西安碑林博物馆[M].西安：西安出版社,2019.
程旭.陕西历史博物馆新入藏文物精粹[M].西安：三秦出版社,2011.
田有前,赵荣.考古陕西 雕刻时光——陕西古代石刻[M].西安：陕西人民出版社,2017.

P48–49　来源：陕西省考古研究院《陕西咸阳邓村北周墓发掘简报》.
陕西省考古研究院《陕西西安西魏吐谷浑公主与茹茹大将军合葬墓发掘简报》.
咸阳市文物考古研究所《咸阳平陵十六国墓清理简报》.
西安市文物保护考古所《西安南郊北魏北周墓发掘简报》.
西安市文物保护考古研究院《陕西西安西魏乙弗虬及夫人隋代席氏合葬墓发掘简报》.

P50–51　来源：自绘.

P52–53　来源：李炳武.亘古遗存的石板书库:西安碑林博物馆[M].西安：西安出版社,2019.
苏静.知中・竹林七贤[M].北京：中信出版社,2017.

P55　来源：咸阳市文物考古研究所《咸阳平陵十六国墓清理简报》.
陕西省考古研究院《陕西西安西魏吐谷浑公主与茹茹大将军合葬墓发掘简报》.
西安市文物保护考古研究院《陕西西安西魏乙弗虬及夫人隋代席氏合葬墓发掘简报》.

P56–57　来源：陕西省考古研究所.西安北周安伽墓[M].北京：文物出版社,2003.

P63　来源：西安建筑科技大学王树声团队绘.

P64–65　来源：韩伟.中国石窟雕塑全集5:陕西宁夏[M].重庆：重庆出版社,2001 .

P66–67　来源：冯庚武.唐代壁画[Z].陕西历史博物馆.

P69　来源：陕西历史博物馆.陕博日历——大唐长安2018[M].北京：故宫出版社,2017.
李炳武.中华国宝——陕西珍贵文物集成・陶俑卷[M].西安：陕西人民教育出版社,1998.

P70–71　来源：陕西历史博物馆.陕博日历——大唐长安2018[M].北京：故宫出版社,2017.
冯庚武.十八国宝[Z].陕西历史博物馆.
陕西历史博物馆.2018年・大唐长安：汉英对照[M].北京：故宫出版社,2017.

P72–73　来源：杨鸿勋《建筑考古学论文集》.

P74　来源：李炳武.中华国宝——陕西珍贵文物集成・陶俑卷[M].西安：陕西人民教育出版社,1998.

P75　来源：陕西省考古研究所.陕西新出土文物选粹[M].重庆：重庆出版社,2000.
冀东山、晏新志.神韵与辉煌——陶俑卷[M].西安：三秦出版社,2000.

P76–77　来源：杜萌若.当书法穿越唐朝[M].北京：中信出版社,2019.

P78–79　来源：李昊霖.关中唐十八陵[M].北京：电子工业出版社,2015.

P81　来源：恩斯特・柏石曼. 中国的建筑与景观[M].杭州：浙江人民美术出版社,2018.

P84　来源：自绘.

P85　　来源：史念海.西安历史地图集.[M].西安：西安地图出版社，2000.
P94　　来源：刘叙杰.中国古代建筑史・第一卷[M].北京：中国建筑工业出版社，2009.
P96　　来源：杜文.行走在宋人的童趣世界.西安出土的宋金陶塑玩具[J].收藏，2010(07):39-42.
P100-101　　来源：陕西省考古研究院.蒙元世相[M].北京：人民美术出版社，2018.
P102　　来源：马理.陕西通志[M].西安：三秦出版社，2000.
P104　　来源：自绘.
P105　　来源：（明）罗洪先.西安地图出版社.广舆图全书（国家图书馆藏初刻本）[M].西安：西安地图出版社，2012.
P108-109　　来源：陕西省历史博物馆自摄.
P114-115　　来源：自绘.
P118　　来源：陕西老照片[M].北京：新华出版社，2013.
P121　　来源：自绘.
P122-123　　来源：恩斯特・柏石曼.中国的建筑与景观[M].杭州：浙江人民美术出版社，2018.
陕西老照片[M].北京：新华出版社，2013.
P126-127　　来源：陕西老照片[M].北京：新华出版社，2013.
P128-129　　来源：（清）毕沅.关中胜迹图志[M].张沛，点校.西安：三秦出版社，2004.
P130-131　　来源：王西京.西安民居（第三册）[M].西安：西安交通大学出版社，2016.
P135　　来源：（德）格拉夫・楚・卡斯特.西洋镜：一个德国飞行员镜头下的中国1933-1936[M].北京：台海出版社，2017.
P136　　来源：西安文史资料委员会.西安老街巷[M].西安：陕西人民教育出版社，2006.
P138-139　　来源：陕西省档案馆馆藏、陕西省图书馆（民国报纸）藏.
P140-141　　来源：宗鸣安.老西安人的生活[M].西安：陕西人民美术出版社，2013.（美）皮肯斯摄.
P144-145　　来源：宗鸣安.老西安人的生活[M].西安：陕西人民美术出版社，2013.（瑞典）喜仁龙等摄.
P148-149　　来源：朱清华. 民国时期的陕西省银行及其纸币[J].中国钱币，2018.
朱清华，李东.民国期间陕西省五家银行发行的纸币[C]//陕西省钱币学会，《西部金融・钱币研究》编辑部.西部金融・钱币研究2010年增刊总第四期.中国钱币学会，2010:6.
P152　　来源：胡杰.中国西部秘密战（修订版）[M].北京：金城出版社，2019.
P153　　来源：西安市档案馆.西安馆藏珍档[M].西安：三秦出版社，2012.
P154-155　　来源：陕西老照片[M].北京：新华出版社，2013.
P160-161　　来源：悦古.中国清代民国商标图鉴[M].长沙：湖南美术出版社，2013.
P162-163　　来源：自绘.
P164　　来源：《西安解放》画册.
P167　　来源：胡武功摄.
P170　　来源：《西安市第一版总体规划图（1953-1972年）》.
P171　　来源：西安市城建系统志编纂委员会.西安市城建系统志.

P172–173　　来源：陕西师范学院档案馆.
P176–179　　来源：陕西师范学院档案馆,刘一、胡武功、王凌、申忠雄、张允明等摄.
自绘.
P181　　来源：孙应平. 西安明城墙的保护修复[J]. 百年潮,2019.
P186　　来源：陶光明摄.
P188–189　　来源：刘一、胡武功等摄.
P192–193　　来源：自绘.
P199　　来源：刘一摄.
P200　　来源：赵利文摄.
P202–203　　来源：《西安市第二版城市总体规划图（1980–2000年）》.
P204–205　　来源：赵利文、刘一、胡武功、射虎等摄.
P210–213　　来源：赵利文、刘一、胡武功、射虎等摄.
P218　　来源：刘一摄.
P221　　来源：《西安市第三版城市总体规划图（1995–2010年）》.
P222–223　　来源：赵利文、刘一、胡武功、射虎等摄.
P226–227　　来源：自绘、自摄.
P236　　来源：IIDA Kazuaki摄.
P228–229　　来源：《西安市第四版城市总体规划图（2008–2020年）》.
P240–241　　来源：自绘.
P242–243　　来源：自摄.
P244　　来源：西安环城建设委员会办公室.西安环城建设资料汇编・第一辑.
P246–247　　来源：Brian Howell、苏大江等摄.自摄.
P250–253　　来源：自绘.
P254　　来源：Mbphillips摄.
P256–257　　来源：自摄.
P261　　来源：Kris、Wanghhai等摄.
P265　　来源：自摄.
P266–267　　来源：古岳、杜春玉等摄.
P268–271　　来源：自摄.
P272–273　　来源：自绘.
P274–330　　来源：自摄.
P333–365　　来源：自绘.

参考文献

古籍

[1]张永祥.国语译注[M].上海：上海三联书店，2014.
[2]（西晋）皇甫谧.帝王世纪[M].沈阳：辽宁教育出版社，1997.
[3]（唐）李吉甫.元和郡县志[M].北京：中华书局，1983.
[4]（唐）李林甫.唐六典[M].陈中夫，点校.北京：中华书局，2005.
[5]（唐）房玄龄.晋书[M].北京：中华书局，2012.
[6]（后晋）刘昫，等.旧唐书[M].北京：中华书局，1975.
[7]（宋）李诫.营造法式[M].重庆：重庆出版社，2018.
[8]（宋）欧阳修，等.新唐书[M].北京：中华书局，1975.
[9]（宋）王溥.唐会要[M].上海：上海古籍出版社，1991.
[10]（宋）宋敏求，（元）李好文.长安志・长安志图[M].辛德勇，郎洁，点校.西安：三秦出版社，2013.
[11]（宋）徐松.唐两京城坊考[M].张穆，校补.方严，点校.北京：中华书局，1985.
[12]（元）骆天骧.类编长安志[M].黄永年，点校.西安：三秦出版社，2006.
[13]（元）李好文.长安志图[M].文渊阁四库全书.北京：商务印书馆，1983.
[14]（元）宋史[M].北京：中华书局.1977.
[15]（明）宋濂，王祎，等.元史[M].北京：中华书局，1976.
[16]（明）王圻，王思羲.三才图会[M].上海：上海古籍出版社，1988.
[17]（明）马理，等.陕西通志[M].董健桥，等，点校.西安：三秦出版社，2006.
[18]（明）李贤，等，奉敕修.大明一统志[M].明天顺五年（1461年）内府刊本.美国：哈佛大学图书馆.
[19]（清）董诰，等.全唐文[M].北京：中华书局，2013.
[20]（清）顾炎武.历代宅京记[M].于杰，点校.北京：中华书局，1984.
[21]（清）孙星衍，等.汉官六种[M].周天游，点校.北京：中华书局，1990.
[22]（清）毕沅.关中胜迹图志[M].张沛，点校.西安：三秦出版社，2004.
[23]（清）舒其绅，等，修.严长明，等，纂.西安府志：乾隆四十四年[M].何炳武，总点校.西安：三秦出版社，2011.
[24]（清）张廷玉，等.明史[M].北京：北京中华书局，1974.
[25]（清）卢坤.秦疆治略[M].清道光间刻本影印.
[26]民国档案：《陕西省人口统计报告表（1936年度）》，陕西省档案馆存.
[27]民国档案：《陕西省建设厅“西安市政府关于本市钟楼四马路四周马路宽度讨论会议记录”》，1946年1月，陕西省档案馆存.
[28]民国档案：《陕西省六年计划纲要》，1946年5月，陕西省档案馆存.
[29]民国档案：《西安市分区及道路系统计划书》，1947年，陕西省档案馆存.
[30]西安市档案馆.民国开发西北[Z].内部资料，2003.
[31]西安市档案馆.民国西安城墙档案史料选辑[Z].内部资料，2008.
[32]（民国）《西京日报》《解放日报》《秦风日报》《公益报》，陕西省图书馆馆藏资料.

著作

[1]柴尔德.远古文化史[M].周进楷,译.上海：上海文艺出版社,1990.
[2]斯塔夫里阿斯诺斯.全球通史：从史前史到21世纪[M].北京：北京大学出版社,2006.
[3]黑格尔.历史哲学[M].上海：上海书店出版社,2006.
[4]王炜林.留住文明・陕西十一五期间基本建设考古重要发现2006-2010[M].西安：三秦出版社,2000.
[5]张礼智.生活在二级阶地上的人们——半坡遗址概览[M].西安：陕西旅游出版社,2007.
[6]政协岐山县委员会编.周文化丛书・甲骨卷[M].北京：中国文史出版社,2016.
[7]政协岐山县委员会编.周文化丛书・青铜卷[M].北京：中国文史出版社,2016.
[8]中国社会科学院考古研究所等.丰镐考古八十年・资料篇[M].北京：科学出版社,2018.
[9]李炳武.中华国宝・玉器卷（精装版）——陕西珍贵文物集成珍藏版[M].西安：陕西人民教育出版社,1999.
[10]鹤间和幸.始皇帝的遗产——秦汉帝国[M].马彪,译.桂林：广西师范大学出版社,2014.
[11]西安三礼旅游文化产品发展有限公司.秦始皇和他的帝国时代[M].西安：三秦出版社,2000.
[12]傅惜华,陈志农.陈志农,绘.陈沛箴,整理.山东汉画像石汇编[M].济南：山东画报出版社,2012.
[13]王川.峄山碑刻集[M].济南：齐鲁书社,2016.
[14]王仁波.汉唐丝绸之路文物精华[M].陕西省历史博物馆,1990.
[15]惠善利.铜川文物精粹[M].北京：世界图书出版公司,2013.
[16]刘德增.秦汉衣食住行[M].北京：中华书局,2015.
[17]冀东山,晏新志.神韵与辉煌・陶俑卷[M].西安：三秦出版社,2000.
[18]苏静.知中——竹林七贤[M].北京：中信出版社,2017.
[19]李炳武.亘古遗存的石板书库：西安碑林博物馆[M].西安：西安出版社,2019.
[20]程旭.陕西历史博物馆新入藏文物精粹[M].西安：三秦出版社,2011.
[21]田有前,赵荣.考古陕西雕刻时光——陕西古代石刻[M].西安：陕西人民出版社,2017.
[22]韩伟.中国石窟雕塑全集5:陕西宁夏[M].重庆：重庆出版社,2001.
[23]杜萌若.当书法穿越唐朝[M].北京：中信出版社,2019.
[24]冯庚武.唐代壁画[Z].陕西历史博物馆.
[25]陕西历史博物馆.陕博日历——大唐长安2018[M].北京：故宫出版社,2017.
[26]李炳武.中华国宝——陕西珍贵文物集成・陶俑卷[M].西安：陕西人民教育出版社,1998.
[27]陕西省考古研究所.陕西新出土文物选粹[M].重庆：重庆出版社,2000.
[28]冀东山,晏新志.神韵与辉煌——陶俑卷[M].西安：三秦出版社,2000.
[29]冯庚武.十八国宝[Z].陕西历史博物馆.
[30]陕西历史博物馆.2018年・大唐长安：汉英对照[M].北京：故宫出版社,2017.
[31]恩斯特・柏石曼.中国的建筑与景观[M].杭州：浙江人民美术出版社,2018
[32]陕西省考古研究院.蒙元世相[M].北京：人民美术出版社,2018.
[33]马理.陕西通志[M].西安：三秦出版社,2000.
[34]张永禄.碑林三学街文史宝典[M].西安：西安出版社,2000.
[35]贺从容.古都西安[M].北京：清华大学出版社,2012.
[36]李令福.古都西安城市布局及其地理基础[M].北京：人民出版社,2009.
[37]张岂之,史念海,郭琦.陕西通史・原始社会卷[M].西安：陕西师范大学出版社,1997.
[38]张岂之,史念海,郭琦.陕西通史・历史地理卷[M].西安：陕西师范大学出版社,1998.
[39]黄高才.陕西文化概观[M].北京：北京大学出版社,2012.
[40]徐雪强,陆益凡.发现陕西：中华文明发祥地[M].西安：未来出版社,2014.
[41]冯天瑜,何晓明,周积明.中华文化史[M].上海：上海人民出版社,2015.
[42]傅熹年.中国古代城市规划史[M].北京：中国建筑工业出版社,2015.
[43]何清谷.三辅黄图校释[M].北京：中华书局,2005.
[44]王振复.中国建筑的文化历程[M].上海：上海人民出版社,2000.
[45]王贵祥.东西方的建筑空间——文化空间图式及历史建筑空间论[M].北京：中国建筑工业出版社,1998.
[46]郭琦,史念海,张岂之.陕西通史・西周卷[M].西安：陕西师范大学出版社,1997.

[47]中国社会科学考古研究所.汉长安城未央宫[M].北京：中国大百科全书出版社，1996.
[48]傅熹年.中国古代建筑史（第二版）[M].北京：中国建筑工业出版社，2009.
[49]黄留珠，张明，路中康.西安通史[M].西安：陕西人民出版社，2016.
[50]刘安琴.古都西安：长安地志[M].西安：西安出版社，2007.
[51]朱士光，吴宏岐.古都西安：西安的历史变迁与发展[M].西安：西安出版社，2003.
[52]肖爱玲，等.古都西安：隋唐长安城[M].西安：西安出版社，2008.
[53]肖爱玲，等.隋唐长安城遗址保护规划历史文本研究[M].北京：科学出版社，2014.
[54]张永禄.唐都长安[M].西安：三秦出版社，2010.
[55]张永禄.唐代长安词典[M].西安：陕西人民出版社，1990.
[56]张永禄.西安古城墙[M].西安：西安出版社，2007.
[57]杨鸿年.隋唐两京坊里谱[M].上海：上海古籍出版社，1999.
[58]李健超.增订唐两京城坊考（修订版）[M].西安：三秦出版社，2006.
[59]徐连达.唐朝文化史[M].上海：复旦大学出版社，2003.
[60]荣新江.唐研究[M].北京：北京大学出版社，2018.
[61]马正林.镐京—长安—西安[M].西安：陕西人民出版社，1983年
[62]龚国强.隋唐长安城佛寺研究[M].北京：文物出版社，2010.
[63]刘庆柱，杜文玉.隋唐长安——隋唐时代丝绸之路起点[M].西安：三秦出版社，2015.
[64]马得志，马洪路.唐代长安宫廷史话[M].北京：新华出版社，1994.
[65]张永禄.明清西安词典[M].西安：陕西人民出版社，1999.
[66]秦晖，韩敏，邵宏谟.陕西通史・明清卷[M].西安：陕西师范大学出版社，1997.
[67]西安市地方志办公室.民国西安词典[M].西安：陕西人民出版社，2012
[68]王桐龄.陕西旅行记[M].北京：文化学社，1928.
[69]倪锡英.都市地理小丛书・西京[M].上海：上海中华书局，1936（陕西省档案馆存）.
[70]张长工.西京胜迹[M].陕西省立第一图书馆，1932（陕西省档案馆存）.
[71]杨虎城，邵力子修，宋伯鲁，吴廷锡.续修陕西通志稿：二百四十卷首一卷[M].1934（铅印本）.
[72]翁怪修，宋联奎.咸宁长安两县续志・二十二卷[M].民国年铅印本.
[73]史念海，等.陕西通史・民国卷[M].西安：陕西人民出版社，1997.
[74]陈真.中国近代工业史资料・第四辑・中国工业的特点、资本、结构和工业中各行业概况[M].北京：生活・读书・新知三联书店，1961.
[75]周生玉，张铭洽.长安史话・民国分册[M].西安：陕西旅游出版社，1991.
[76]何桑.百年易俗社[M].西安：太白文艺出版社，2010.
[77]郭海成.陇海铁路与近代关中经济社会变迁[M].成都：西南交通大学出版社，2011.
[78]武伯纶.西安历史述略[M].西安：陕西人民出版社，1979.
[79]西安文物管理委员会.西安文物与古迹[M].北京：文物出版社，1983.
[80]《当代西安城市建设》编辑委员会.当代西安城市建设[M].西安：陕西人民出版社，1988.
[81]西安市地方志馆，西安市档案局.西安通览[M].西安：陕西人民出版社，1993.
[82]赵利民.中国邮票收藏与鉴赏全书(上下)(精)[M].天津：天津古籍出版社，2006.
[83]西安市统计局.西安五十年（1949–1999）[M].北京：中国统计出版社，1999.
[84]胡武功.西安记忆[M].西安：陕西人民美术出版社，2002.
[85]赵力光.古都沧桑——陕西文物古迹旧影[M].西安：三秦出版社，2002.
[86]王军.城记[M].北京：生活・读书・新知三联书店，2003.
[87]宗鸣安.老西安人的生活[M].西安：陕西人民美术出版社，2013.
[88]西安文史资料委员会.西安老街巷[M].西安：陕西人民教育出版社，2006
[89]王西京.西安民居（第三册）[M].西安：西安交通大学出版社，2016
[90]悦古.中国清代民国商标图鉴[M].长沙：湖南美术出版社，2013
[91]胡杰.中国西部秘密战（修订版）[M].北京：金城出版社，2019.
[92]西安市档案馆.西安馆藏珍档[M].西安：三秦出版社，2012.
[93]陈景富.西北重镇西安——古都西安丛书[M].西安：西安出版社，2005.

[94]吴敬琏.计划经济还是市场经济[M].北京：中国经济出版社，1993.
[95]王军，于孝军，陆晓延，等.城市记忆——西安30年[M].西安：西安出版社，2008.
[96]西安市地方志办公室.西安六十年图志（1949.5–2009.5）[M].西安：西安出版社，2009.
[97]陈志华，朱华.中国服饰史[M].北京：中国纺织出版社，2018.
[98]西安市城建系统方志编纂委员会.西安市城建系统志[M].西安：陕内资图批2000（AX）040号.
[99]西安市档案局，西安市档案馆.筹建西京陪都档案史料选辑[M].西安：西北大学出版社，1994.
[100]子柳.淘宝技术这十年[M].北京：电子工业出版社，2013.
[101]西安市地下铁道有限责任公司.龙行长安·汉唐流韵——西安地铁二号线环境艺术[M].北京：中国建筑工业出版社，2000.
[102]宿志刚.家具图谱[M].石家庄：河北人民出版社，1980.
[103]上海家具研究室.常用家具图集[M].上海：上海科学技术出版社，1987.
[104]西安市档案局.筹建西京陪都档案史料选辑[M].西安：西北大学出版社，1995.
[105]申伯纯.西安事变纪实[M].北京：人民出版社，2008.
[106]中国社会科学院现代史研究室.西安事变资料1[M].北京：人民出版社，1980.
[107]西安市档案馆.西安火柴厂火花图鉴[M].西安：三秦出版社，2016.
[108]刘一，赵利文，射虎，等.西安40年（1978–2018）[M].西安：西安出版社，2018.

学位论文

[1]刘文雪.史前聚落遗址展示利用初步研究——以陕西高陵杨官寨遗址为例[D].西安：西安建筑科技大学，2014.
[2]孙宝海.西安半坡文化遗产保护初探[D].西安：西安建筑科技大学，2005.
[3]王震.西周王都研究[D].西安：陕西师范大学，2009.
[4]徐旸.洛阳东周墓葬出土玉器初步研究[D].郑州：郑州大学，2014.
[5]张乃巍.西周前期青铜器形制比例应用研究[D].西安：西安工程大学，2019.
[6]毛磊.陕西地区秦汉云纹、动物纹瓦当纹样研究[D].郑州：郑州大学，2014.
[7]韩如月.汉代服饰审美文化研究[D].济南：山东师范大学，2019.
[8]王颖超.历史性出场与历史性建构[D].西安：西北大学，2007.
[9]刘泳含.汉代建筑冥器及画像砖石中出现的合院建筑研究[D].西安：西安建筑科技大学，2018.
[10]张卉.中国古代陶器设计艺术发展源流[D].南京：南京艺术学院，2017.
[11]徐秀玲.魏晋南北朝时期西北地区的艺术文化研究[D].兰州：西北师范大学，2008.
[12]景俊勤.魏晋风度与魏晋书法关系研究[D].临汾：山西师范大学，2010.
[13]李瑞.唐宋都城空间形态研究[D].西安：陕西师范大学，2005.
[14]张薇.隋唐长安城自然形胜及其保护研究[D].西安：西安建筑科技大学，2008.
[15]杨璐.理想与现实——唐代佛教绘画中的佛教建筑解析[D].西安：西安建筑科技大学，2017.
[16]王早娟.唐代长安佛教文学研究[D].西安：陕西师范大学，2010.
[17]安坤.西安地区“都城时代”城市设计历史经验研究[D].西安：西安建筑科技大学，2012.
[18]李昕泽.里坊制度[D].西安：西安建筑科技大学，2010.
[19]刘晨曦.宋元明清长安地区文化考察研究[D].西安：陕西师范大学，2016.
[20]郑汉卿.宋元仿古陶瓷研究[D].上海：复旦大学，2014.
[21]杜勋.明代西安府城市经济研究[D].西安：陕西师范大学，2013.
[22]王俊霞.明清时期山陕商人相互关系研究[D].西安：西北大学，2010.
[23]张萍.明清陕西商业地理研究[D].西安：陕西师范大学，2004.
[24]史红帅.明清时期西安城市历史地理若干问题研究[D].西安：陕西师范大学，2000.
[25]苏莹.明清西安城市功能结构及其用地规模研究[D].西安：西安建筑科技大学，2015.
[26]王千.晚清陕西新闻传播事业的起源与发展[D].西安：西北大学，2014.
[27] 张鑫 . 民国商标中的文字设计研究 [D]. 南京：南京艺术学院 ，2016.
[28] 任云英 . 近代西安城市空间结构演变研究（1840–1949）[D]. 西安：陕西师范大学 ，2005.

[29]郭世强.民国西安城市道路系统演变研究[D].西安：陕西师范大学，2017.
[30]成广广.民国关中市场研究[D].西安：陕西师范大学，2011.
[31]刘兆.民国西安商业空间研究——以市场为例[D].西安：陕西师范大学，2017.
[32]张可.框架理论视野下西安事变的媒体呈现——以《大公报》、《解放日报(西安版)》、《中央日报》为样本[D].合肥：安徽大学，2010.
[33]史煜.影像记忆中的20世纪西安明城区建筑特征演变研究[D].西安：西安建筑科技大学，2019.
[34]吴冰.西安旧街巷名城研究[D].西安：西北大学，2008.
[35]王芳.历史文化视角下的内陆传统城市近现代建筑研究[D].西安：西安建筑科技大学，2011.
[36]杨蕾.抗战时期筹建西京陪都问题研究[D].兰州：西北民族大学，2008.
[37]王永飞.抗日时期西北城市研究[D].西安：西北大学，2003.
[38]赵娜.西安事变中的西安《解放日报》研究[D].西安：陕西师范大学，2014.
[39]解立婕.西安城市住区街巷空间研究[D].西安：西安建筑科技大学，2003.
[40]李益彬.新中国建立初期城市规划事业的启动和发展（1949–1957）[D].成都：四川大学，2005.
[41]廖爱民.新中国建立初期西部中心城市的发展（1949–1957）[D].成都：四川大学，2005.
[42]孙建坡."文化大革命"史研究30年述评[D].北京：中共中央党校，2009.
[43]王红杰.西安市上世纪80年代旧住区更新的适宜性途径初探[D].西安：长安大学，2010.
[44]席侃.西安西大街街道空间形态的形成与演进[D].西安：西安建筑科技大学，2008.
[45]浦敏.实例剖析西安近50年城市住区肌理及其演变[D].西安：西安建筑科技大学，2006.
[46]于鹏亮.中国网络流行语二十年流变史研究[D].上海：上海交通大学，2014.
[47]乌日柴胡.资源型省区货币政策效应实证研究[D].呼和浩特：内蒙古大学，2013.
[48]曾友林.中国商标法制近代化研究[D].重庆：西南政法大学，2019.
[49]郑宇.互联网语境下国产网络动画产业发展研究——以《全职高手》为例[D].太原：山西大学，2018.
[50]郑屹.西安市东大街历史记忆的沿街建筑表达初探[D].西安：西安建筑科技大学，2011.
[51]樊大可.西安城市交通建设与发展探索[D].西安：长安大学，2009.

后记

本书是编者结合十余年的教学、基础研究与设计实践，吸纳国内最新考古发现及相关研究成果，历时两年多的反复讨论和集中工作编撰而成。李昊负责整体的框架搭建和内容安排，贾杨、吴珊珊负责图纸整合。各章执笔、排版、绘图如下：第一章，李昊、范甜甜、赵鑫蕊、林雪薇、赵文豪；第二章，李昊、范甜甜、高健、张若彤；第三章，李昊、肖麒郦、乔文斐；第四章，李昊、郝转、乔文斐、罗军瑞；第五章，李昊、席翰媛、赵逸白；第六章，李昊、贾杨、赵文豪、赵逸白、马悦、吴珊珊；第七章，李昊、赵逸白、张若彤、杨琨、李滨洋、罗军瑞、刘振兴、马皓宸、吴珊珊；第八章：李昊、赵苑辰、马悦。各章校核：贾杨、吴珊珊、高健、张若彤、马悦、林雪薇、王明敏、乔文斐、赵鑫蕊、赵文豪、赵苑辰；照片采集：罗军瑞、赵逸白、张若彤、杨琨、李滨洋、刘振兴、马皓宸。木作建筑+城市设计工作室完成全书的排版。

本书参考了大量的古籍文献、图书著作、国内外相关研究成果、照片图像等，在注释和参考文献中尽可能予以标识，但部分文字和图片来源无法准确查明出处，在此一并感谢，涉及版权问题请与出版社及作者本人联系，以备修正。